JN120303

海はだれのものか

秋道智彌・角南篤

編著

西日本出版社

目次

凡例―文中の（著者名 年号）は節末の参考文献を参照のこと。

はじめに

資源はだれのものか―海洋生物の所有論

秋道智彌

海洋資源とその特徴

本書では、ヒトの利用する自然物を「資源」、海洋の場合には「海洋資源」（マリン・リソシーズ：marine resources）と呼ぼう。海洋資源のうち、生物の場合、ヒトが適切に利用していれば、一時的にその数が減ってもなくなることはない。生物の再生産力で新しい個体群が加入するからである。そこで、海洋の生物資源は更新資源、つまり再生可能な資源と称される。

これに対して、天然ガス・石油などの非生物資源の場合、採取した分、埋蔵量は減少する。そこでこうした資源を非更新資源と呼ぶ。海底のマンガン塊やメタン・ハイドレート、コバルト・リッチ・クラストなどもこの中に含まれるエネルギー・鉱物資源である。

海は本来、だれのものでもない。このことをテラ・ヌリウス（terra nullius）と称する。海洋資源も本来だれのものでもないが、地域や文化によって多様な権利の主張や慣習がある。そのうえ、歴史的経緯により新規の資源となるか、資源保全のために資源から控除される場合があり、事情は時間・空間軸で錯綜している。

たとえば、ハワイ王国では海岸に漂着したマッコウクジラは王のものとされ、その歯を加工した胸飾りが王権のシンボルとされた。フィジーやミクロネシアのヤップでもマッコウクジラの歯は威信財とされてきた（次頁図1）。ポリネシアのサモアやミクロネシアのサタワル島では、マグロ、カツオ、ウミガメ、メガネモチノウオなどの海洋資源は「首長の魚」と称され、優先的に所有権が首長に設定されている（秋道 二〇一六）。

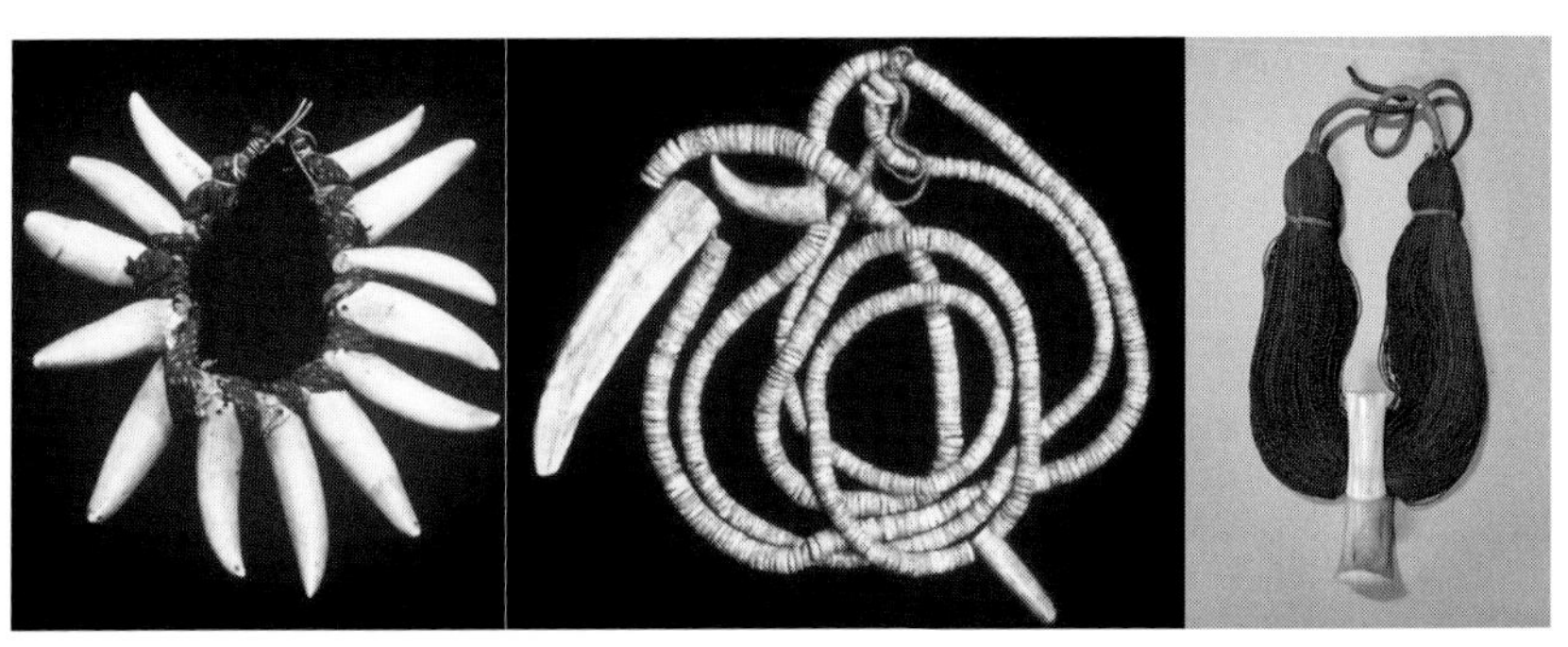

図1　オセアニアにおけるマッコウクジラの歯製財貨と首飾り。
左：タンブア（フィジー）、中：ガウ（ヤップ諸島）、右：レイ・ニホ・パラオア（ハワイ諸島）

ただし、メガネモチノウオは世界中の水族館における鑑賞魚であるし（図2）、香港や広東では高級な中国海鮮料理の食材となる。タイマイの甲羅は日本でべっ甲細工物として利用されてきたが、ウミガメ保全の世界的な動向から資源として利用することができなくなった。宝石サンゴ（コラリウム属）についても、宝石として利用する産業が批判され、その保護のため、絶滅危惧種として登録し、その採捕を禁止することが議論されている（岩崎　二〇一九）。

図2　メガネモチノウオ。オセアニアでは献上魚とされるが、広東語では「蘇眉（ソウメイ）」と呼ばれ、高級中国料理の食材となる。世界の水族館では熱帯鑑賞魚として展示される（パリ市内の水族館で撮影）。

一九八四年の捕鯨モラトリアム（一時的全面禁止）以降は日本の調査捕鯨、IWCを脱退した国々による商業捕鯨の再開と先住民生存捕鯨しかおこなわれてこなかった。二〇一六年、日本の調査捕鯨を廃止すべきかどうかを問うハーグ裁判で日本が敗訴した。その後、二〇一八年にIWCを脱退し、二〇一九年七月から商業捕鯨を再開している。捕鯨については、鯨類資源の持続的な利用、先住民の生存捕鯨、動物福祉論など、是非論が錯綜しており、国際的な合意に至っていない現状にある。この問題は第1章で森下丈二が取り上げる。

資源の生態と所有権

資源の種類や生態により所有権や利用権のあり方にどのような特徴があるのか。資源の生態と利用空間に注目し、藻場、漂着物、回遊資源、産卵群の四つの例を元に考えてみたい。

藻場の海藻資源

日本では古代から藻刈り（海藻採取）がおこなわれてきた。当初はルールもなく、自由競争により採取がおこなわれたであろうが、資源を共有し、競争や対立を軽減するため、集落の成員間で沿岸の藻場を平等に利用する慣行が広くおこなわれるようになった。明治漁業法により、漁業（協同）組合（以下、漁協と称する）が海藻を採取する漁業権を「物権」として登録することが必要となった。明治以前から、磯の海藻資源を村落の共有物とする慣行は古代、中世に遡ることができる。この議論は第1章で八木信之が詳述する。

日本では高度経済成長期までの間、海藻は田畑の肥料とされ、その採取は明治専用漁業権のなかで肥料漁業として登録されている。漁協組合員のみに権利があったが、村内の農業者が採藻することを拒んではならないとする申し合わせもあった。

藻の採取にさいして口明け・口止めの慣行があり、その内容は地域ごとに多様である。たとえば、島根県の隠岐諸島では、イワノリやワカメの採集についての口明けの期日は漁協ごとに自由裁量で決められる。しかも、口明けの初日は漁場や時間について組合の規制が適用されるが、何日か操業したのちは個人の裁量で自由に採集できるとする取り決めもある（秋道　一九九五）。

八重山諸島石垣島東部にある白保のイノー（礁池）では、アーサー（ヒトエグサ）やタコをとる小規模な活動が女性たちによりおこなわれる。八重山諸島では八重山漁協が沿岸域の漁業権をもち、海藻やタコ、ウニなどの採捕は、第1種共同漁業権漁業として漁協の組合員のみに許可されている。白保の女性たちは、漁協の成員権をもたないのでアーサーを採る権利をもてないことになる。しかし、もともと集落の地先にある海を利用し、オカズとして海藻を採る権利はあったはずだ。白保集落の成員であることで海藻採取が許容されるべきで、その権利は「総有」の概念に該当する（五十嵐　二〇一四）。

漂着物

海洋を漂流する物体は流木であれ海洋ゴミであれ、だれのものでもない。しかし、いったん海岸に漂着したモノの所有をめぐり、さまざまな主張がなされてきた。漂着物の所有については、先に見つけた個人にあるとする先取性のルールが暗黙の了解とされている（秋道　二〇一九）。

ニュージーランドのマオリ人の場合、海岸に漂着したマッコウクジラはその浜を所有する集団のものとされていた。肉や脂肪は集団内で消費されるだけでなく、内陸の集団との交易に使われた。漂着資源は「海からの贈り物」（タオンガ）として地縁集団の共有物とされた。

近世の日本では、漂着クジラを利用するさい、運上金が決められていた。寄鯨（漂着クジラ）はクジラの売却金の三分の二が幕府に税として納められた。流鯨（漂流しているクジラ）を捕獲した場合は収益の一〇分の一、突鯨（クジラを突き取って利用する場合）は二〇分の一であった（高木　二〇〇二）。「鯨一頭、七浦賑わう」の言い伝えがあるものの、寄鯨か流鯨かにより、村の潤いには大きな違いがあったことになる。流鯨や突鯨の利用は捕鯨をおこなった浦にかぎられていた。

一九一二（大正元）年、新潟県上越市柏崎の三ツ屋浜に漂着したナガスクジラは売却後、その収益は一九〇八（明治四二）年に襲来した強風で破損した小学校を再建したさいの借金返済に充当された。漂着クジラが公益に活用された例である。

定置網などで混獲され、死亡したクジラや漂着クジラは埋設するよう水産庁が指導してきたが、鯨肉を食べる習慣をもつ地域であれば、食品衛生法を遵守し、鯨体のＤＮＡ資料を提出するなどの手続きを経て、地元の公設市場での販売を通じて鯨肉を利用することができる（水産庁　二〇〇四）。本書ではクジラの利用について第1章で岸上伸啓が包括的な議論を展開している。

高度回遊性魚類とストラドゥリング魚類

海には多様な生活様式をもつ生物がいる。おおざっぱに、遊泳生物（ネクトン：nekton）、浮遊生物（プランクトン：plankton）、底生生物（ベントス：benthos）に区分できる。ここで問題としたいのは広域を回遊するネクトンである。周知のとおり、国連は一九八二年に国連海洋法条約を制定した。海岸から二〇〇海里までの海域を排他的経済水域（ＥＥＺ）として沿岸国が主張することとなった。これを受けて、ある国の二〇〇海里を越えて別の国の二〇〇海里や公海に回遊・移動する海洋資源の漁業権が注目されることとなった。

その対象が、高度回遊性魚類（highly migratory fish stocks）と、海域をまたぎ回遊するストラドゥリング魚類（straddling fish stocks）である。前者にはマグロ、カツオ、サメ、マカジキ、メカジキなど大型表層魚類が、後者にはヒラメ、タラ、イシビラメなどの底生魚類が含まれる。ストラドゥリングは「またいで動く」ほどの意味である。回遊の形態は、いずれの場合もＥＥＺと公海の間の地理的位置関係によっていくつかの類型に分けることができる。ただし、ＥＥＺ間だけを回遊する魚種や公海のみに生息し、ＥＥＺ内に回遊しない魚種は含まれない（次頁図3）。いずれの場合も、資源はだれのものかについて国際的な合意が争点となる（坂元　一九九七）。

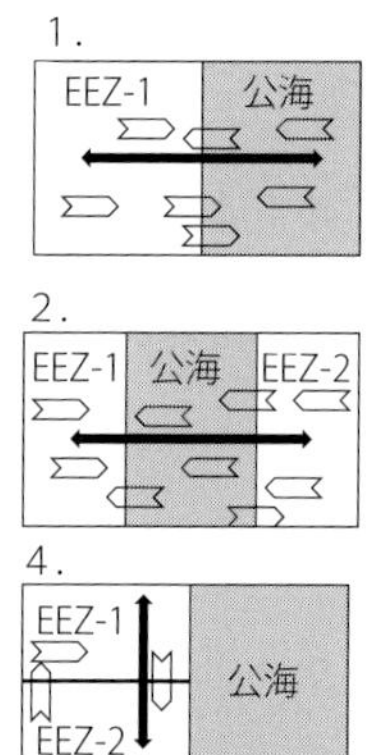

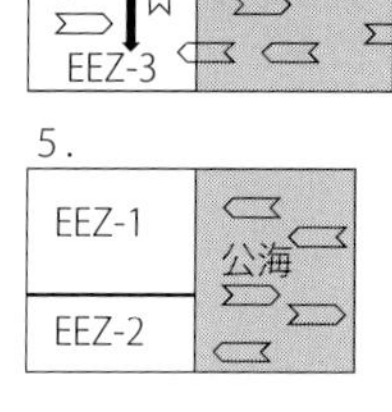

図３　高度回遊性魚類（Highly migratory fish stocks）とストラドゥリング魚類（Straddling fish stocks）の回遊パターン（E. Meltzer を元に作図）（ は魚類資源）

１．EEZ-1 と公海の間を回遊、２．EEZ-1、公海、EEZ-2 の間を回遊、３．EEZ-1、EEZ-2、EEZ-3、EEZ-4、EEZ-5 と公海を広域に回遊する。１．と２．はストラドゥリング型、３．は高度回遊型を示す。４．は EEZ をまたいだ越境型（transboundary）、５．は分離型（discrete stocks）で、４．と５．は高度回遊型、ストラドゥリング型とは区別される。

溯河性魚類

前述の例以外にも広域を回遊する海洋生物がある。河川でふ化し、稚魚が海に下り、四〜五年間成熟するまで回遊し、ふたたび河川にもどり産卵するサケ・マス類は溯河性魚類（anadromous fish stocks）と称される。サケ・マス類のうち太平洋西岸に回帰する系群について取り上げよう。数年間の回遊を終えたサケ・マスは、カムチャツカ、サハリン、北日本各地の母川へと回帰する。公海上にあるサケ・マスは、元々だれのものでもないが、利害関係国間で漁獲上の調整がおこなわれてきた。たとえば、日露間ではアジア側の北太平洋公海上でサケ・マス漁の漁獲割当量が制限されてきた。公海での入漁にさいしても高額の漁業協力費（入漁税）を日本側からロシア側に支払わなければならなかった。この協議は、ロシア領に回帰するサケ・マス資源にたいする母川国の主張を反映している。

現代日本では、沿岸域に大型定置網が設置され、漁協が都道府県知事からの許可をえて定置網漁業を営んでいる。定置漁業権をもつ漁協のみがサケの漁業権をもつことを意味する。定置網で漁獲されずに遡上したサケ・マスは河川を遮断して敷設された簗や刺網によって漁獲される。遡上したサケ・マスは河川での漁業権をもつ漁協の特権となる。

カミの贈り物としての魚

アイヌ社会では、河川でのサケ・マス漁にマレク（銛）、テシ（留め）、ウライ（簗）などが利用されるが、いずれの場合も魚をたたく「イサパキクニ」と呼ばれる木の棒が使われる。イサパキクニはアイヌが神聖な木としているヤナギ（スス）やミズキ（ウトゥカンニ）を削って作られた。

腐った古い木や石で魚をたたくと魚神が怒って、その河川でサケが獲れなくなるとされていた。サケは人間に食べられても、その霊はイナウを口にくわえてカミの国（カムイモシリ）に戻り、カミに人間世界（アイヌモシリ）で丁重に扱われたことを告げる。カミはそれを受けて翌年もサケを人間世界に送り届けると考えられていた（秋道 二〇一九）。

北米の北西海岸部の先住民も、毎年、遡上するサケはカミの国から人間世界にやってくるものと考えていた。サケはカミの贈り物であるとする観念は、近代的なサケの所有観とはまったく異なる。

現代では、伝統的な資源観をもつ社会の眼前に、商業的なサケ漁や娯楽目的のサケのルアー・フィッシングが登場する事態になった。こうした状況下で、先住民の人びとは自分たちがサケを獲る権利を強く主張している（岩崎 二〇〇四）。

降河性魚類と自由競争

ニホンウナギは日本各地の河川に生息するが、その産卵場はマリアナ海溝とされている（Tsukamoto *et al.* 2011）。ウナギは河川で生活するが、海で産卵するため降河性（こうかせい）魚類（catadromous fish stocks）と称される。

ニホンウナギやヨーロッパウナギは河川、EEZ、公海にまたがる広域回遊の生活環をもつが、熱帯に生息するウナギの仲間には、広域ではなくEEZ内、あるいは領海内を回遊する種類もある。たとえば、インドネシア

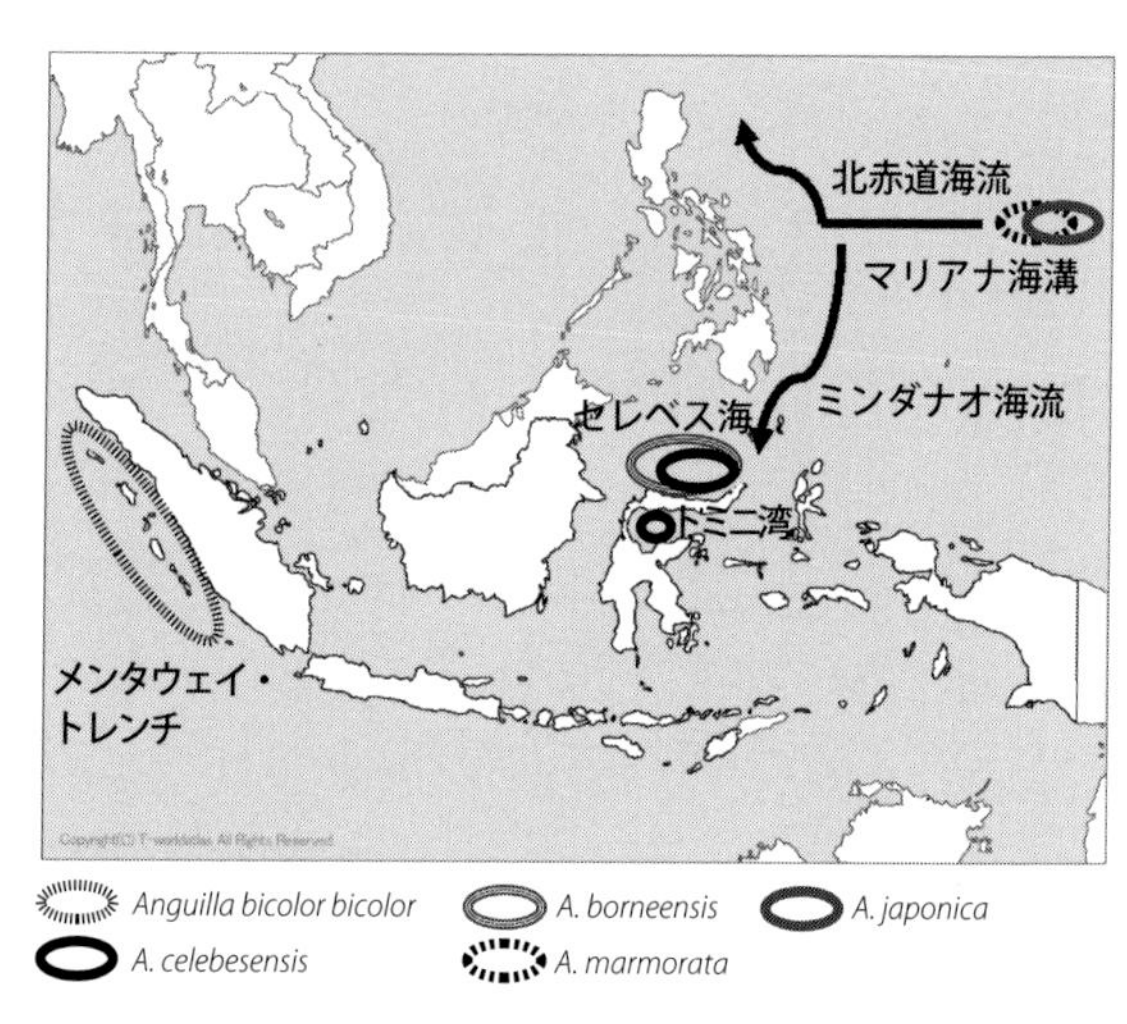

図4　インドネシアにおけるウナギの産卵場（Arai 2014；Tsukamoto et al. 2011を元に作成）（*Anguilla japonica* はニホンウナギ、*A. marmorata* はオオウナギ）

ではウナギの産卵場が三つある。オオウナギの産卵場はニホンウナギとおなじマリアナ海溝にあるが、海流により産卵場から成長場への移動がミンダナオ海流を介して起こる（図4）。

ニホンウナギのシラス漁についてふれておこう。シラス漁は夜間に明かりをつけて浜や河口域でおこなわれる。ヘッドランプをつけ、波打ち際で手網を操作するか、船から明かりで水面を照らして、たも網ですくい取る。浜名湖、利根川などでは袋網（ふくろあみ）・待網（まちあみ）と呼ばれる定置網が使われる。シラスが高価なこともあり、定置網以外の漁では自由競争が顕著である。夜間の漁でもあり、漁協成員外の個人・団体によるIUU漁業（違法・無報告・無規制）も後を絶たない。

産卵群をめぐる競合

魚類のなかには産卵期に群れをなす産卵群遊（spawning aggregation）が知られている。魚が群れることで多くの漁獲が期待でき、魚群を目指して競合が起こる。二つの例を挙げよう。

アラスカのニシン産卵群と土着の文化

北米アラスカの南部沿岸域にはタイヘイヨウニシンが産卵のため大群をなして押し寄せる。シトカに住む先住民のトリンギットの人びとは、コンブなどの海藻に産卵するニシンを刺網漁で漁獲し、ツガの枝を海中に入れて産卵を促進し、産卵場を禁漁区としてきた。同時に、トリンギットはニシンの豊漁を祈る儀礼をおこない、初物のニシンをカミに捧げてきた。

一九六〇年代中葉までニシンは魚油や肥料のために乱獲され、追い打ちをかけるように、ニシン漁のまき網船が大挙して入漁してニシン資源を大量に捕獲した。ニシンが粘着卵を産みつけたコンブは「ニシン昆布」として日本に輸出される。入漁はライセンス制による合法的なものであるが、トリンギットにとっては接岸するニシンが激減することになった（Thornton *et al.* 2010）。二〇一二年に来日したトリンギットの住民から、ニシンの激減で儀礼が遂行できずに大きな痛手となっていることを聞いた。ニシン産卵群はだれのものか。地域の文化を担うトリンギットの権利が無視されてはならないだろう。

八重山のハタ産卵群遊と保護区

八重山諸島には、日本最大のサンゴ礁である石西礁湖（せきせいしょうこ）がある。サンゴ礁から外洋につづく水路は一般にクチ（口）と称され、魚道となっている。

クチ周辺では四～五月、ハタ類が産卵のために群遊する。この魚群をねらって、釣り、籠、追込網、刺網、潜水突きなどによる漁が集中しておこなわれる。

本土復帰後、乱獲によりハタ類は大きく減少してきた。そこで、沖縄県はハタ類の産卵場となる海域を産卵期にかぎり禁漁とする案を提起した。行政、八重山漁協と漁協組合員、研究者、ダイビングや遊漁の業者などが禁漁区設定に関する協議会に参加した。当初、石西礁湖にある多くのクチを禁漁とする案が出されたが漁民の反対意見が多く、結局、四ヵ所の禁漁区が四月一日～五月末日の二ヵ月間設定された、その後、二〇一三年には新

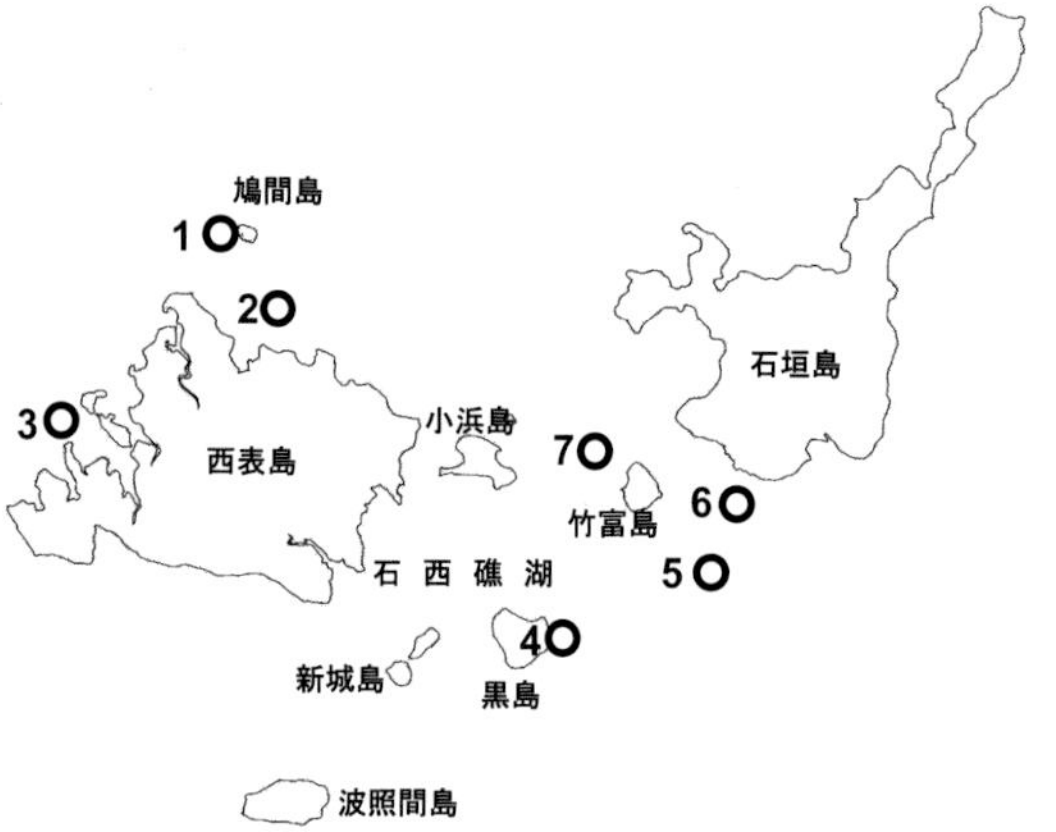

図5　八重山諸島における海洋保護区

○は海洋保護区の位置を示す。いずれもサンゴ礁の「クチ」に設定されている点に注意。括弧内は設定期間を示す。1：ハトマニシ（1999～2013）、2：インダービシ（1999～）、3：トーシングチ（2013～）、4：ケングチ（1999～2013）、5：ユイサーグチ（1999～）、6：カナラグチ（2008～）、7：マサーグチ（2013～）

たに二ヵ所の禁漁区が設定されて現在に至っている（図5）。議論のなかで、異なった漁法を使う漁民間で議論の応酬があった。しかも、遊漁のあっせん業者も批判され、資源を利用できるのは漁業者だけなのか、漁業権をめぐる大きな議論となった（Akimichi 2003）。

無主から共有へ

「はじめに」の最後に、海域の所有をめぐる諸概念について検討しておきたい。

共有制と私有制の起源論

人類の所有制度について、米国の文化人類学者であるL・H・モーガンは一八七七年に『古代社会』を出版し、人類史を野蛮時代、未開時代、文明時代に三区分し、技術、経済、親族組織、社会制度などの段階的な発展を元に社会進化説を展開した。所有に関しては、野蛮時代、財産は共有とされた。つぎの未開時代前期には財産は共有されていたが、中期になると農耕・牧畜の開始とともに父系制にもとづく家父長制度（一夫多妻）が支配的となり、財産については私有制が生まれた。未開時代後期以降には、私有制が一般的となった、とした。

F・エンゲルスはモーガンの説をふまえつつ、私有財産制が牧畜民社会から発生したとした。つまり、家畜化の過程で、飼養される家畜の私有化が私有財産の起源になったと想定した（エンゲルス　一九六五）。しかし、農耕社会における私有財産制の発生についての議論はなかった。

所有に関わる権利

所有権に関わる諸概念を整理しておこう。所有権は英語でオーナーシップあるいは、プロパティーを所有する財産権、プロプリエタリー・ライツと称する。日本の民法では、所有権は「対象物を自由に使用し（使用権）、収益を得て（収益権）、処分する（可処分権）権利」とある。処分権がなくても、対象物を現実に支配する権利が占有権（ライツ・オブ・ポゼッション）である。専有権はエクスクルーシブ・ライツを指す。日本の民法にある「専有部分」は分割所有権に関するものである。利用権ないし用益権はユースフラクトと呼ばれ、対象への処分権はないが、利用し、収益をあげる権利を指す。さらに、保有権はテニュアのことで、所有権の有無によらず用益権、占有権、専有権をふくむ包括的な概念である。つまり、ある領域を所有することと利用する権利とは、同一のことを意味するのではない。

利用権は、さまざまな形で受益者に譲渡されることがあり、ライセンス制ないしはコンセッション（権利譲渡）がその代表例である。国家の所有物がコンセッションにより民間に払い下げられることがある。その結果、多くの環境問題とコンセッションをめぐる官僚の腐敗や利権をめぐる矛盾が蔓延し、コンセッションがかならずしも適正な戦略ではない例が報告されている。

所有にかかわる以上の諸権利は、主体がだれであり、所有の対象となる「モノ」が何であり、どのような脈絡や状況で言及するのかによって可変的であり、単一概念により規定されるものではない。日本の漁業地理学では、漁場における用益権・占有権の通時的な研究がある（河野　一九六二、一九六三、橋村　二〇〇九）。物権としての漁業権には多様な権利関係の実態があり、のちにコモンズ論でふれるE・オストロムと筆者との討論で、コモンズ研究にとり「権利の束」を明らかにすることが肝要であることをたがいに了解した。

総有と共有

日本では村落共同体で、海面や山林原野において海面・土地を保有して、採貝・採藻・捕魚や伐木・採草・キノコ狩りなどを共同でおこなうことがある。その権利は村落で自主的に決められた慣習的なものであり、ふつう入会権と称される。

入会権は村落全体を基盤とするもので、共有制を示すものである。ただし、入会地における個人の持分権や共有物権の分割請求ができるかどうかにより、大きく総有、合有、共有に分けることができる。

総有制の場合、各々の共同所有者は、使用権・収益権をもつが、個人の持分権はなく、分割請求はできない。総有は共有者間に地縁や血縁などによる人的なつながりのある場合で、団体の拘束を受け、個人の持分の処分や分割請求はできない。民法第二六三条にある入会権が典型例である。

合有は民法上の財産権を所有する場合で、ある程度の人的なつながりがある。また、持分の譲渡や分割請求は団体による規制を受ける。各自の持分はあるが、その処分は制限を受け、持分の分割請求は団体存続中には認められない。多くの組合が有する財産がこの対象となる。

共有は共有者間の関係がない場合で、各人の持分の譲渡は自由であり、いつでも持分の分割請求ができる。たまたま個人が偶然的に共同所有している状態に過ぎない。民法で規定される共有はほとんどこの場合のことを指す。

「共有地の悲劇論」をめぐって

一九六八年、米国のG・ハーディンは「共有地の悲劇」論を公表した。共有地の牧草資源をコモンズ、つまりだれもがアクセスできるものとして、牧草が枯渇したあとで、だれもその責任を取らない悲劇が発生する。だから、共有地の資源は国家ないし企業体が責任をもって管理すべきとするシナリオを示した（Hardin 1968）。

このシナリオでは、牧夫の自由競争は当然であるとされている。資本主義的な利潤の獲得競争とおなじ原理が働くとする前提がなされた。ハーディンの論文から二二年後に、世界中の共有資源の利用について多くの事例が紹介された（Feeny *et al.* 1990）。そのなかで、共有資源であっても資源量や経済、社会的な条件に応じて利害関係者は自分の利潤だけを考えて自由競争をする例は乏しいことが判明した。つまり、共有資源にたいして、利害関係者は資源の獲得をめぐる競合を回避するための方策やルール作りが考えられていた。ルールに違反する個人に制裁を加えて、みんなで共有資源の運用について検討することもある。このようなプロセスが起こる前提に立てば、ハーディンの主張した競争主義を前提とする立場と真っ向から対立することになる。どちらが「理にかなった」行動と考えればよいだろうか。

前述のフィニーらの論文が発表された同年、E・オストロムは『コモンズの統治論』を刊行し、具体的な資源利用を適正に進めるための八つの枠組みを提示した（Ostrom 1990）。

その八年後、M・ヘラーは市場経済下でのコモンズのあり方をアンチ・コモンズ論として示した（Heller 1998）。コモンズ論ではオーバー・ユース（乱獲や使い過ぎ）の議論があり、いかに持続的に利用するかがもっぱら議論されてきた。一方、ヘラーは、利害関係者が多すぎる場合や、少数の反対意見でだれも資源に手を出さないアンダー・ユースの状況を想定している。

海洋資源の場合、戦争などで非武装地帯となった海が当てはまるだろうが、人口増加、食料難、温暖化による生態系の変化などを勘案すると、アンダー・ユースは今後、地球上で想定外となるのかどうか。読者諸氏にもそのシナリオの妥当性をお考えいただきたい。

さいごに

資源の種類と生態に着目し、他方で所有論についての一般論を進めてきた。具体的な諸事例については、以下の諸論考で展開するとして、第1章では引き続き、資源利用における「なわばり」と「入会」について論を進めたい。

参考文献

秋道智彌　一九九五『なわばりの文化史―海・山・川の資源と民俗社会』小学館
秋道智彌　二〇一六『越境するコモンズ―資源共有の思想をまなぶ』臨川書店
秋道智彌　二〇一九『たたきの人類史』玉川大学出版部
五十嵐敬喜　二〇一四『現代総有論序説』ブックエンド
岩崎望　二〇一九「宝石サンゴ―その輝きと影」『ビオストーリー』三二：一〇八―一〇九
勝本町漁業協同組合　一九八〇『勝本町漁業史』勝本町漁業協同組合勝本町漁業史作成委員会
水産庁　二〇〇四「「指定漁業の許可及び取締り等に関する省令の一部を改正する省令の施行に伴う 鯨類（いるか等小型鯨類を含む）捕獲・混獲等の取扱いについて」改正版（平成一六年一〇月一二日現在））」
高木昭作　二〇〇二「「将軍の海という論理」―鯨運上を手がかりとして」後藤雅知・吉田伸之編『水産の社会史』（史学会シンポジウム叢書）山川出版社、〇〇頁
坂元茂樹　一九九七「国連公海漁業実施協定の意義と課題」『海洋法条約体制の進展と国内措置』一：八九―一一四

Akimichi, T. 2003. Species-oriented resource management and dialogue on reef fish conservation: a case study from small-scale fisheries in Yaeyama Islands, Southwestern Japan. in J.R. MacGoodwin ed. Understanding the Cultures of Fishing Communities: A Key to Fisheries Management and Food Security, *FAO Fisheries Technical Paper* 401: 109-131.
Arai, T. 2014. Evidence of local short-distance spawning migration of tropical freshwater eels, and implications for the evolution of freshwater eel migration. *Ecology and Evolution*, 4(19): 3812-3819.
Heller, Michael A. 1998. The tragedy of the anticommons: property in the transition from Marx to Markets. *Harvard Law*

Review 111(3): 621-688.
Ostrom, E. 1990. *Governing the Commons*. Cambridge University Press.
Thornton, Thomas F. *et al.* 2010. Local and traditional knowledge and the historical ecology of Pacific herring, in Alaska. *Journal of Ecological Anthropology* 14(1): 81-88.
Tsukamoto, K. *et al.* 2011. Oceanic spawning ecology of freshwater eels in the western North Pacific. *Nature Communications* 2(179).

第1章

なわばりとコモンズ

なわばりと紛争の海

秋道智彌

海を越える人びと

越境の民とネットワーク論

古来よりさまざまな集団や個人が海を越えた。未開拓の島や土地を求める船旅では、海はだれのものでもないと人びとは考えたにちがいない。だがのち、人びとが定着し、周辺や遠隔地との交流がおこなわれるようになり、海への占有権や権益を主張する集団が各地で輩出するようになった。海の「なわばり」をめぐるいとなみが歴史に登場することとなったわけだ。

海を越える交流を考古学・人類学の分野から論じた『海民の移動誌』が一昨年に刊行された（小野・長津・印東 二〇一八）。筆者もそのなかで、先史時代から黒曜石や貝殻などのモノが遠距離間で運ばれたこと、島嶼間の交流のさいに用いられた共通言語（リンガ・フランカ）に注目すべきこと、移動が一方向だけでなく、双方向的あるいはネットワークのなかでおこなわれたことの重要性を指摘した（秋道 二〇一八）。

本書では、海の民のネットワーク論について、環オホーツク海の交易論（熊木俊朗）と東シナ海における琉球の位置付けに関する論考（上里隆史）がある。

海を越えた移動は旧石器時代にさかのぼる。本シリーズの第1巻で、藤田祐樹は沖縄本島南部のサキタリ洞（南城市）を発掘し、世界最古の釣り針について報告した（藤田 二〇一九）。旧石器人が海を越えて琉球列島に達し、漁をおこなっていたことが示唆される。

古い時代に目を向けるとともに、歴史時代、海を越えた人びとの産み出したドラマの例は事欠かない。中国の歴代王朝による海の交易と支配、「新世界」発見以降、西洋諸国と世界中の海の民や王権との接触と衝突など、歴史のなかには、「海はだれのものか」について例証できる豊かな素材がある。

本書でも、越境して移動する海の民について、北欧のヴァイキング（小澤実）、中世の海の勢力（黒嶋敏）、海賊論（門田修）などの多彩な論考を収録できた。漂流民の例として、ジョン万次郎や大黒屋光太夫はよく知られているが、おなじく幕末期の漂流民である音吉の話題（齋藤宏二）を取り上げた。

越境のプッシュ要因とプル要因

越境による移動の動機として、プッシュ要因とプル要因がある。前者には、海を越えて移動せざるをえない、戦禍、人口増加、疫病、火山爆発や津波などの災害が含まれる。後者には憧れの土地を希求して船出することや、楽園世界を目指す場合があった。古代中国の秦代、始皇帝の命を受けた徐福（じょふく）は、仙人が住み、不老不死の薬を産する島を求めて、現在の浙江省の浜を船出した。

プッシュとプルの要因は時代や地域によりさまざまであり、個別事例を検証することが肝要であろう（秋道　二〇一九）。

海洋空間とアクセス権

世界分割をめぐる覇権抗争

海の所有問題を世界史的に整理しておこう。ヨーロッパでは古代・中世期、海は万民の共有物であり、個人や国家が所有することはできないとする考え方が一般的であった。ところが、一五世紀末、「新世界」発見と世界周航以降、スペインとポルトガル両国はアメリカやアジアへの領土獲得をめぐり、海洋の覇権争いを繰り広げ、衝突が絶えなかった。

そこで、ローマ教皇の承認をえて、両国間の領土分割が合意された。それが一四九四年に締結されたトルデシリャス条約である。この条約では、大西洋上のカーボベルデ諸島西一七七〇キロの地点を子午線（南北の経度線）にそって境界を策定し、この線の西側をスペインが、東側をポルトガルが領有するものとされた。

海洋進出を画策する英国とオランダはトルデシリャス条約による世界分割に対抗する立場をとった。英国はアルマダの海戦（一五八八年）で対立するスペインを撃破し、大打撃を与えた。おなじ新興国のオランダもアジア方面への通商の拡大を阻害するポルトガルへの反発を強めていた。そして、海はだれのものかの論争は、一七世紀初頭に大きく動くこととなった。

グロティウスからゴードンまで

オランダの法学者であるH・グロティウスは「自由海洋論」（マレ・リベルム：Mare Liberum）を一六〇九年に公表した。この説では、海岸から三海里までは国の管轄権にあるがその外側の海洋は自由に航行、利用できるとし、広大な海洋の自由な利用権を謳った。これはオランダによる北海方面でのニシン漁の漁業権益やアジアでの植民地化による通商を正当化するものでもあった。三海里の設定は当時の砲着弾距離が三海里であったことによる。

これにたいして、英国のJ・セルデンはグロティウスの理論に対抗して一六三五年に、「閉鎖海洋論」（マレ・クロウズム：Mare Clausum）を提起した。この説は、自国の漁業慣行を守り、他国船の周辺海域への進入を排除するねらいがあった。ただし、その後、英国は世界中の海に広く進出し、むしろ閉鎖海洋論は影をひそめることとなった。

その後、自国の管轄する領海を設定するとともに、その外側に広大な公海を設定する考え方が大勢を占めた。また、F・ガリアーニは一七八二年に砲弾射程距離を三海里（五・五六キロ）と設定した。この考えは二〇世紀中葉まで英国、米国、フランス、カナダ、オーストラリアをはじめ世界の多くの国ぐにに受容された。ただし、領海の範囲は一九三〇年における国際連盟の国際法法典化会議でも合意に至らず、アイスランドは二海里、スウェーデンとノルウェーは四海里、スペインは六海里を主張した。さらに二〇〇海里案までが一九五二年、エクアドル、ペルー、チリによって提案された。

こうした中で、米国の漁業経済学者のH・S・ゴードンは公海における漁業資源をとりあげ、自由競争によって公海の資源が枯渇するシナリオを提示した（Gordon 1954）。公海でわれ先に資源を獲り続ければ何が起こるかを予言したもので、国連海洋法条約が制度化される二八年前のことであった。

領海の幅についての議論もその後、領海六海里とし、その外側に六海里の漁業専管水域を設定する案が浮上し、領海を一二海里とする合意が第三次海洋法会議（一九七三～一九八二年）でなされる背景となった。同時に、領海一二海里の外側に排他的経済水域を二〇〇海里とする案が俎上にのぼる。ここで、第三次海洋法条約会議の最終年にあたる一九八二年に、領海一二海里と二〇〇海里の排他的経済水域（ＥＥＺ）が合意された歴史的な国連海洋法条約に至る。

海洋のアクセス権モデル

海洋の所有・権益の問題を、海域へのアクセス権に関するモデルとして示そう（秋道　二〇一六、二〇一七）。このモデルでは、何らの制限もないか（オープン・アクセス）、一定条件を満たせばよい（リミテッド・エントリー）、いかなる場合も許されない（サンクチュアリ）、の三極を設定している（図1）。

この三極モデルでは、海のアクセス権についての歴史的な変化、あるいは地域ごとのアクセス権のありかたを想定している。たとえば、条件付きで入漁できたが、資源が大きく減少したためにサンクチュアリとされることがある。また、最初は自由に利用できたが入漁者が増えて、制限が課される変化が起こることがある。そうした変化は図のＡ、Ｂ、Ｃの領域として示した。

具体例を示そう。一九八二年の第三次国連海洋法会議で採択され、一九九四年に発効した国連海洋法条約の元に、ＥＥＺの外側にある海域は公海と規定された。公海ではいかなる国の主権もおよばないので、オープン・アクセスの海ということになる。

しかし、実際には公海における資源の乱獲やイルカ・海

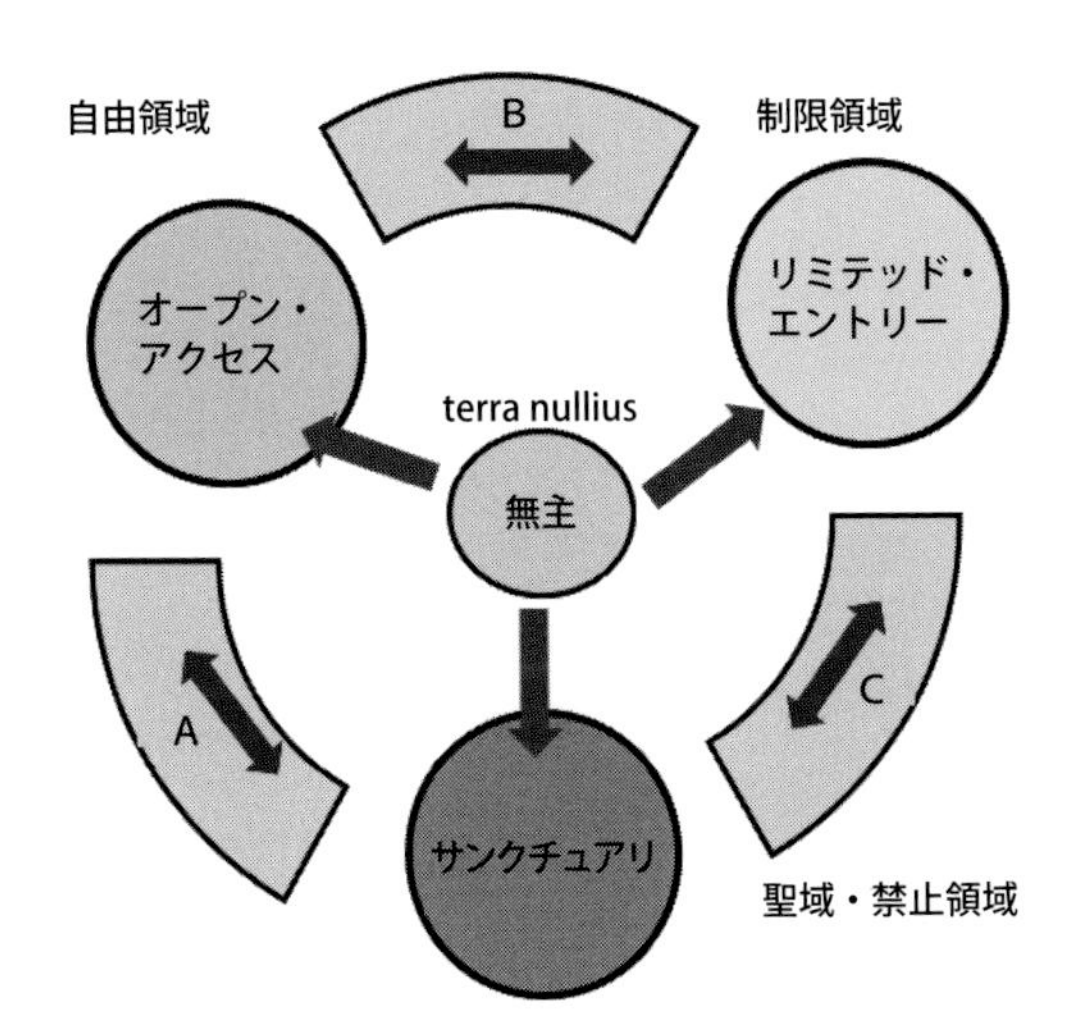

図１　入漁（域）に関する三極モデル（A、B、Cは、相互に変化する可能性を示す）

鳥の混獲、海洋ゴミの集積などの環境問題があり、いくつもの入漁規制や漁獲割当量を決める二国間あるいは多国間での協議・裁定がある。

つぎに、EEZ内であれば、主権国家が漁業活動をおこなうことは一定の条件下で正当化されているが、仮に他国の主張するEEZと重複する場合、入漁にさいして政府間のみならず民間ベースでのさまざまな条件が課される。たとえば、日韓両国間では日韓漁業共同委員会の元で、双方のEEZ内における操業についての入漁条件が細かく決められている。これには、総漁獲割当量、まき網・はえなわ・イカ釣り・以西底曳網（いせいそこびきあみ）（東経一二八度三〇分から西の黄海・東シナ海で操業する底曳網漁）などの漁業種類の策定、操業禁止期間、操業禁止区域などの条項が含まれる。また、海洋資源の状況に応じて漁具数を規制するなど、資源管理のための措置が毎年協議され、調整が図られている。

「はじめに」で少しふれたように、日露間でも日露漁業委員会を通じて、双方の相手国EEZ内への入漁が合意されており、イカ、サンマ、スケトウダラ、ホッケなどの漁獲割当量が毎年決められている。また、別枠で有償の漁獲割当量を決めて、それ相当の金額を支払うことや、ロシアへの資源管理のために研究協力費を供与することがある。民間レベルでもウニ、ツブガイ、コンブ、ズワイガニなどの底生資源についての入漁協定がある。さらに、日露間で合弁会社を設立し、サケ・マスの孵化放流やマダラの漁業・加工をおこなう事業体を通じた海洋資源の共同利用が進められている。以上のように、リミテッド・エントリーで入漁する場合、詳細な事項にわたる条件が前提とされていることがわかる。

つぎは聖域論である。ハワイ諸島では冬場、ホエール・ウォッチングがさかんである。ハワイ諸島には推定で北太平洋全体の三分の二に相当する四〜五千頭のザトウクジラが繁殖のため冬季に回遊してくる。米国政府はハワイ諸島海域を大型クジラの聖域と定めている。

クジラの聖域は繁殖場だけでなく、索餌場や回遊ルートにも設定されている。南氷洋と北極海は原則、オープン・アクセスの海域といえるが、現在、いくつかの問題が起こっている。一九八二年の商業捕鯨一時的全面禁止（モラトリアム）の宣言以来、捕鯨をめぐる論議はほぼ平行線のまま推移してきた。

日本による調査捕鯨にたいして、鯨類資源の保護のためにあらゆる捕鯨を禁止すべきとする案が、オーストラリア、ニュージーランド、アルゼンチン、ブラジルなどの南半球の国ぐにから提案された。南氷洋をオープン・アクセスから聖域化する考えである。結局、日本が調査捕鯨を継続してきたことを違法とするニュージーランドの提訴がハーグ裁判で可決され、二〇一八年に日本は商業捕鯨を再開する宣言を提示し、IWC（国際捕鯨委員会）を脱退した。聖域論では、環境保護至上主義が大きなドライブになっている。

なわばりと入会

「なわばり」は生態学の用語で、同種の個体ないしは個体群が一定の領域を占有することを指すが、広義には人間の空間占有の行動にも適用されている（秋道 二〇一六）。一方、入会は異なる集団がおなじ海域に入漁（域）して、活動をおこなう場合を指す。なわばりと入会には、地域ごとから国、国を越えたリージョン、地球レベルまでさまざまな事例があり、一般にTURF（Territorial Use Rights in Fisheries：漁業における保有権）と称される（Christy 1982）。

なわばりと入会の海

主権国家が主張する海のなわばりの典型例が領海とEEZである。領海一二海里とEEZ二〇〇海里の設定は一九八二年に端を発するが、国内でみるとじつに多彩な事例が地域ごとに存在する。入会についても、その主張の論拠や発想の原点にはいくつもの特徴点がある。

日本で古代、中世において沿岸域を村のなわばりとみなす考えかたがあった（保立 一九八七）。江戸中期の一七三七（元文二）年に発布された『評定所御定書』には、「磯は地付根付き、沖は入会」とある。陸地に近い海は村の占有空間であるが、沖は村以外のものも利用できる共有の海とするものである。ただし、入会の海は石高をもつものだけが利用できた場合や、幕府の直轄領では磯資源の独占利用を村に義務化した場合もあった（次頁図2）。一七四一（寛保元）年の『律令要略』でも山野、河川、海における入会についての規約が明記されている。

近世期における浦のなわばりの状況は地域により異なっていた。瀬戸内海や大坂湾では沿岸漁業がさかんで、浦の漁場も狭い海域にあり、地先の磯にも入漁する申し合わせがあった。幕府直轄領の多い関東では、他国からの入漁

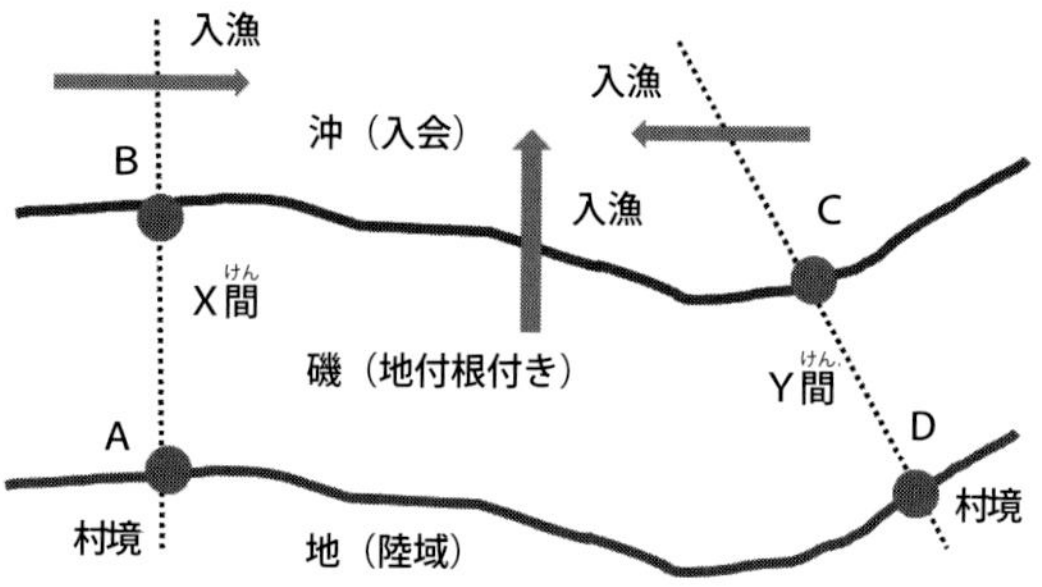

図2　日本の近世期における沿岸域のなわばりと入会の慣行

A、B、C、Dで囲まれた海域が「磯」，BとCを結ぶ線の外側が「沖」である。A－B間の距離（X間）、C－D間の距離（Y間）は村落ごと、地域ごとに異なる。BとCを結ぶ線は海岸線と平行に引いた仮定上のものである。

によって地元との間で紛争が生じることがあり、前述した『評定所御定書』がよく適用された（河野　一九六二a、一九六二b、一九六三）。

明治漁業法（一九一〇年）による専用漁業権は当該の漁業（協同）組合（以下、漁協と称する）が一定の海面を物権として保有することを指した。専用漁業権の及ぶ範囲は近世期の慣行を踏襲した場合が多く、漁業制度の「前例主義」が指摘されている（二野瓶　一九八一）。ここでは島の漁業権の漁場図を二例挙げておこう。一つ目は北海道東部の色丹島（現在はロシアが占有）で、新月・満月（朔望時）の満潮時海岸線から六〇〇

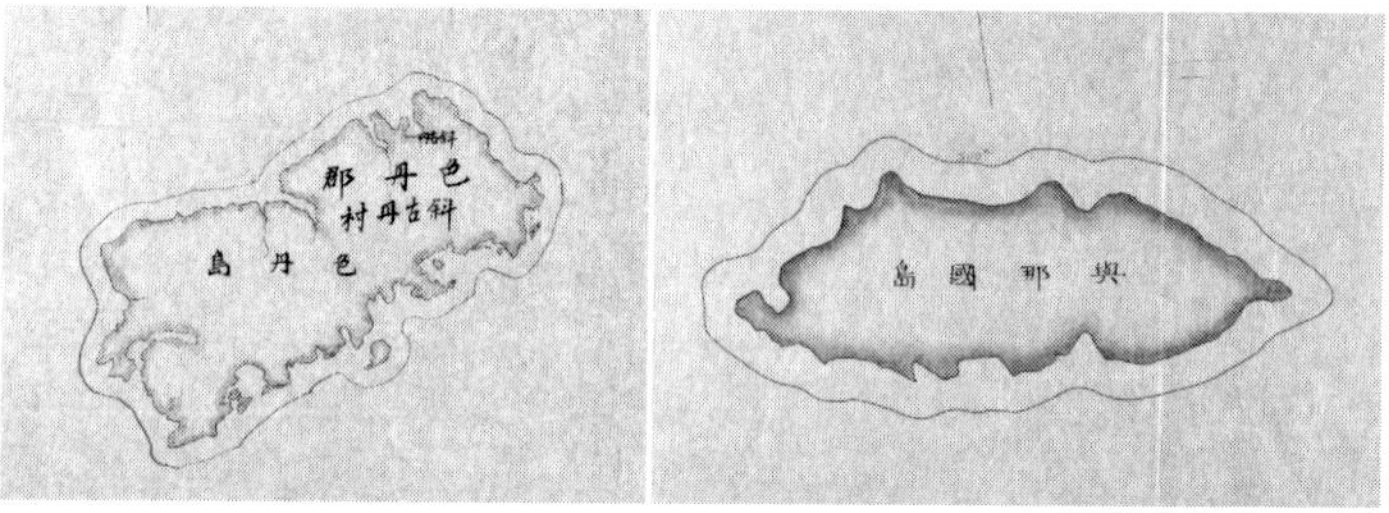

図3　明治漁業法における専用漁業権。左が色丹島（免許番号4344）、右が与那国島（免許番号4789）。沖合の距離が異なっている点に注意。

間（約一・〇九キロ）以内の海面に相当する。二つ目は琉球列島の与那国島で、朔望時の満潮時海岸線から沖合五〇〇間（約〇・九一キロ）以内の海面にあたる（図3）。

日本と類似の慣行がインドネシア東部のマルク州やイリアン・ジャヤにある。村落ごとに資源利用を規制する慣行はサシ（sasi）と呼ばれる（Bailey and Zerner 1992; McLeod, Szuster and Salam 2009）。陸上のココヤシ、チョウジ、ナツメグ、ドリアンなどの収穫を規制する一方、サンゴ礁の浅瀬で高瀬貝（サラサバテイラ）、ナマコなどの底生資源や回遊性のニシン（村井　一九九四、一九九八）、

グルクマ、マルアジなどの採捕が村落全体で規制される（秋道 二〇〇四）。

ここで高瀬貝の採集を例として紹介しよう。高瀬貝の肉は自給用食料に、貝殻はボタンや装飾品の原料となる。サシの解禁は一〜二年に一度かぎり、一週間程度実施される。高瀬貝を採取する海面は五〜六区画に分けられる。

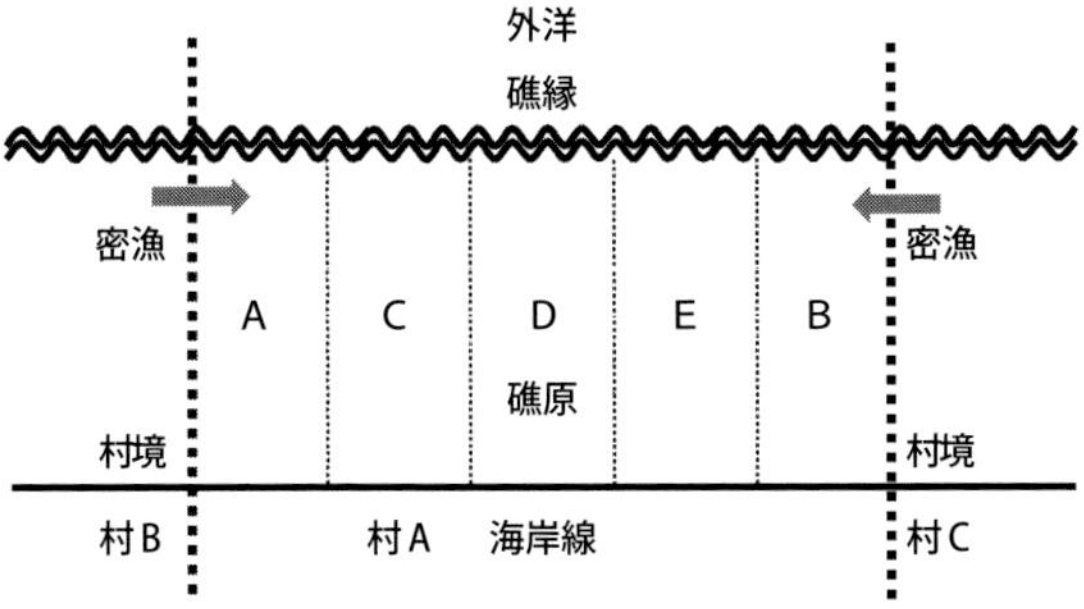

図４　サシ解禁によるタカセガイ採集の場所と日程

解禁初日は図４のAで、二日目はBで採集がおこなわれる。三日目から五日目はC、D、Eが日替わりで利用される。六、七日目はC、D、Eのいずれの区画でも採集可能である。初日と二日目にAとBが利用されるのはサシ解禁中、隣接する村落からの密漁を未然に防止するためである（図４）。なお、AとBにおける収益は村のものとなるが、C、D、Eの収益は個人の取り分となる。

サシは村落独自の慣行である。ただし、サシの解禁許可を事前に島の郡政府（チャマット）に願い出ることと、サシ解禁によって得られた収益の決算報告が義務づけられている。サシに関する報告文書を参照すると注目すべきことが分かった。

ケイ・ブサール島南東部の隣接するサテール村とトゥトゥレアン村間で密漁をめぐり、暴力事件と村の焼き打ち事件が発生した。これを受けて、郡政府は一方の村からサシ解禁の申請が出されたが、紛争の再発が懸念されるとして申請を却下した。

オホイテル村におけるサシの報告書によると、一九八九年一二月四〜一三日にサシが解禁され、そのうちの七日間、高瀬貝が計五四六三個（重量で五七九キロ）採集された。貝殻のキロ単価は一万五〇〇〇ルピアである。販売による収益は、全体の六五％は村落に、残りの三五％が個人に分配された。

高瀬貝の売却による収益の配分比をインドネシア東部の他地域の例と比較したのが図5である。これによると、村と個人への配分比は〇〜一〇〇パーセントとバラツキがあ

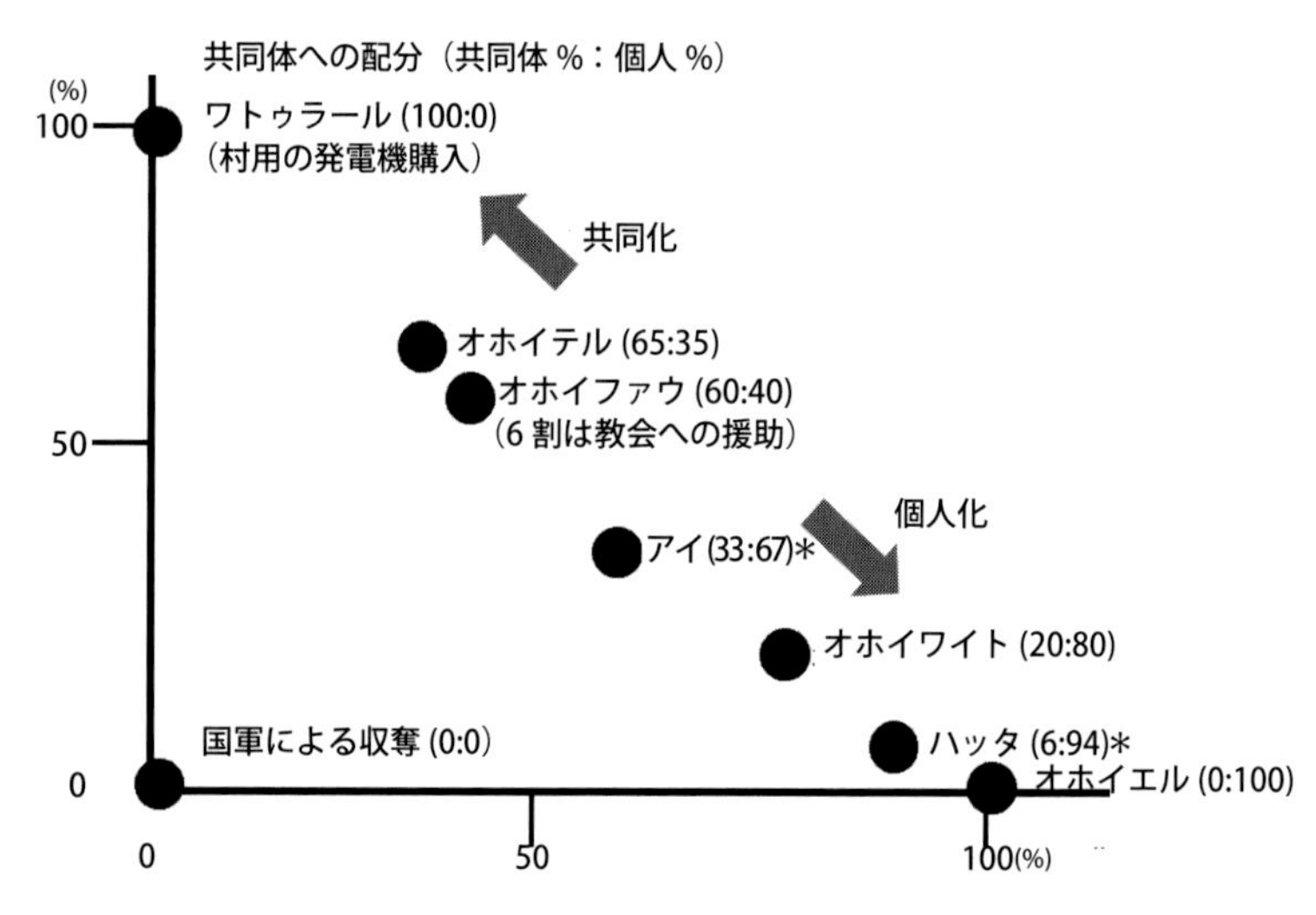

図5　マルク州における高瀬貝の売却による収益の配分（*は Monk et.al 1997 によった）

る（図5）（秋道　二〇〇四）。配分比は高瀬貝の価格や収量に応じて変動するとの指摘がある（Monk *et al.* 1997）。なお、図の原点の事例はインドネシア国軍が住民にサシ解禁を指示し、収益をすべて取得したもので、国家による介入のために、村や個人の収益はゼロであったことを示している。また、村への配分は、学校やモスク（イスラム教の村）、教会（キリスト教の村）の修繕、橋の架設、道路の補修など公共目的に充当される。

紛争の海

なわばりと紛争

海のなわばりを主張する集団間で紛争の起こることがある。たとえば、インドネシア・スラウェシ島西部のマカッサル海峡域にあるマジュネ地方で漁業紛争が一九九〇年代発生した。マジュネの民は地先の海でルンポン漁（ココヤシの葉を集魚装置としてつけ、重りで固定した竹製筏を海上に多数設置し、集まった魚群を釣る漁法）をおこなってきた。マカッサル海峡域は魚群が移動する好漁場である。この海域にスラウェシ島南東部のスラヤール島から漁民が多くルンポン

表1　漁業種類ごとの紛争の類型

	小規模自給漁撈	商業的漁業	栽培漁業	観光・遊漁業
小規模自給漁撈（P）	1	2	3	4
商業的漁業（C）	—	5	6	7
栽培漁業（M）	—	—	8	9
観光・遊漁業（T）	—	—	—	10

小規模自給漁撈はP（Petit commodity production fishery）、商業的漁業はC（Commercial fishery）、栽培漁業はM（Mariculture）、観光・遊漁業はT（Tourism fishery）を指す。

漁のために入漁した。漁場が過密となり、ルンポンのロープがからまることや、ルンポン同士が衝突する事態が発生した。マジュネの漁民がスラヤール島の漁民が設置したルンポンのロープを切断し、漁を妨害した。

このことが発端となり、訴訟事件となった。マジュネの漁民は地先の漁場を自分たちの海としての権利を主張し、スラヤール漁民はどこで漁をしても自由であると主張した。これにたいして、マルク州の高等裁判所は「インドネシアに二つの法律はいらない」との判決を下し、事実上、慣習法をしりぞけた（Zerner 1990, 1991, 2003）。一九四五年の独立時、スカルノ大統領はインドネシアの「海はだれのものでもある」と宣言したとおり、慣習法が国家法に優先することはなかった。

紛争の海

海の紛争に関する事例をなわばりに着目して整理しておこう。まず漁業には、自給的漁撈（S）、商業的漁業（C）、栽培漁業（M）、観光・遊漁業（T）がある。このうち、純粋な自給的漁撈の例を見出すことは現代では困難であり、たいてい漁獲物は商品とされている。そこで、自給のための小商品生産活動を自給的漁業と位置づける（P）。漁業紛争はそれぞれの業種内、あるいは異なる業種間で生じる（表1）。

1. 自給的漁業間：前項でふれたインドネシアのマジュネ漁民とスラヤール漁民間におけるなわばり争いの例がある。
2. 自給的漁業と商業的漁業：北米の先住民生存捕鯨とロシアによる商業捕鯨における対立が国際捕鯨委員会においてなされた（岸上 二〇〇八）。
3. 自給的漁業と栽培漁業：タイ南部のマングローブ地

帯における自給的漁業が、エビ養殖池の造成によって大きな打撃を受けた（秋道 二〇〇四）。

4．自給的漁業と観光・遊漁業：遡上するサケに依存してきたカナダ先住民の利用する河川にレジャーのための釣り人が入ってサケを釣り始めた。

5．商業的漁業間：太平洋上におけるパヤオ（浮き魚礁）の設置場所をめぐり、沖縄県、宮崎県、鹿児島県の漁船同士が衝突した。

6．商業的漁業と栽培漁業：インドネシア・アラフラ海のアルー諸島で、真珠養殖業が営まれる海域に外国船籍の底曳網漁船が入漁し、真珠稚貝と養殖筏に打撃をあたえた。

7．商業的漁業と観光・遊漁業：宮古諸島の伊良部島における潜水漁業者と観光のためのダイバー間で、漁場利用をめぐる争いが発生した（上田 一九九二）。

8．栽培漁業間：愛媛県の宇和島沿岸において、フグ養殖に使用されたホルマリン溶液の流出によって、周辺で養殖されていた真珠母貝や真珠の稚貝が斃死した。

9．栽培漁業と観光・遊漁業：京都府の若狭湾でマダイの稚魚を放流する増養殖事業によって、遊漁者が大量に釣りにきたため、釣り漁師よりも多くの釣果をあげた。このことで入漁をめぐる争いが生じた。

10．観光・遊漁業間：沖縄県座間味諸島で、ザトウクジラのホエール・ウォッチング船同士がクジラに接近しようとして、接触事故が発生した。

以上の一〇例に示したように、漁業の種類を問わず漁場の占有権、入漁のルールをめぐる衝突が発生した。なかでも、漁場の境界をめぐる紛争はもっとも頻繁に発生する「なわばり」争いである（秋道 一九九五、金田 一九七九）。

なわばりと輪番制

なわばりが紛争を誘発することがわかったが、平常通り漁撈がおこなわれる場合、紛争回避のため、どのようなメカニズムがあるのか。日本とインドネシアの小規模漁業の事例を取り上げよう。

糸満のアンブシ漁と漁場の先取り

沖縄本島南部にある糸満（いとまん）市の地先では単独による

建干網漁（アンブシ）がおこなわれる。アンブシは袋網と両翼の袖網からなる可動式の小型定置網を指す。潮汐に応じて移動するサンゴ礁魚類を獲る漁法である。漁場は那覇空港周辺から沖縄本島最南端の岬までのサンゴ礁海域に及ぶ。アンブシの漁場の要点は、最終的に魚を袋網に追い込むポイントにある。この場所はイシャーと称され、航空写真を使った調査から一二四カ所あることがわかった。

どのイシャーを使うかは個人の判断によるので、別の同業者や刺網漁の漁民と現場で遭遇することがある。複数の人が近くで操業するさいに、袖網同士が接触し、魚が入らないこともある。

こうした事態を回避するため、アンブシ漁に従事する個人が集まり、それぞれのイシャーを使う場合の細かい取り決めをおこなった。漁の前日にあらかじめ使う予定の場所に棒を立て、だれのものであるかがわかる目印をつけておく。図6では孔の空いた平たい石が用いられている。

図6　糸満地先のアンブシ漁に用いられる漁場先取のための棒。漁の前日に設置される。棒先に孔の空いた石が取り付けられている。

こうしたこと以外の申し合わせとして、あるイシャーを使う場合、他の人が周辺にある二～三カ所のイシャーで操業することは禁止された。袖網を広げるさい、隣接する場所で操業する別の人の袖網とからまないように、特定のサンゴ岩を目安としてその岩を越えないようにする場合がある。こうした合意事項を包括すると、いくつかのイシャーを含む領域が「なわばり」となることが判明した。このなわばり領域は総じてティーチと称される。全部で五五のティーチのあることが分かった（次頁図7）（Akimichi 1984; 秋道 二〇一六）。

インドネシア・サンギール諸島におけるセケと輪番制

インドネシアのスラウェシ島とフィリピンのミンダナオ島の間に七七の島々が鎖状に分布する。これがサンギール諸島である。島々では夜間に浅瀬でプランクトンを索餌するために接岸するマルアジの群れを獲るセケ（seke）漁が

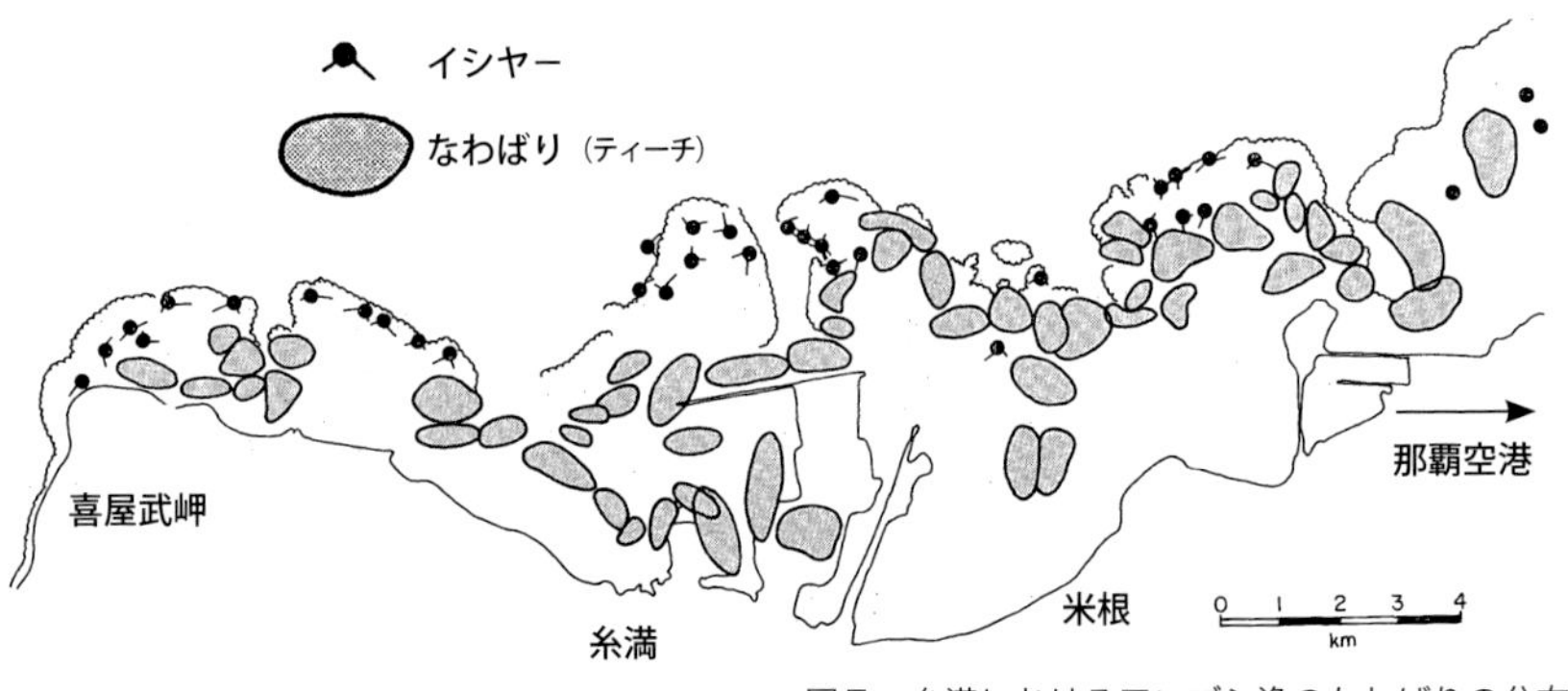

図7　糸満におけるアンブシ漁のなわばりの分布
リーフ周辺のイシヤーは単独で、なわばりはなく、波があるのであまり使われない。
なわばり（ティーチ）には2〜4のイシヤーが含まれる。

おこなわれている。セケは長さ三〇〜四〇メートル、高さ一・二メートルほどのスダレ状の竹製漁具である。セケに数カ所取り付けた支持棒に人がつかまって海中で立て、魚が沖に逃げないよう遮断する。セケの両端にはさらに一〇〇〜一五〇メートルのロープにココヤシの葉を取り付けておどし具とする。他方、広げた網で魚群を囲んで獲る。このまき網漁のこともセケと呼ばれる。セケ漁は明け方前と夕方以降におこなわれる。

調査をおこなったパラ島には六つのセケ・グループがあった。それぞれセケ漁具を一カ統共同で所有している。操業には老若男女を問わず参加する。参加メンバーはおよそ四〇〜六〇人であるが、その成員は血縁集団を核として構成されており、地縁集団とおなじとはかぎらない。

パラ島の周辺には四カ所、約一〇キロ南にある無人のシンガルハン島に二カ所の漁場（プリへ：purihé）がある（図8）。シンガルハン島がもっとも多くの漁獲をあげることができる。一八世紀初頭、シアウ島の王（ラジャ）がパラ島・シ

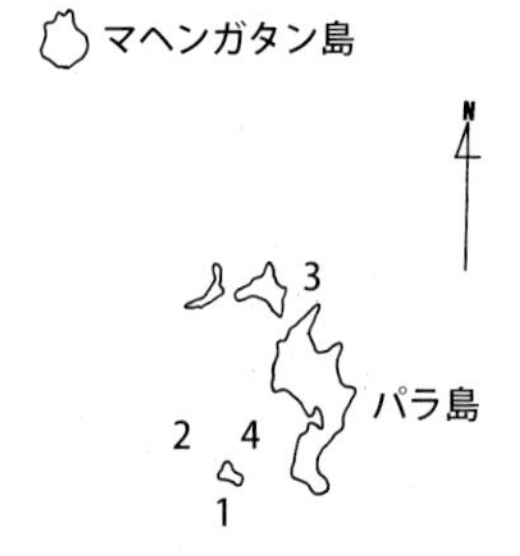

図8　パラ島民の利用するセケ漁場（1〜6）
（パラ島に4カ所、シンガルハン島に2カ所ある）

表2　パラ島におけるセケ漁の輪番制（4つの漁場を6グループ（kelompok）が輪番で使う）

	魚場名（purihé）			
曜日	Tantobango	Binuwu	Mangareng	Lanteke
月	Ra	Ba	Lo	Lu
火	Lo	Lu	Le	Ra
水	Le	Ra	Ka	Lo
木	Ka	Lo	Ba	Le
金	Ba	Le	Lu	Ka
土	Lu	Ka	Ra	Ba

セケのグループ名
Ra: Ramenusa, Ba: Balaba, Lo: Lembo, Lu: Lumairo, Le: Lembe, Ka: Kampium

ンガルハン島一帯を勢力下に治めていた時代からセケ漁がおこなわれてきた。

　シンガルハン島の漁場では五月二〇日〜八月二〇日の三カ月のみ操業でき、一九八〇〜一九九七年の実績資料では、六つのグループが輪番制で一年ごとに操業した。たとえば、バラバ・グループは一九八〇、一九八六、一九九二年の三回漁をおこなった。

　パラ島周辺では周年セケ漁がおこなわれる。漁場が四つしかなく、セケ漁のグループは六つある。そこで、一週間（日曜日は休日）で各グループは四回、それぞれの漁場を一回ずつ利用することになる（表2）。

おわりに

　海のなわばりと紛争を中心に、海はだれのものかについて検討してきた。なわばりが自主的で地域固有のしきたりであるとして、排他的な側面とともに地域内での紛争を緩和し、住民間での平等性を保証する役割を果たしてきた。なわばりの行使に地方政府が介入し、監視する場合もインドネシアのサシの慣行で見出すことができた。ただし、地域の慣行が国家の法と対立する場合もあった。

　さらに、海はだれのものかに関する議論を進めるため、冒頭で述べたアクセス権の動態をふまえて第1章から第3章までを読み進んでいただきたい。

参考文献

秋道智彌　二〇〇四『コモンズの人類学—文化・歴史・生態』人文書院
——　二〇一六『越境するコモンズ—資源共有の思想をまな

ぶ』臨川書店
金田禎之　一九七九『戦後の漁業紛争史』成山堂書店
岸上伸啓　二〇〇八「クジラ資源はだれのものか―アラスカ北西部における先住民捕鯨をめぐるポリティカル・エコノミー」秋道智彌責任編集『資源とコモンズ』（資源人類学８）弘文堂：一一五―一三六
河野通博　一九六二a『漁場用益形態の研究』未来社
――――　一九六二b「専用漁業権漁場における共同用益の諸形態―瀬戸内海水域を中心に」『史林』四五（四）：五九〇―六一三
――――　一九六三「漁場用益形態の研究―明治期における瀬戸内海漁民の漁業用益形態と漁業制度との矛盾に関する実証的研究」『漁業経済研究』一一（三）：五七―六一
二野瓶徳夫　一九八一『明治漁業開拓史』平凡社
保立道久　一九八七「中世における山野河海の領有と支配」『日本の社会史第二巻』岩波書店、一三八―一七一
村井吉敬　一九九四「東インドネシア諸島における伝統的資源保護慣行―サシについての覚え書き」『社会科学研究』一一七：九五―一二二
――――　一九九八『サシとアジアと海世界―環境を守る知恵とシステム』コモンズ

Akimchi, T. 1984. Territorial regulation in the small-scale fisheries of Itoman, Okinawa, in K. Ruddle and T. Akimichi eds., *Maritime Institutions in the Western Pacific*, Senri Ethnological Studies No.17: 89-120.
Bailey, C. and C. Zerner 1992. Community-based fisheries management institutions in Indonesia. *Maritime Anthropological Studies* 5(1): 1- 44.
Christy, F.T.Jr. 1982,Territorial use rights in marine fisheries: definitions and conditions, *FAO Techical Pappers*, No. 227.
Gordon, H.S. 1954. The economic theory of a common-property resource: the fishery. *Journal of Political Economy* 62: 124-142.
Hardin, G. 1968. The Tragedy of the Commons. *Science* 162: 1243-1248.
Mantjoro, E. and T. Akimichi 1995. Sea Tenure and Its Transformation in the Sangihe Islands of North Sulawesi, Indonesia: The Seke Purse-Seine Fishery, in T. Akimchi ed. *Coastal Foragers in Transition*. Senri Ethnological Studies 42: 121-146.
McLeod, E., B. Szuster, and R. Salm 2009. Sasi and Marine Conservation in Raja Ampat, Indonesia. *Coastal Management* 37(6): 656-676.
Monk, Kathryn *et al*. 1997. *The Ecology of Nusa Tenggara and Maluku*. (The Ecology of Indonesia Seires Volume V), Periplus Editions.
Zerner, C. 1990. Marine tenure in Indonesia's Makassar Strait: The Mandar raft fishery. Paper presented at the first annual meeting of the International Association for the Study of

Common Property, Duke University. Durham, North Carolina, September 1990.

——— 1991. Sharing the catch in Mandar: Changes in an Indonesian raft fishery (1970-1989). In J.J. Porgie and R.B. Pollnac eds., *Small Scale Fishery Development: Sociocultural Perspectives*. ICMRD: University of Rhode Island.

——— 2003. Sounding the Makassar Strait: the poetics and politics of an Indonesian marine environment. In C. Zerner ed., *Culture and the Question of Rights to Southeast Asian Environments: Forests, Sounds, and Law*. Durham: Duke University Press.

2 漁業権とはなにか?—海の排他主義を問う

八木信行

はじめに

この節では、漁業権とはなにかについて議論する。基本的には漁業権とは岸から数キロ程度の海域の漁場や生物資源を漁業者が管理し利用する権利であり、これを付与された漁業者が資源保全のための義務を負う仕組みである。つまり、(ア)政府は、集落の前浜の漁業資源を管理する権限を地元集落の漁業集団に移譲し、部外者の漁獲を排除する、(イ)するとその集団は皆で相談して資源を未来に残し、子孫繁栄につなげるように管理する、(ウ)政府としては、資源管理方針の策定や、密漁者の見張りなどの監視作業も集落で率先してやってくれるので、役人の数を減らすことができて小さな政府を達成できる、という仕組みだ。

この仕組みは、免許をもらった特定の漁業者は良いが、その他の者からは海の排他主義とも見えるため、不満の声も国内の一部に存在する。ただし漁業の世界では世界各国に似たり寄ったりの排他主義的な仕組みが存在している。また漁業以外でも、二〇〇九年にノーベル経済学賞が授与されたオストロム教授は、世界各国において林業や灌漑(かんがい)水の管理の現場で資源を利用する当事者が、ボトムアップの努力を行い何世代にもわたり資源を保全し効果的に配分している仕組みが世界各国で成立していることを論じている。

本節では、まず日本の漁業権について国際社会での評価を含めて現代社会における意義と今後の課題を議論する。更には二〇一八年の漁業法改正時には反対賛成双方の意見が対立した理由などを検証し、漁業権制度および海の排他主義を問うこととする。

日本における漁業権の歴史

日本人は、四方を海に囲まれ、昔から水産物をタンパク源として、また農耕用肥料として活用してきた。奈良時代から江戸時代ごろには肉食は禁忌の対象であり、魚食文化が形成されていった。同時期の欧米では牧畜に基づく肉食文化が存在し魚の消費が限定的であったことと比較すれば、日欧は総じて対照的な食文化を有していたといえる。

日本では漁業管理の歴史も長い。律令（七〇一年）の雑令では「山川藪沢の利は公私これを共にす」とされている。当時は生態系から得られる恵みは人々で共有されていたことがうかがえる。しかし律令要略（一七四一年）の「山野海川入會」では「磯は地付き根付き次第、沖は入會（共同で使用すること）」とされている。つまり、水産資源は、沖合に存在するものはまだ共有資源と認識されているが、一方で沿岸に存在するものは地元の人間が利用する権利を有している資源と認識されている。

実際、江戸時代には漁法が発達するにつれて漁場をめぐる争いも多くなった。二〇〇年前の文化一三（一八一六）年六月には江戸内湾で操業する漁師が集まり、紛争解決のための合意を図り、江戸内湾漁業議定書を策定した記録が残っている。この議定書の内容は（ア）毎年会議を開くこと、（イ）既存の三八漁具・漁法以外の新たな漁業を始めないこと、（ウ）規約を遵守することが三つの柱となっている。この議定書に加盟した浦の数は四四を数える。当時すでに江戸湾には多種多様な漁業が存在し、更にそれを拡大させたいとの動きがあったことや、多くの漁業者が江戸湾の漁業を行って飽和状態にあったことが伺える。またこの議定書では「規約を遵守する」ことが強調されている点は注目に値する。海の上はそもそも監視や取り締まりが難しい。漁業者が率先して規約を遵守する仕組みを構築することが漁業管理の最重要事項の一つであることが当時から認識されていたといえる。

このような漁場紛争と合意形成を繰り返しながら、日本の漁業では、漁場を使用する権利を地元の漁業者に配分し、その漁業者が当事者意識を発揮し関係者が協力して漁場の利用ルールを策定し関係者が共同して監視し取り締まる方式が発達してきたのであろう。この漁場利用の権利と義務の関係は明治時代の漁業法に引き継がれ、以降、現在の漁業法まで受け継がれている。

オストロムの教え

実際、今日でも日本沿岸では漁業者が主体的に漁業管理の細部についてルールを定めており、政府による介入は免許制を敷くといった大枠の部分に留まっている。

資源保全が漁業者に任されているとの話は、欧米の環境団体などからは好意的な受け止め方をされない場合もある。自主的管理は取り締まりが散漫でフリーライダーが生じるので、政府による強権を伴う規制でなければ遵守されないと考える人間もいるためだ。ところが、逆説的に聞こえるかもしれないが、むしろ自主的な枠組みだからこそ規制が遵守される側面もある。規制を無視して抜け駆けする者が出れば、保全の利益はその者が不当に得る一方で、多くの真面目な遵守者は損害を被る。よってそのような不届き者が身内から出ないよう内部で相互監視する。結果的に、自主的な取り決めも法律と同等かそれ以上に遵守される状況になる。

冒頭で紹介したインディアナ大学のオストロム教授も、このように地域の当事者が主導する資源の保全活動が有効であるとの指摘をしている。共有資源を巡る従来の議論においては、「共有地の悲劇」を避けるために、資源を分割して私有地化するなどの対応が有効とされていた。しかし、オストロム教授は、「共有地の悲劇」は、当事者同士がお互いに連絡を取り合わないという仮定を置いた上での特殊事例に過ぎず、普遍的な現象ではないとの認識を示し、当事者同士が連絡を取り合えば、自主的な努力で「共有地の悲劇」を回避しながら自然管理ができると指摘している。

更にオストロム教授は、世界各地の共有資源の利用形態を検証し、成功した資源管理を実施している組織の共通点として、管理区域の境界線がしっかり画定されていること、管理区域内の資源利用者の間での利益配分が公正に行われていること、管理に関する意思決定に資源の利用者が参加していること、相互監視があり違反者へのペナルティーは違反回数が増えるごとに上がっていく仕組みがあること、部外者による資源収奪を排除する仕組みがあること、管理の組織は重層的になっている（つまり総会があってその下に部会があるなどの）構造があること、といった特色があると指摘している（Ostrom 2005）。日本の漁業権管理も、このような条件に当てはまっていると解釈できる。

オストロム教授は残念ながら二〇一二年に他界されたが、

以上の教えは今でも国際的な研究集会などの議論では重視されている内容である。

日本の漁業権の内容

次に、漁業法が現在どの様な制度になっているのかを確認しておく。漁業法の規定では、漁業権には、定置漁業権（漁具を定置して営む漁業権）、区画漁業権（養殖業を営む漁業権）および共同漁業権（藻類や貝類、その他農林水産大臣が指定する定着性の水産動物を対象に漁業を営む権利）の三種類がある。これらは都道府県知事の免許の形で与えられる。存続期間は最長でも区画漁業権および共同漁業権で一〇年、定置漁業権などで五年である。漁業権は物権とみなされ、土地に関する規定を準用することが漁業法で規定されている。

漁業権が設定されている水域の広さについては、岸から何キロまでといった全国一律の基準があるわけではない。岡山県のように岸から五〇〇メートルまでが漁業権設定水域となっているところもあれば、北海道のように岸から二〇キロ程度までの比較的広い海域に漁業権が設定されているケースもある。

共同漁業権が及ぶ生物は、上述のように藻類（コンブ、ワカメなど）、貝類（アワビ、ハマグリなど）、更には農林水産大臣が指定する定着性の水産動物（イセエビ、ウニ、ナマコ、タコなど）と限定されている。従って、海水浴の最中に不用意にサザエを岩場で採捕すると漁業法の違反に問われる可能性がある。しかし、岩場で魚釣りをしてイシダイやクロダイなどをレジャーとして釣獲しても違反には問われない。これら魚類は回遊性の水産動物であり、共同漁業権が及んでいないことによる。ただし漁船を使って繰り返し魚を漁獲していると別の漁業免許制度の違反に問われる可能性はある。

海の排他主義は近年世界的に強化される傾向

それでは続いて漁業制度をめぐる世界の動きを論じることとしたい。冒頭で、日本の漁業法に似た排他的な仕組みは世界各国に存在しており、これらも似たり寄ったりの排他主義の発想に立脚していると述べた。実際、先進国の漁業はほとんどの場合、免許制を敷いており、免許がないと漁業に参入できない。加えて各国は、免許の数が増えないよう、許可する漁船数の上限を政府が設定したり、主要な漁獲対象種に漁獲割当量を設けたりしている。この規制は近年更に強化される傾向にある。

例えばアメリカの場合でも、二〇世紀末まで多くの漁業種類で免許の数について上限がなかった。そして人気がある種類の漁業には新規参入が増加して漁船数が過多になり、過剰な競争が生じた。これに対応するため連邦政府は漁船のサイズを一定以上に大きくできない規制などを設けたが十分なコントロールができず、結局、個別漁船への漁獲割当制度を策定し、一部の漁業でこれが実行される状況となった。これを限定アクセス権（Limited Access Privilege）プログラムと米国では呼んでいる。漁業管理の排他的な制度が強化された例といえる。また各国とも外国人による漁業への参入も制限を設けている。例えばアメリカでは、漁業免許を受けるためにはその会社の外国人資本比率は二五％以下である必要がある（米漁業法のHP）。この比率は以前五〇％であったところから一九九九年に引き下げられており、こちらも近年になるほど規制強化がなされていることが分かる。

なお、ここまでアメリカの例では漁船ごとの漁獲割当制度を議論し、日本の例では漁業権制度を議論してきたが、違うものを比較参照しているのではないかとの疑問も存在するだろう。この点を若干補足説明すると、漁船ごとの漁獲割当制度も漁業権制度も、国際的には両方とも「権利準拠型漁業（rights-based management fishery）」と呼ばれており、かなりの共通性が存在する。具体的にこの双方の特徴を比較したものが表1である。

漁業者に何らかの形で排他的な権利を政府などが配分し、安心して操業できる環境を設定することで、漁業者が自分でコントロールしながら早捕りを防ぐなどの効果がある点については、漁船ごとの漁獲割当制度も漁業権制度も同じである。そして権利が継続する期間は両者とも比較的長期である。すなわち、漁獲割当制度の場合、割当量（つまり一年間に漁獲可能な上限の量）は毎年更新されるが、漁業者が全国の漁獲可能量の中から一定割合の漁獲割当を受ける権利そのものは何年もの長期間継続するのが普通である。漁業権の場合も、日本では五～一〇年で免許を再申請し更新を受ける必要があるが、通常は継続して免許される。このように長期間にわたって権利が保障されているために、配分対象となる魚の資源または漁場の環境を漁業者が自主的に保全するインセンティブが生じるといえる。毎年コロコ

表1　漁船ごとの漁獲割当制度と漁業権制度の比較（出典：筆者オリジナル）

	漁船ごとの漁獲割当制度	漁業権制度
英語名	IQ(Individual Quota), IVQ (Individual Vessel Quota)	TURF (Territorial Use Right Fishery)
政府などが漁業者に配分する権利	漁獲割当の一定量を使用する権利	漁場の一定の区域を使用する権利
権利が継続する期間	割当量は毎年更新されるが、一定割合の漁獲割当を受ける権利そのものは何年もの長期間継続する	5~10年で免許を再申請し更新を受ける必要があるが、通常は継続して免許される（日本の場合）
効能	漁業者の自主努力で、配分対象の魚の資源を保全するインセンティブが生じる	漁業者の自主努力で、配分対象の漁場環境を保全するインセンティブが生じる
向いている漁業	大型漁船を用いて回遊性の種を狙う沖合漁業	小型漁船を用いて定着性の種を狙う沿岸漁業
実施国	アメリカ合衆国、アイスランド、ニュージーランド、ノルウェーなど	サモア、チリ、バヌアツ、フィジー、フィリピン、メキシコ、日本など

表2　財の4類型（出典：一般的な知見を筆者が再整理）

	他人の使用が排除可能 (excludable)	他人の使用が排除できない (non-excludable)
他人が使用すれば自分は使用できない (rivalry)	①私的財 (private goods)	③共有財 (common goods)
他人が使用しても自分も使用可能 (non-rivalry)	②クラブ財 (club goods)	④公共財 (public goods)

ロと権利保持者が替われば、将来のことは考えずに短期的視野で資源開発されてしまうおそれがあり、これを避ける制度設計になっているといえる。このように見ると、漁船ごとの漁獲割当制度も漁業権制度も本質的な差異はあまりないことがわかる。

排他主義が漁業で許容される理由

表2の中に①として示す私的財は、他人の使用が排除可能で、かつ他人が使用してしまうと自分は使用できない性質をもつ。これには例えばハンバーガーなどの食べ物など様々なものが相当する。②のクラブ財は、他人の使用が排除可能で、かつ他人が使用しても減らないので自分も使用できる性質をもつ。これには、例えば使用者限定の有料ＷｉＦｉや、映画館で入場料を支払って観る形式の映画などが相当する。③の共有財は、他人の使用が排除不可能で、かつ他人が使用してしまうと自分は使用できない性

質をもつ。陸上野生動物であるシカやイノシシ、水中の野生動物であるアワビやイセエビなどはこれに相当するとされる。そして④の公共財は、他人の使用が排除不可能で、かつ他人が使用しても減らないので自分も使用できる、という性質をもつ。例えば映画でも、東京渋谷の交差点に設置された大型電光掲示板で通行人向けに上映する場合は公共財になる。ＷｉＦｉでも、ホテルのロビーなどでパスワード不要で誰でも使用可能な場合は公共財となる。以上の整理は様々な先行文献で語られている。

そして、ここからが本節での重要なポイントになるが、人間が安心して生産活動を行うためには、その活動に使用する財は私的財であることが重要である。例えば農業を行おうとすれば、その土地は私的財の性質を有していないと安心できない。仮に農地が共有財であれば他人の使用が排除できないため、自分が農作物の苗を植えても、その上を別の人がトラクターで耕して別の苗を植える行為も排除できなくなるためだ。これは工業でも同じで、自分の工場を建設する土地は、他人の利用が排除できる土地であることが重要となる。

漁業でもここは同じである。表2の中では、水中に生息する魚介類は、誰でも漁獲できるという前提で③の共有財と分類されるのが普通である。このため政府などが排他的な権利を漁業者に与え、他人の使用を排除して、①の私的財に近い状態を作り出している。農地と同じ仕組みで、一般的には受け入れられる素地はある。

海の排他主義に異論が出る理由

ところが、海の排他主義に対して日本国内から異論が出ることがある。これはなぜか。いいかえれば、陸上の場合は排他的な土地所有制度を政府が厳格に構築しても文句が出ない一方で、海面の場合は排他的な漁業権制度を構築すると国民の一部から異論が出るのはなぜかとの問いである。

異論が出る理由の一つは、漁獲対象となる魚介類が再生産可能な資源である点に起因していると考えられる。つまり、魚介類は再生産が可能な資源であるため、③の共有財というより、④の公共財と見る人がいてもおかしくはない。表2の四類型では魚は③の共有財として分類されているが、ここでの暗黙裏の前提は時間スケールを一日程度の短いものを想定している点である。仮に数年程度の長い期間を想定すれば、漁獲を逃れた魚介類はその後、卵を産み新しい資源として再生産される。使っても減らなければ④の公共財のように見える。それなのに、なぜ自分はアクセスできないのかという不満が一部の人間に生じてもおかしくはない。

排他主義への異論が生じる二つめの理由としては、資源利用を認められた漁業協同組合などを快く思っていない層の存在をあげることができる。この層は、漁業資源や漁場を③の共有財や④の公共財として見ておらず、②のクラブ財として見ているのであろう。実際、日本の漁業権の場合、政府が免許制をしき、ある資格を持った人間だけが資源にアクセスできるようになっているので、たしかにクラブ財の性格も認められる。漁業権の免許を受けていない層は、自分がそのクラブに入れないことに不満を抱いていてもおかしくはない。

海の排他的主義への異論に対する対処法

それでは、このような海の排他的主義への異論に対し適切に対処するためには、政府はどうすればよいのか。全ての異論にいちいち政府が対応する必要はないが、異論の裏にある実態上の問題には対応すべきであろう。近年、農林水産業は就業者の高齢化や後継者難に陥っている。沿岸漁業も例外ではなく、定置漁業権や区画漁業権の免許を受けてもその漁場を有効に活用していないところもある。一方で、クロマグロなど単価が高い一部の魚種は資源が過剰に利用されている。これに対応するためには、資源の過剰な利用を防ぐために利用者の新規参入にブレーキをかけ続けながらも、同時に就業者の高齢化や後継者不足を解消させるために新規参入に向けてアクセルを踏む操作が政府に求められている。ブレーキとアクセルのバランスが重要で、高度な技術が要求される操作である。

漁業権の中でも、相変わらずブレーキをかけておく必要があるのは、共同漁業権への参入である。これは漁船など移動可能な設備を使って貝類や藻類、イセエビやタコなどの定着性の水産動物を対象に漁業をするための免許であり、参入者を増やすと水産資源の過剰利用が生じるおそれがある。少子高齢化といっても、実際の現場では、例えばアワビやアサリを漁獲できる日を一年間に二週間程度と短く設定し、年間残りの三五〇日は禁漁としているような場所も多い。沿岸の埋め立てや海藻繁茂地の減少（いわゆる磯焼け）などで漁場が縮小し、また河川改修や沿岸開発などにより海の再生産能力も減少している中、漁獲圧力を上げて資源保全に逆行する政策を実施するべきではない。

一方で、漁業権の中でも、定置漁業権と区画漁業権は、水面の特定箇所を占有して生産活動をするための免許である。この二つはアクセルを踏んである程度の新規参入を認める政策を導入しても良いだろう。ただし両者とも、漁場の面積や密度をこれ以上増やせる状況ではない。養殖も環境収容能力に上限がある。例えば給餌養殖（餌を魚に与えるタイプの養殖）では過密に養殖をしすぎると食べ残した餌などが海に溜まるおそれがある。定置漁業も、免許の数を増やすと過剰な漁獲になる。あくまでも、現在存在している免許数の範囲内で、人気がなく空きが生じている場所に新規参入を促す政策に留めることが重要である。

二〇一八年の漁業法改正

以上の状況の中、二〇一八年一二月、「漁業法等の一部を改正する法律」が国会で可決された。これは、一九四九年に制定された従来の漁業法を七〇年ぶりに抜本改正するものである。内容は漁業権漁業への新規参入に門戸を開きつつ、乱獲を防ぐために漁獲割当の設定魚種（年間の漁獲総量を設定する魚種）を更に増やし、割当量を漁船ごとに配分して厳格に運用する趣旨である。

改正後のテキストでも、共同漁業権、定置漁業権、区画漁業権という区分は維持されている。ただし定置漁業と区画漁業（すなわち養殖業）に民間企業が参入しやすくなる方向となった。

養殖業や定置漁業については、従来の漁業法では知事から免許を受けるべき者の優先順位が明記されており、例えば養殖業の場合、具体的には、第一位が漁業者または漁業従事者、第二位が前項に掲げる者以外の者とされていた。更に、同じ順位である場合、漁民であること、地元地区内に住居を有すること、漁業の経験があることなど、優先度が高くなる条件が細かく法律に書き込まれていた。

今回の改正では、この優先順位の記述は一切削除された。

おそらく、全国一律の優先順位基準を作ってしまうと、地域の実情に合わせて柔軟な対応ができないと法案の立案者は考えたのであろう。全国には、水温や海流などの差で魚介類の生育に適した場所とそうでない場所がある。その中で、条件が不利な場所も有利な場所と同じように厳しく免許の優先順位を設定すると、条件不利水域では、離職者が多く出るおそれもあると懸念したのだろう。今までの漁業法は人口が増加するという環境の中で新規参入者を排除するという発想であったが、今後人口が減少する中ではある程度積極的に参入を認める必要性を見越した改正と解釈できる。

今回の改正漁業法では、優先順位を削除した代わり、次のような仕組みを構築した。すなわち同一の漁業権について免許の申請が複数あるときは、都道府県知事は「漁場を適切かつ有効に活用していると認められる」者に免許をし、これ以外の場合は「地域の水産業の発展に最も寄与すると認められる者」に免許をするというものである。

漁業法改正への賛否両論

この改正をめぐって水産関係者の間や学会でも賛否両論が存在した。賛成よりもむしろ反対意見が強かったように感じる。例えば法案審議前の二〇一八年六月には、漁業経済学会で法案の方向性となる「水産政策の改革」が議論となり、有志五〇人がこれに反対する声明を出した。また他の水産系の学会でも同様の声は多かった。筆者は二〇一八年一一月二六日の衆議院農林水産委員会に参考人として出席し法案に賛成する旨を発言したが、その際には、野党から強い調子の反対意見に接した。続いて、このような反対意見が存在した背景などを論じることとする。

漁業法改正に反対する議論の一つとしては、手続き的な懸念(けねん)をあげることができる。水産政策の改革を議論するために、内閣府は二〇一七年に規制改革推進会議水産ワーキンググループを設置した。ところがこのグループは、一名の例外を除き、座長をはじめほぼ全ての委員が水産関係の学会に所属しておらず、専門的な論文も発表していない。素人の座長や委員を陰で誰かが操る不透明な構造があるのではないかといった懸念や、専門分野で実績のない者を多く人選するのは学術軽視の現れで科学立国に逆行するといった非難が、水産の研究者の間に広く存在した。ただし蓋(ふた)を開けてみれば、このワーキンググループがまとめた答申はそれほど的外れな内容ではなかったため、現在ではこの側面への批判は一段落している。

漁業法改正に反対する二つめの議論は、政府が今後、新規参入と環境保全のバランスをコントロールできないのではないかとの懸念である。資源の過剰な利用を防ぐために利用者の新規参入にブレーキをかけ続けながらも、一方で、就業者の高齢化や後継者不足を解消させるために新規参入に向けてアクセルを踏む操作が今後求められるが、これを政府が適切にできるのかとの懸念といえる。日本の漁業権は、資源利用者が資源利用の権利を長期に付与されることで、自主的に資源を保全するインセンティブを得る管理方式である。権利保有者が五年や一〇年の期間でコロコロ入れ替わると、そのようなインセンティブは生じにくい。後継者難の場所は新規参入を認めるが、そのタイミングの判断が難しい。

この点で改正漁業法には、先述したとおり養殖業や定置漁業に関して、同一の漁業権を複数の申請者が免許申請をする場合は、都道府県知事は「漁場を適切かつ有効に活用していると認められる」者に免許をし、これ以外の場合は「地域の水産業の発展に最も寄与すると認められる者」に免許をする規定になっている。

しかし国会などでの議論でも、「適切かつ有効」、「地域の水産業の発展に最も寄与する」という基準が明確ではなく、都道府県知事の判断次第で漁業者以外の大企業を直接免許でどんどん新規参入させるのではないか、といった主旨の反対意見も多かった。確かにこの基準は今でも明確ではない。混乱を招かないように政府は明確な指針を国民に今後示すべきであろう。

漁業法改正に反対する三つめの議論は、さらに根源的で、日本の伝統であるプロセスを管理する方式を、西洋流の成果主義に置き換えようとしているのではないかとの懸念であろう。もともと日本社会には成果よりプロセスを重視する素地があった。例えば営業成績が上がらない社員でも取引先に日参してがんばっていればそれでよしとされる雰囲気が昭和時代にはあった。平成に入り、外資系の経営コンサルタントなどが成果主義とコンプライアンスを日本社会に持ち込んだが企業収益は伸びず、逆に日本の美徳が損なわれたという声も存在する。漁業管理の世界でも、同様にプロセス主義の手法と成果主義の手法が存在する。漁業管理手法の（ア）漁獲対象の「魚の漁獲量」を管理する、（イ）漁船や漁具サイズなど「漁獲能力」を管理する、（ウ）漁業を行う「人間組織」を管理する、（エ）「漁場環境」を良好に保つように沿岸生態系や森川海の連関を管理する、といった手法の中では、（ア）は成果主義で、（イ）以下はプロセスを管理する手法といえる。

日本では数百年にわたる漁業管理の歴史があり、伝統的に「漁獲能力」、「人間組織」、「漁場環境」といったプロセスを管理する考え方で管理が組み立てられてきた。一方で、比較的最近（一九八〇年代頃）になって管理が本格化した欧米では、最新科学を用いて「魚の漁獲量」を管理する手法が選択されている。科学調査で海中の魚の資源量を推定し、乱獲を防ぐよう年間の漁獲総量を設定して漁業者に守らせるという、いわば成果を管理する発想といえる。

今回の日本の漁業法改正でも随所で日本の伝統的な管理から欧米式の管理に移行する思想が打ち出されている。プロセス主義でやっていた時代は、政府と漁業者は協力して操業ルールを作り、渾然一体となって違反防止などに努めていた。しかし成果主義では、政府が漁業者を取り締まる形になるため両者が対立的な構図になりがちで、今までの協力関係が損なわれ、ひいては浜の社会資本（Social Capital：人間の信頼やネットワークをさす概念）が弱まるのではないかとの懸念も存在する。

漁業法に反対する四つめの議論は、今回の改正で、漁業権設定区域が、将来、洋上風力発電の建設地などに転換されるのではないかとの懸念であろう。

先に、海の排他主義への異論が生じる理由を説明する箇所で、資源利用を認められた漁業協同組合などを快く思っていない層の存在をあげた。この層の一部は、漁業協同組合などが資源管理をうまく行っていないとする議論も行っている。そして、沿岸漁業者の漁業管理が失敗しているのでアサリが枯渇したなどの議論が新聞などで報道されることも近年多くなっているように感じる。

しかし科学的な観点から議論すると、水産資源が枯渇する要因としては、漁業管理の失敗だけでなく、沿岸開発や水質の変化、環境変動、魚病の蔓延など様々なものが存在し、そのうちどの要因が何パーセント効いているのかを解明した研究例はほとんどないのが実態である。もし漁業管理の失敗が主な要因であると主張したいのであれば、その他の要因による影響が同じ程度の複数の箇所を選定して比較する作業が必要になるが、そのような作業をしているわけではない。

アサリの場合は沿岸の埋め立てで生息する砂浜の面積が少なくなったことが資源減少要因として一番効いていると

見るのが自然で、むしろ漁業者の資源管理の失敗をことさら取り立てるのは意図的であると述べる漁業関係者は多い。漁業管理ができない漁業者とのイメージを植え付けて、彼らから漁業権を取り上げて、その漁業権を民間業者に渡してゆくゆくは風力発電建設地などに転用されるのではないか、といった懸念を抱く漁業関係者も少なくない。筆者は、そこまでの陰謀はさすがにないだろうとは見ているが、確証があるわけではない。いずれにせよ、沿岸漁業者と電力事業者などの利害対立が今後も継続する限り、この懸念も継続することになるだろう。

結論―そして漁業権とはなにか

本節では、日本の漁業権について、特定の者だけに資源利用を行う権利を与えることで利用者が自主的に資源を保全するインセンティブを得る管理方式で、国際的には権利準拠型漁業（rights-based management fishery）の一種と分類できる点、そしてこの方式は、有効な資源管理手法として国際的にも評価されている点を論じてきた。海域に権利を付与する日本方式と、漁獲割当に権利を付与する欧米方式のどちらがよいのかとの議論もあろうが、効果的な漁業管理制度は、自然環境や、社会経済的な環境によって変わるため、一律には優劣は付けられない。同様に、過去において効果を発揮した手法が、現在も同じ効果を有しているとは限らない。時代によって社会情勢などが変化すれば、効果的な漁業管理制度も変わると考えるべきである。つまり、漁業権の制度を、漁業管理の手段として捉えると、これが唯一の存在ではないことがいえそうだ。

しかし、漁業権の制度を、沿岸漁村における社会資本（Social capital）を維持させる基盤と捉えると別の解釈ができる。仮に漁業権を廃止して政府が直接に漁業操業ルールを細かく策定して管理を行うと、政府が漁業者を取り締まる形になって両者が対立的な配置になるため、今まで維持されていた政府と漁業者との協力関係が損なわれ、ひいては浜の社会資本が弱まるのではないかとの懸念がある点は先に述べた。

これまでは漁業権が存在しているために、沿岸地域では自主的に資源を保全するインセンティブを有し、地域住民を交えた形で密漁の監視、海浜でのゴミ収集、流入河川上流での植樹作業などの共同作業を行ってきた。これにより地域社会の信頼関係やネットワークが維持され、治安も維持される。特に漁村は離島など遠隔地に位置することもあり、地域の社会資本がしっかりしていれば、国境監視や外国船の監視にもつながる。沿岸漁村だけでなく広く日本社会に役立つことになる。

このような漁業の多面的な機能を踏まえると、漁業権は漁業者だけのためにあるというより、更に広い社会のために存在しているとも解釈できる。誰のための漁業権かについては、漁業権が内包する漁業管理制度としての側面だけでなく、社会資本の側面にも着目し、これらを国民が残したいかどうか、人間社会と環境、人間社会と経済の関係を深く考察しながら、議論することが望ましい。

参考文献

金田禎之　二〇〇三『新編　漁業法のここが知りたい』成山堂書店：二三四

鈴木宣弘　二〇一七『亡国の漁業権開放』筑波書房ブックレット：四六

長崎福三　一九九五『肉食文化と魚食文化』農山漁村文化協会：二〇八

羽原又吉　一九五一『江戸湾漁業と維新後の発展及その資料　第一巻』財団法人水産研究会：一八二

藤森三郎・多田稔・鈴木順・西坂忠雄・三木慎一郎（編）　一九七一『東京都内湾漁業興亡史』東京都内湾漁業興亡史刊行会：八五三

米漁業法のＨＰ：https://www.maritime.dot.gov/ports/american-fisheries-act/american-fisheries-act

Ostrom, Elinor 2005, Understanding Institutional Diversity. Princeton University Press: 355

クジラ取りの系譜——生業捕鯨と商業捕鯨

岸上伸啓

はじめに

二〇一九年六月末に日本国政府は国際捕鯨委員会（IWC）から脱退した。同年七月一日から日本の排他的経済水域内で商業捕鯨を再開し、下関から沖合母船・日進丸と捕鯨船二隻が太平洋水域へ、網走・石巻・南房総・太地の六事業者が所有する小型捕鯨船五隻が釧路市から北海道の近海へと出港した。捕獲の対象は、ミンククジラやニタリクジラ、イワシクジラ、ツチクジラである。この三一年ぶりの商業捕鯨の再開は、硬直化したIWCにおいて商業捕鯨再開の合意を得ることが無理だと考えた日本国政府の判断によるものであった。この再開については国内外から賛否両論が寄せられているが、商業的に採算がとれ、持続可能かどうかは現時点では分からない。

クジラと人間は長きにわたっておたがいの活動領域が交差することのない別々の世界で生きてきたが、今から八〇〇〇年ぐらい前から人間がクジラを食料資源や燃料資源などとして利用するようになった。人間は、当初、海岸に打ち上げられたり、浅瀬で座礁したりした寄りクジラを利用したと考えられるが、徐々に沿岸の海域で意図的に捕獲するようになった。クジラと人間の生が本格的に交叉し始めたのは、人間が捕鯨を開始して以降のことである。

クジラ取りの系譜は、歴史的に見ると生業捕鯨と商業捕鯨の系統の二つに大別することができる。前者は現在でも細々ながらロシアのチュコト半島、アラスカ沿岸地域、カナダ極北地域、グリーンランドにおいて続いている。一方、商業捕鯨は一〇世紀頃から二〇世紀半ば頃まで栄えた。

捕鯨はもともと人間が食料を得ることを目的として始まったが、大航海時代に欧米社会では鯨油の獲得を主目的とした商業捕鯨へと変貌し、一九世紀末ごろまでオランダやイギリス、アメリカ、ノルウェーの基幹産業のひとつであった。しかし、大型鯨類を取りすぎたため、二〇世紀に入ると生息数が激減し、商業的に採算がとれなくなり、かつての捕鯨国は商業捕鯨から撤退した。現時点で大型鯨類を商業目的で捕獲しているのは、ノルウェー、アイスランド、日本など数カ国に過ぎない。一方、多くの欧米人や中南米の人びとは、クジラを人間の友や知能の高い動物、自然環境の象徴として保護することを主張するようになった。

ここでは、世界の捕鯨の系譜、日本の捕鯨の系譜、アラスカの捕鯨の系譜について、商業捕鯨と生業捕鯨に関連づけながら紹介し、人間とクジラの関係の変化を考えて見たい。なお、クジラとは、体長が三〇メートル、体重が一〇〇トンを超す世界最大の生き物であるシロナガスクジラから体長が一・五メートル、体重が六〇キログラムあまりのネズミイルカまでを含む約八五種からなる海棲哺乳類の総称である。

世界のクジラ取りの系譜

だれが、どこで、どのように捕鯨を始めたのかは定かではないが、人間が数千年前からクジラを利用していたことは考古学的に分かっている。約五〇〇〇年前にヨーロッパのスカンジナビア半島沿岸においてイルカ猟が行われていたし、北アメリカ北西海岸地域でもほぼ同じころにザトウクジラやコククジラのような大型クジラを利用していた。ノルウェーのレイクネス遺跡や韓国南部の蔚山（ウルサン）近郊にあるバングデ遺跡などの岩上に線刻された絵から大型鯨類の捕獲が数千年前から行われていたことを知ることができる。北太平洋のベーリング海峡地域では三五〇〇年ぐらい前から散発的に捕鯨を行っていたらしい。

紀元後九世紀頃になると北欧のバイキング（ノース人）の人びとはクジラを捕獲していた。そして一〇世紀前後にはベーリング海峡地域のエスキモー人や南欧のバスク人がそれぞれホッキョククジラやセミクジラなど大型クジラを積極的に捕獲しはじめた。

一〇世紀頃から南欧のビスケー湾に回遊してくるセミクジラを捕獲していたバスク人は、一三世紀頃にはクジラを求めて大西洋に出て行った。その後、ヨーロッパ人による捕鯨は大航海時代の航路開発の副産物として始まった。鯨油は、欧米人にとってランプの燃料や石鹸の原材料として貴重な資源であった。また、鯨油は産業革命後のヨーロッパで羊毛や皮革の洗浄剤として利用された。ヒゲクジラ類のヒゲは、鞭やばね、傘の骨、コルセットの部品の原材料として利用された。なお、バスク人やバイキングの人びとを除けば、ヨーロッパ人が鯨肉を食用とすることは少なかった。

大西洋のヨーロッパ側近海でクジラの数が減少すると、ヨーロッパ人はクジラを求めて新大陸へと向かった。一五四〇年代にはイギリスやオランダ、バスクの捕鯨船が、新大陸のニューファンドランド沖やラブラドル沖、セント・ローレンス湾でセミクジラやホッキョククジラを捕獲した。さらに、一六一〇年頃から一八世紀半ばまでノルウェーに近いスピッツベルゲン島周辺においてイギリスやオランダによって捕鯨が行われた。

一七世紀から一八世紀にかけてオランダは世界最大の捕鯨国となる。一八世紀初頭にグリーンランド西岸とバフィン島の間にあるデービス海峡で商業捕鯨が始まると、一九世紀まで続いた。一七世紀から一九世紀はセミクジラやマッコウクジラを対象とする帆船式遠洋捕鯨の時代であり、イギリスやオランダ、アメリカが競合した。

一七八〇年代末にアメリカとイギリスは、アフリカ南端や南アメリカ南端を経由して太平洋に進出した。一九世紀には欧米人による捕鯨活動は太平洋・インド洋にまで拡大し、セミクジラに加え、マッコウクジラを捕獲するようになった。そしてヤンキー・ホエラーズとして名を馳せたアメリカは、一九世紀にはいると世界最大の捕鯨国になる。アメリカ人捕鯨者らは小笠原諸島周辺の海域（ジャパングラウンド）にクジラが多数生息していることを発見し、捕鯨を行った。

一八四八年には、捕鯨場がベーリング海を越え、アラスカ沿岸やカナダ西部極北地域沿岸の北極海へと広がり、ホッキョククジラが捕獲対象となった。この地域の捕鯨は、同クジラ資源の枯渇化やクジラヒゲの価格低下のために、一九一四年頃に終焉を迎えた。

二〇世紀にはいると捕鯨場は、太平洋からさらに南極海へと広がっていった。そして一九三〇年代半ばには日本も南極海での捕鯨に加わり、南極海におけるクジラの乱獲の時代に突入した。すでに述べたように外洋での商業捕鯨は、ある海域でクジラを取りつくすと別の海域にクジラを求めて移動するという特徴を持っていた。このような捕鯨が数世紀にわたって続いたため、世界各地の海域でクジラが激減していった。そのため二〇世紀にはいると捕鯨関係者はクジラ資源の枯渇化を懸念するようになり、資源管理をしながら捕獲するという立場に変化した。そして一九三一年に最初の国際捕鯨条約が締結され、一九三七年には国際捕鯨協定が締結された。

第二次世界大戦の勃発によって遠洋での捕鯨は一時中断されたが、一九四六年に国際捕鯨取締条約が締結され、それに基づいて一九四八年にはIWCが発足した。その設立目的は、クジラ資源を保護し、健全な捕鯨を発展させることである。しかし、競争的な捕鯨は継続し、ザトウクジラやシロナガスクジラ、ナガスクジラ、イワシクジラ、マッコウクジラなどの鯨種を激減させていった。また、二〇世紀には、燃料や潤滑油、マーガリンの原料として鯨油の入手を目的としていた捕鯨国は、石油の普及などによって鯨油生産の採算がとれなくなると、捕鯨から手を引いていった。さらに一九六〇年頃からヨーロッパ人の捕鯨の目的は鯨油やクジラヒゲの獲得から、ペットフード用鯨肉の獲得へと変化していった。当時、南極海で捕鯨を行っていた国は、イギリス、ノルウェー、ソ連、オランダ、南アフリカ、日本の六カ国のみであった。

商業捕鯨に関して大転換となったのは、一九七二年にストックホルムで開催された国連人間環境会議である。アメリカの代表は「クジラを救えずに環境は守れない」と主張し、商業捕鯨の一〇年間のモラトリアム（一時的な捕獲の停止）を提案し、同会議では合意が得られた。しかしながら、同年に開催されたIWC総会では捕鯨国からの反対によって、採択されなかったが、世界各地の捕鯨業界に与えた衝撃は計り知れなかった。そしてちょうど一〇年後の一九八二年にはIWC総会はモラトリアムを承認し、一九九〇年までに一三種の大型クジラの資源量を調査し、一九七五年に導入した持続可能な捕鯨のための管理方式を検討することになった。この決定は、世界各地の捕鯨産業に決定的な影響を与え、商業捕鯨は衰退した。

一九九〇年代に入ると商業捕鯨の再開問題は科学的な問題解決では決着がつかない、きわめて政治的な問題となる。IWCの加盟国は、クジラ資源を利用するために管理の実施を主張する捕鯨支持国、商業捕鯨そのものを中止すべきだという反捕鯨国へと大きく分かれ、以降、捕鯨問題混迷の時代に突入した。

　ノルウェーは、モラトリアムの決定を受けて一時、商業捕鯨を停止し、調査捕鯨に従事していたが、モラトリアムに関する国際捕鯨取締条約の附表修正に留保を表明し、一九九三年からミンククジラの商業捕鯨を再開した。一九九二年にIWCを脱退したアイスランドは二〇〇二年にIWCに復帰し、モラトリアム決定に対する留保を表明し、二〇〇六年からミンククジラやナガスクジラの商業捕鯨を再開している。日本は商業捕鯨を停止し、国際捕鯨取締条約の第八条に基づき、北西太平洋と南極海、日本近海において調査捕鯨を一九八八年から二〇一九年六月まで実施した。

　グリーンピースなどの環境保護NGOは、一九七〇年代よりすべての商業捕鯨を禁止させるための反捕鯨キャンペーンを世界各地で繰り広げ、世界の世論に影響を及ぼしてきた。現在、クジラは、世界各地で環境保護のシンボルとなり、多くの人びとにとってホエール・ウォッチングの対象ではあっても、食料資源や産業資源ではなく、守るべき対象となりつつある。また、EU諸国やアメリカ、ニュージーランド、オーストラリア、中南米諸国は、環境政策として捕鯨に反対する立場をとっている。

　二〇一八年現在、IWC加盟国においては反捕鯨国が多数派であるが、捕鯨支持国も四分の一以上を占めている。国際捕鯨取締条約附表の修正には四分の三以上の同意が必要であるため、両者とも拒否権を行使できるが、四分の三以上の賛成票を獲得できないため、国際捕鯨取締条約の変更や商業捕鯨の再開はできない状態が続いた。IWCの機能不全に困惑した日本国政府は、二〇一八年一二月に国際捕鯨取締条約から離脱し、IWCを脱退することを表明した。そして二〇一九年六月末にIWCから脱退し、七月一日より日本の排他的経済水域での、ミンククジラ漁などの商業捕鯨を再開した。しかし、日本やノルウェー、アイスランドを除く多くの国々は、商業捕鯨に反対しており、国際的な趨勢から見ると商業捕鯨の存続は風前の灯である。

　なお、イルカ漁のような小型鯨類の商業捕獲は日本の東北地方や太地などにおいて現在も実施されているが、国際的にイルカ商業漁を規制しようという動きがIWC加盟国や国際環境・動物保護NGOから出ている。

日本のクジラ取りの系譜

日本のクジラ取りの系譜をみると、捕鯨の始まりは縄文時代までさかのぼり、世界的に見ても最古の可能性がある。一九世紀半ばまで日本地域の捕鯨は独自の発展の道を歩んできた。日本の捕鯨が世界の捕鯨と交わり、大きく変容していくのは幕末以降である。欧米から技術を取り入れ、沿岸捕鯨とともに遠洋捕鯨を展開し、一九五〇年代後半には世界最大の商業捕鯨国となった歴史を持つ。

約八〇〇〇年前の千葉県館山市の稲原貝塚遺跡からイルカの骨が大量に出土しているが、その中から人間が突きさした黒曜石製のヤスの先がささったままのイルカの骨が発見されている。約六〇〇〇~四〇〇〇年前の青森県の三内丸山遺跡からは鯨骨や鯨骨製刀が出土している。また、長崎県の平戸瀬戸に面した、つぐめのはな遺跡（縄文時代前期~中期）からクジラやイルカの骨やサヌカイト製捕鯨銛などが出土している。さらに、今から約五〇〇〇年前の石川県真脇遺跡ではイルカを捕獲し、利用した痕跡がはっきりと残っている。同遺跡から多数のイルカ骨が出土しているのみならず、イルカ漁に関連した儀礼を行ったと考えられる遺構が見つかっている。このように日本沿岸にある複数の縄文遺跡から鯨骨や捕鯨用と考えられる石器、鯨骨製道具が出土していることから分かるように、縄文時代には日本各地の沿岸部で漂着したクジラもしくは捕獲した小型クジラ（イルカ類）を食料などとして利用していたと推定できる。

九州や西日本の沿岸地域にある弥生時代の遺跡からは、アワビおこしや紡錘車、銛といった鯨骨製道具が出土している。古墳時代の長崎県隠岐の鬼屋窪遺跡には、捕鯨の様子やクジラを描いた岩絵が残っている。また、五世紀から九世紀にかけてオホーツク海沿岸で栄えていたオホーツク文化においてもクジラを捕獲していた。たとえば、根室市弁天島遺跡からは捕鯨の様子を線刻した骨製針入れが出土しているし、礼文島の香深井A遺跡では捕鯨に関連した儀礼を行ったと考えられる鯨の頭骨を並べた遺構の存在も知られている。

一三世紀はじめの鎌倉時代には都市部に住む一般の人びとの間にも鯨油を利用することが広まっており、室町時代にあたる一四、一五世紀頃までには、房総の沿岸地域で捕鯨が行われていた。一五、一六世紀には鯨肉は最高食材とされ、京都の禁裏の公家や上級武士層の間で特別な料理として食べられていたが、庶民は鯨肉を食べることは少なく、おもに鯨油を利用するのみであった。これらの点を考慮すると、鎌倉時代にはすでに鯨油や鯨肉が少量ながらも商品として流通が始まっていた。この時期に商業目的の捕鯨も始まっていたと可能性がある。

日本において組織的で大規模な商業捕鯨は、一五七三年頃の元亀年間に伊勢湾の知多半島で始まり、一五九二年には鯨組が形成された。その後、捕鯨は紀州の太地や安房、土佐、長門、西海地域へと伝わった。一六七七（延宝五）年に太地で網取り捕鯨方法が発明され、そのやり方が各地に伝わると捕鯨はさらに発展し、九州西海地域や長州、土佐、紀州などで一大産業へと成長していった。たとえば、江戸時代の鯨組である益富組は、平戸・生月島御崎漁場だけで本雇いと日雇い合わせて八〇〇人以上からなる大集団で捕鯨を行っており、その財力は大名をはるかにしのいでいた。江戸時代には鯨肉やその他の部位は産地や関西地方で消費されるようになり、鯨油は灯火用や食用油、水田の虫除けに使われた。また、クジラの油かすは稲作の肥料としても使用された。なお、日本の沿岸捕鯨は、欧米人のように外洋に乗り出す捕鯨ではなく、沿岸を回遊してくるクジラを待って獲るという特徴を持っていた。また、クジラの各部位をあますところなく利用する点も特徴のひとつである。

江戸時代末期になると、突然、日本の沿岸地域における大型クジラの捕獲数が減少した。この原因は不明である。さらに、一八三〇年代にはアメリカなどから来た捕鯨船が日本近海に出没し、捕鯨をするようになった。このため、明治時代になると日本の沿岸捕鯨は一時、衰退した。江戸時代末から明治時代にかけて、北海道南部噴火湾でアイヌがトリカブトの毒を塗った銛でクジラを獲っていたことが知られているが、それほど頻繁ではなかった。

明治期以降の日本では沿岸捕鯨に加え、遠洋捕鯨が始まる。一八九九（明治三二）年にノルウェー式捕鯨を開始し、一九三四（昭和九）年に南極海で母船式捕鯨に参入した。日本の沿岸海域で行われる捕鯨を除くと、当時の遠洋捕鯨は鯨油の獲得を第一の目的としていた。とくに昭和初期の南極海での捕鯨は、国策と深くかかわっており、鯨油を海外に輸出し外貨を稼ぐことと、重要な軍事的戦略物資である鯨油の確保を目的としていた。そして鯨油輸出の収益は満州経営や軍拡のためにも利用された。しかし、この捕鯨も第二次世界大戦の勃発とともに衰退する。

敗戦国となった日本が再軍事化することを恐れたアメリ

カをはじめとする戦勝国は、日本が大型船舶を持ち、利用することを禁止していた。しかし、戦後日本における食糧難を見過ごすことはできないと考えた占領軍本部（GHQ）は、捕鯨船を南極海に派遣し、捕鯨を行い、その産物を日本国民に提供することを一九四六年に承認した。これによって日本による南極海での捕鯨が再開し、国民に鯨肉が供給された結果、全国津々浦々まで鯨食が普及した。そして全国の学校給食でも鯨肉が出されるようになった。このような経緯で、一時的とはいえ鯨食は国民食となった。

一九五〇年代に入ると日本の捕鯨業は南極海を中心に大きく発展し、各国が捕鯨から撤退していく中、一九五〇年代終わりには世界一の捕鯨国となった。鯨肉などは食材としてのみならず、魚肉ソーセージの原料の一部としても利用されるようになった。

しかし、一九八二年のIWC総会においてモラトリアムが提案され、採択された結果、日本は大型鯨類の商業捕鯨を一時停止し、調査捕鯨を開始することになった。すなわち、南極海における母船式捕鯨を一九八七年三月に、日本沿岸における大型鯨類の捕獲を一九八八年三月に停止し、一九八八年から二〇一九年六月下旬まで日本沿岸や南氷洋、北西太平洋における大型鯨類のみを対象とした調査捕鯨を実施した。そして三一年間の中断を経て二〇一九年七月に商業捕鯨が再開した。また、蛇足であるが、日本の岩手県や和歌山県太地町では小型鯨類を対象とした商業的捕獲（イルカ漁）を現在も実施している。

アラスカ地域のクジラ取りの系譜

アラスカとシベリアの間にあるベーリング海峡沿岸地域で食料や建材としてクジラの利用が始まったのは約三五〇〇年前であり、約二五〇〇年前にはより積極的にクジラを捕獲し始めた。そして紀元後一〇世紀頃にはアラスカ沿岸で捕鯨が非常に盛んになり、捕鯨文化を持った人びとは、西はチュコト半島沿岸部に、東はグリーンランド沿岸部まで広がり、寒冷化が進む一六、一七世紀頃まで捕鯨は北アメリカ極北先住民の生業の中心であった。

一六、一七世紀に寒冷化が進むと、クジラの生息域が変わり、多くの北アメリカ極北先住民はアザラシやセイウチ、野生トナカイなど各地に生息する動物を狩り、生活の糧にするようになった。その例外はアラスカ沿岸地域に住むイ

図1　先住民イヌピアットによる春季捕鯨

ヌピアットとユピックである。彼らの食料獲得を目的とした生業捕鯨は現在に至るまで一〇〇〇年以上の長きにわたって続いている。

ただし、彼らの捕鯨は、一八四八年から一九一四年にかけてベーリング海峡以北のチュクチ海やボーフォート海で行われた欧米人による商業捕鯨によって大きな影響を受けた。欧米人の捕鯨者は鯨油を取る目的で、一万六〇〇〇頭以上のホッキョククジラを捕獲したため、同地域のクジラの生息数が激減した。一九七〇年代にはアラスカ先住民の生業捕鯨が盛んになるが、過剰捕獲を恐れたIWCは捕獲頭数に上限を課すなど、捕鯨に関する規制が実施されるようになった。一九八〇年代に入るとアラスカの先住民捕鯨者を代表するアラスカ・エスキモー捕鯨委員会（AEWC）と米国海洋大気庁（NOAA）によるクジラの共同管理が始まった。現在では、IWCはほぼ六年ごとに一年あたりの捕獲頭数の上限を検討・設定し、その制限内で捕鯨が実施されている。

ここでアラスカ州最北端の村ウトゥキアグヴィク（旧称バロー）における先住民イヌピアットによる捕鯨と彼らとクジラとの関係について紹介したい。同村には約四五の捕

図２　海氷原上でのクジラの解体作業

鯨集団（五名から二〇名のハンターによって構成される）が存在し、春季と秋季に村近辺の近海を回遊するホッキョククジラを狩る。年間の捕獲頭数の上限は二二頭である。

ある捕鯨集団がクジラを捕獲すると、その捕鯨集団のメンバーやクジラの曳航と解体を助けてくれた他の捕鯨集団、村人に鯨肉や脂肪付き皮部、内臓、脂肪部を規則に基づいて分配する。さらにそれらの産物を貰った人びとは、彼らの家族や親族、友人へと分配するため、鯨肉などは村中にいきわたる。鯨肉や脂肪付き皮部はイヌピアットにとって文化的に重要な伝統的な食べ物であり、それを食べることはアイデンティティの維持に係わる。

また、春季捕鯨で水揚げがあると、アプガウティ（捕鯨ボートの陸揚げ式）とナルカタック（捕鯨祭）と呼ばれる祝宴を伴う祭りが開催される。それらの祭りでは、神やクジラに対する感謝の祈りが行われた後に、クジラ料理が参加者に振る舞われる。また、祝宴の後にはドラムダンスが行われる。すなわち、これらの機会に、村人が参集し、神とクジラに感謝し、村人が共食（きょうしょく）し、ドラムダンスを楽しむ。それらの諸活動を通じて、村人意識やクジラとの関係、村人間の人間関係が意識化・可視化されたり、維持されたり、

図３　ナルカタック（捕鯨祭）

活性化されたりする。

このようにイヌピアットにとって捕鯨活動やそれに関連する祭りや祝宴は、彼らの生き方の根幹に係わる。次に、このような人びとがクジラやクジラとの関係をどのように考えているかを紹介しよう。イヌピアットの人びとは、クジラが自らの意志で命をイヌピアットに提供してくれると考えている。従って、捕鯨者はクジラに敬意を払いつつ捕獲し、得た鯨肉や脂肪付き皮部などを粗末に取り扱うことなく、他の人びとと分かち合わなければならないと考えている。また、クジラの霊魂を、儀礼を通してクジラや神の世界に送り返す必要があると考えている。これらの考えを日々の生活の中で守り、実行しているならば、同じクジラが再生し、同じ捕鯨者の前に再び捕獲されるために現れるという。人間はクジラの命と肉を頂戴するが、その人間がクジラの再生において儀礼的に重要な役割を果たしている。このようにクジラと人間の関係は相互に互恵的であるといえる。一方、クジラを嫌がらせたり怒らせたりする捕鯨者の前からはクジラは遠ざかるという。

クジラを取るための縄張りは存在せず、イヌピアットはクジラと良好な象徴的関係を保つことができれば、クジラを取り続けることができると考えている。クジラは自らの意志を持つ主体であり、人間（みんな）の所有物であるとは考えていない。

アラスカ先住民が行っているような生業捕鯨は、ロシア国チュコト半島沿岸のチュクチやユピック、カナダやグリーンランドのイヌイット、カリブ海のベクウェイ島民らによって現在でも実施されている。また、北アメリカやグリーンランドのイヌイット、カリブ海諸島やソロモン諸島などの漁民らは、イルカなど小型鯨類を対象とした食料獲得を目的とする狩猟を行っている。

クジラ取りの将来

ここで見てきたように、捕鯨は世界各地の沿岸地域で食料の入手を目的としてはじまったが、大航海時代以降には鯨油の獲得を目的とする商業捕鯨が優勢となった。しかし、その商業捕鯨もクジラの生息数が減少するに従い衰退していく。特に一九七〇年代以降、その商業捕鯨は国際的に環境保護や動物保護の観点から批判の対象になり、一九八二年のＩＷＣによる商業捕鯨のモラトリアム開始以降は一部の国でのみ実施されるようになった。二一世紀になると商業捕鯨についてはほぼ存在しないに等しい状態になったが、それでも先住民による食料確保を主目的とする小規模な捕鯨やイルカ漁はこの地球の片隅において続いている。

欧米社会におけるクジラに対する見方も二〇世紀以降、大きく変わってきた。大航海時代には無尽蔵に見えたクジラは、二〇世紀半ばまでに競争的で過剰な商業捕鯨によって激減した。その過程で彼らはクジラを資源とみる見方から保護すべき象徴的な生き物であるという見方へと変貌してきた。さらに欧米社会では、クジラが特別視されたり、神聖視されたりするようになった。この見方は世界各地に広がり、捕鯨は悪いことであるという考えが社会に浸透していき、人間とクジラの関係は大きな変貌を遂げたのである。すなわち人間にとってクジラは捕獲の対象からグローバル・コモンズとなり保護の対象へと変貌してきた。人間がクジラを取るにしても護るにしても、両者の関係は人間からクジラに対する一方的な働きかけを特徴とする関係である。

日本では鎌倉時代以降に生業捕鯨に加えて、商業捕鯨が開始され、江戸時代には各地域で一大地場産業となった。

明治期に入るとアメリカやノルウェーから捕鯨技術や方法を導入し、一九三〇年代半ばになると南極海で遠洋捕鯨を実施するようになった。その後、日本の捕鯨業は一九八〇年代前半まで継続し、経済的に繁栄した。日本の捕鯨の特徴は、クジラのすべての部位を残らず利用する点や捕獲したクジラを供養する点である。さらに現代でも商業捕鯨に反対する人びとよりも支持する人びとが多い点も欧米社会とは大きく異なる。ただし、二〇一九年七月に再開した商業捕鯨が成功するかどうかは定かではない。

一方、アラスカ先住民イヌピアットらは現在でも捕鯨を続けている。彼らにとって食料獲得を目的とした生業捕鯨やその後の祭りや祝宴は文化的にも、社会的にも、政治的にも重要な活動である。彼らはクジラを彼らの命と文化を存続させてくれる尊敬すべき生き物と考え続けている。また、クジラの存在、そしてクジラ取り、儀礼や祝宴を実施し、鯨肉などをみんなで分かち合って食べることが、彼らの生き方やアイデンティティの基盤となっている。先住民による生業捕鯨は、国内外から制約や批判を受けながらも、彼らの生活の一部として脈々と続いている。そしてイヌピアットにとってクジラはグローバル・コモンズではなく、彼ら自身との関係においてのみ意味をもつ特別な存在であり続けている。

ここでは商業捕鯨と生業捕鯨を世界の捕鯨、日本の捕鯨、アラスカ先住民の捕鯨という三つの系譜に沿って紹介した。商業捕鯨は衰退の一途をたどっているが、冒頭で紹介したように日本は商業捕鯨を再開した。一方、いくつかの先住民グループは生業捕鯨を続けている。国際社会は商業捕鯨に反対する傾向がはっきりしている一方、先住民による生業捕鯨は人権や先住民権の観点から承認する傾向にある。筆者は、人間にとって捕鯨は食料確保の点において地球環境への適応手段の一つであり、その存続は人類の文化の多様性の維持のためにも、人類の予測がつかない将来のためにも必要であると考える。

二一世紀に入り、生業捕鯨であれ、商業捕鯨であれ、捕鯨の存続を脅かす事態が発生している。ひとつは欧米人を中心とした自然環境保護や動物保護のための反捕鯨運動のグローバルな展開であり、もうひとつはクジラの生存を脅かす、温暖化や、水銀やプラスチックごみなどによる海洋汚染の進展といった環境問題である。

グローバルな視点にたつと、どの系譜にせよ、クジラと人間との関係は歴史的に変化し続けており、クジラ取りの将来は明るいとは言い難い。しかし先住民による捕鯨が近い将来に消え去る必然性も理由も見つからない。地球温暖化などの環境変動や反捕鯨運動などが全地球的な展開を見せる現在、今後のクジラ取りの動向に目を離すことはできない。

参考文献

秋道智彌　一九九四『クジラとヒトの民族誌』東京大学出版会。
大隅清治　二〇〇三『クジラと日本人』（岩波新書）岩波書店。
河島基弘　二〇一一『聖なる海獣　なぜ鯨が西洋で特別扱いされるのか』ナカニシヤ出版。
岸上伸啓編　二〇一二『捕鯨の文化人類学』成山堂書店。
二〇一九『世界の捕鯨文化―現状・歴史・地域性』（国立民族学博物館調査報告一四九号）国立民族学博物館。
森田勝昭　一九九四『鯨と捕鯨の文化史』名古屋大学出版会。

コラム◉ＩＷＣ脱退と日本の捕鯨

森下丈二

日本は二〇一八年一二月二六日、国際捕鯨委員会（ＩＷＣ）から脱退し、翌二〇一九年七月一日から商業捕鯨を日本の二〇〇海里水域内で再開することを発表した。この決断は国内外で驚きをもって受け止められ、日本のマスコミなども、「短絡的な決定」、「国際社会に背を向けるのか」、「もっと粘り強く交渉を続けるべき」といった批判を展開した。

科学議論からカリスマ動物コンセプトへ

一九七〇年代から活発となった反捕鯨運動の結果、一九八二年にはＩＷＣにおいて商業捕鯨モラトリアムが採択された。商業捕鯨モラトリアムについては、鯨類資源が乱獲により捕り尽くされたために捕鯨が永久に禁止されたものであるというイメージが強い。ところがモラトリアムを規定した国際捕鯨取締条約附表第一〇項ｅは、鯨類資源管理に必要な科学的情報には不確実性があるので、一時的に商業捕鯨の捕獲枠をゼロに設定し（捕鯨を禁止したのではないことに注目願いたい）、その間に科学的情報の包括的評価を行い、遅くとも一九九〇年までにゼロ以外の捕獲枠を検討すると明記されている。これは捕鯨再開手続きである。

この規定に従って、日本は鯨類捕獲調査（調査捕鯨）を実施し、ＩＷＣの科学委員会は鯨類資源を枯渇させない捕獲枠を計算できる改定管理方式（ＲＭＰ）を開発した。今や多くの種類の鯨類資源が回復し、それを持続可能な形で利用することができる。科学委員会の主要メンバーであり、その議長も務めた英国のハモンド博士は、一九九三年には捕鯨の管理に関する科学的問題は解決したと宣言しているのである。これを受けて、反捕鯨国は捕鯨再開に新たなハードルを設定した。科学的に適切な捕獲枠を設けても、それが遵守されずに密漁や密輸が行われる可能性があるので、厳格な監視取締措置が必要という主張である。この監視取締措置などについての議論は一九九〇年代前半から約一五年の歳月と約五〇回にも達する会合を費やして行われた。その過程で、日本は捕鯨船への外国人監視員の乗船、人工衛星を使った捕鯨船の追跡、鯨肉のＤＮＡ分析と登録による密漁や密輸の防止策、そしてそのための膨大な経費負担など、次々に受け入れていった。そしてこの監視取締措置が形になりだすと、反捕鯨国は、監視取締措置が完成しても捕鯨再開には同意しないという立場を表明するに至ったのである。

さらに、反捕鯨国では、クジラは特別な動物であり、いかなる条件の下でも保護されるべきという考え方が台頭している。この考え方はカリスマ動物コンセプトと呼ばれており、ゾウ、トラ、オオカミなどもこのカテゴリーに入る。カリスマ動物は基本的には大型脊椎動物で、子供も含めて誰もが知っており、絶滅危惧にある（と思われている）と言った特徴があり、資源とはみなされない。クジラをカリスマ動物と見る考え方と、持続的利用が可能な海洋生物資源と見る考え方の間には根本的な違いがある。

「和平交渉」とその失敗

捕鯨をめぐる対立が通常は友好関係にある国々の関係に悪影響を及ぼし、それぞれの市民レベルでの感情的問題となり、過激な反捕鯨運動が暴力や鯨類捕獲調査への大事故につながりかねない妨害行動を生む中で、歴代のＩＷＣ議長も対立の緩和を目指して様々な「和平交渉」を提案し主導してきた。そしてその全てが失敗したのである。その詳細については本稿末尾にあげた参考文献に譲るが、妥協を探る「和平交渉」の当然の方向として、双方の主張の中間点が交渉の着地点として提案される。そして、中間地点である限りは最終妥協案にはなにがしかの捕鯨の容認が含まれることとなる。この、妥協点として避けがたい要素が全ての「和平交渉」失敗の原因であった。

図１　沿岸域で商業捕鯨に従事する沿岸小型捕鯨船（© 日本小型捕鯨協会）

図2　2018年9月にブラジル・フロリアノポリスで開催されたIWC第67回総会の様子（壇上中央は総会議長をつとめた筆者）

クジラをいかなる状況のもとでも保護すべきカリスマ動物と見る反捕鯨国では、一頭たりとも捕鯨は受け入れがたい。事実、日本は過去のＩＷＣにおいて、日本の沿岸小型捕鯨地域に対して、資源状態の良好なミンククジラを何頭でも（一頭でも）いいから捕獲を許してほしいという提案まで行ったが、これも否決された。従って、中間点に妥協を探る限り、これら反捕鯨国は反対する。妥協案の中に反捕鯨国にとって大きな成果となる要素（例えば、南大西洋をクジラのサンクチュアリーとする）が含まれていても、小規模であっても捕鯨が容認される限り、反対するのである。

約三〇年に亘り、あらゆる可能性を探った交渉が行われたが妥協は成立しなかった。これを受けて、日本は二〇一八年のＩＷＣ総会に、従来のように妥協点を探るのではない、新たなアプローチの提案を行ったのである。その提案は「合意できないことに合意」し、ＩＷＣというひとつ屋根の下にいながらお互いになるべく干渉せず、双方が全ての提案を通すことが容易となる「家庭内別居」提案ともいえるものであったが、これも投票の結果否決された。平和共存もＩＷＣは拒否したわけである。これを受けて日本はＩＷＣ脱退を決意した。

日本の捕鯨とその象徴するもの

ＩＷＣからの脱退により、日本の商業捕鯨の再開という政策目標に一つの決着がもたらされた。今後は、再開された捕鯨が科学的に持続可能であること、適切な監視取締措置のもとで保存管理措置が順守されていることなどを高い透明性で国際社会に示していくことが必要である。また、再開された捕鯨を地域社会のために社会経済的に自立し安定したものとしていくことも大切である。

他方、捕鯨問題は日本の捕鯨が再開されるか否かだけの問題ではない。持続可能な利用ができる限り、どのような動物を資源として利用するかは特定の価値観が他に強要されてはならないはずである。食料安全保障にしても生物多様性の保存にしても多様性の確保がレジリエンスのカギとなる。しかし国際社会では非寛容、感情論、グローバリズムの名のもとでのモノポリーが進んでいる。捕鯨問題は、このようなより広範な問題のシンボルでもある。

参考文献

森下丈二　二〇一九『ＩＷＣ脱退と国際交渉』成山堂書店

閉鎖される海
―ペルシャ湾（アラビア湾）、カスピ海、北極海

中谷和弘

はじめに

一九八二年に採択された国連海洋法条約は「海の憲法」とも言われ、海洋に関する様々な国際ルールを規定している。しかしながら意外なことに、同条約には「海」の定義はおかれていない。また、国連海洋法条約だけをみていても、「海」の問題の現実がわかるとは限らない。石油や天然ガスといった主要なエネルギー資源を豊富に含むという意味で極めて重要な水域であるペルシャ湾（アラビア湾）、カスピ海、北極海は、いずれも通常の「海」ではない。本稿では、以下、これら三つの閉鎖的な水域の法的特徴と若干の関連する法的課題を概観してみたい。

ペルシャ湾（アラビア湾）

中東のペルシャ湾（Persian Gulf）については、イランはこう呼ぶことを主張するが、サウジアラビアをはじめとする湾岸協力機構（GCC）諸国はアラビア湾（Arabian Gulf）と呼ぶことを主張する。単に湾（Gulf）と呼ばれることもある。ここでは以下、ペルシャ湾と記す。

ペルシャ湾は面積約二四万平方キロであり、世界最大規模の陸上・海底の石油及び天然ガスの産出地帯である。ペルシャ湾は、一見すると通常の「海」のように思われるが、単純な海洋ではない。国連海洋法条約一二二条では、「湾、海盆又は海であって、二以上の国によって囲まれ、狭い出口によって他の海若しくは外洋につながっているか又はその全部若しくは大部分が二以上の沿岸国の領海若しくは排他的経済水域から成るもの」を「閉鎖海（enclosed sea）又

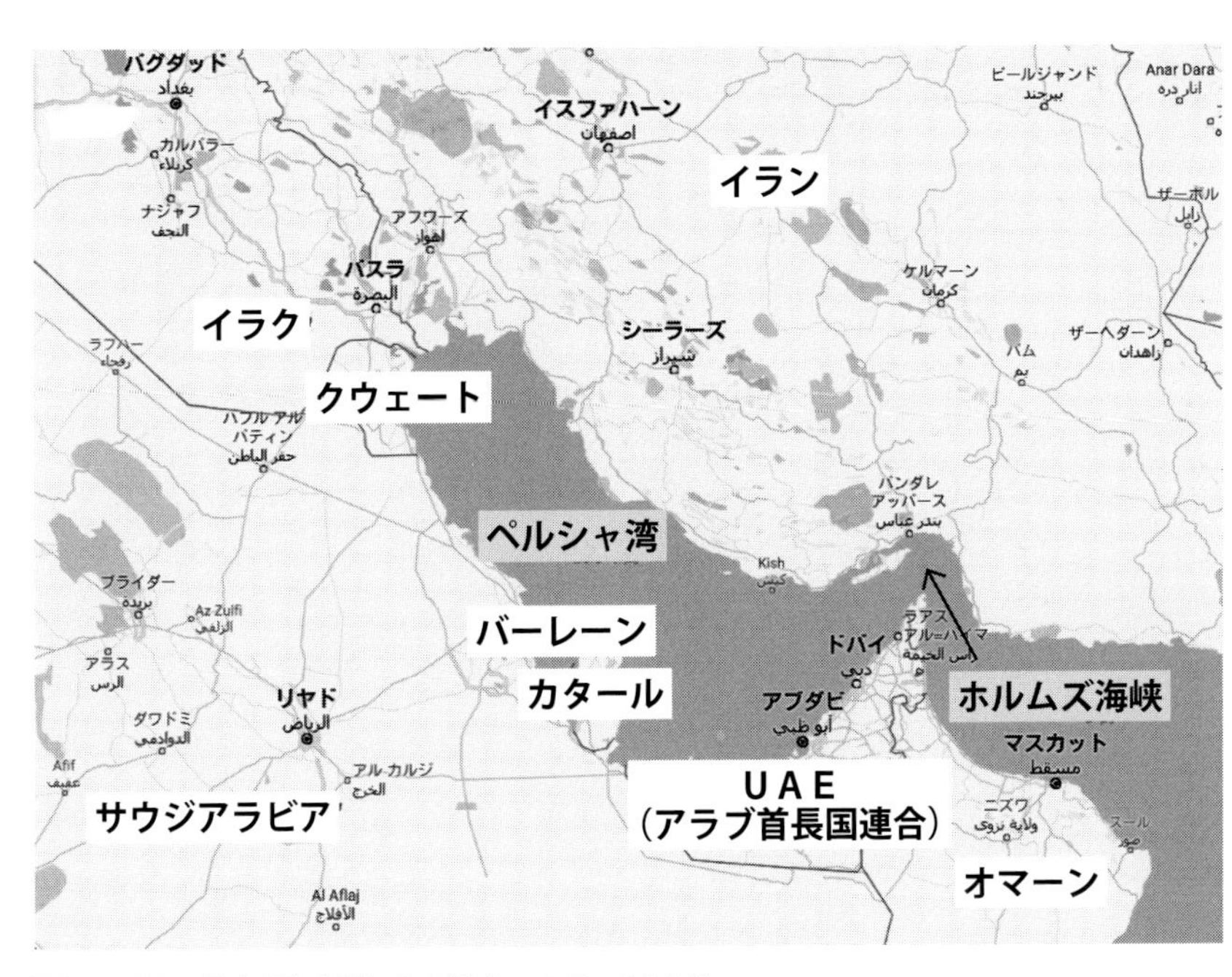

図１　ペルシャ湾とそれを囲む８カ国（googleMapより作成）

は半閉鎖海（semi enclosed sea）」と定義する。ペルシャ湾は、同条にいう「半閉鎖海」に該当するといえる。ペルシャ湾は、湾（gulf）、海盆（basin）又は海（sea）のいずれかであることには問題はなく、二カ国以上（ペルシャ湾の沿岸国は、イラン、オマーン、UAE（アラブ首長国連合）、サウジアラビア、カタール、バーレーン、クウェート、イラクの八カ国である）によって囲まれ、狭い出口であるホルムズ海峡（Strait of Hormuz）によって外洋（オマーン湾及びアラビア海）につながっていること、また、大部分が上記沿岸国の領海または排他的経済水域であることからも、同条の要件を満たすと考えられるからである。同条では、閉鎖海と半閉鎖海は区別せずに定義されているが、外洋につながっている海域ゆえ、通常は半閉鎖海として考えられている。

マックスプランク国際公法百科事典（Max Planck Encyclopedia of Public International Law）によると、国連海洋法条約一二二条の定義を満たす閉鎖海・半閉鎖海は四〇ないし五〇あるとされる。日本海や南シナ海やカリブ海も半閉鎖海だと考えられる。国際司法裁判所は、一九八五年の「リビア・マルタ大陸棚事件」判決において、地中海を半閉鎖海であることを示唆した。なお後述する北極海は、海域の約半分が公海であるため、半閉鎖海とは考えられていない。

閉鎖海・半閉鎖海に関する国連海洋法条約の規定は、この定義規定以外には一二三条があるのみである。同条では、「同一の閉鎖海又は半閉鎖海に面した国は、この条約に基づく自国の権利を行使し及び義務を履行するに当たって相互に協力すべきである。このため、これらの国は、直接に又は適当な地域的機関を通じて、次のことに努める」として、「(a) 海洋生物資源の管理、保存、探査及び開発を調整すること、(b) 海洋環境の保護及び保全に関する自国の権利の行使及び義務の履行を調整すること、(c) 自国の科学的調査の政策を調整し及び、適当な場合には、当該水域における科学的調査の共同計画を実施すること、(d) 適当な場合には、この条の規定の適用の促進について協力することを関係を有する他の国又は国際機関に要請すること」と規定する。つまり、同条は、海洋生物資源や海洋環境保護等について、沿岸国は相互協力すべき旨を規定するものである。

ペルシャ湾岸の諸国間では海洋環境保護のための合意の締結は相当すすんでいる。沿岸八カ国は、一九七八年に汚染からの海洋環境の保護に関する協力のためのクウェート地域条約を締結し、一九七九年七月一日にはUNEP（国際連合環境計画）の地域海計画の一つとして、クウェート地域海計画（ROPME）が創設された。ROPMEの枠組の下では、緊急事態における油濁等と闘う地域協力に関する議定書（一九七八年四月二四日署名）、大陸棚の探査及び開発から生じる海洋汚染に関する議定書（一九八九年三月二九日署名）、陸起因汚染に対する海洋環境保護に関する議定書（一九九〇年二月二一日署名）、有害廃棄物の海上での越境移動及び廃棄に関する議定書（一九九八年三月一七日署名）等が採択されている。ペルシャ湾岸地域は、イラン・イラク戦争、イラクによるクウェート侵攻、イラン核問題、カタール断交といった紛争多発地域であり、域内の諸国家間の政治的対立も激しいが、それにもかかわらず同地域においては海洋環境に関する協力の枠組と合意が進展してきた。このことは画期的であり、国連海洋法条約一二三条の趣旨にも合致したものである。ちなみに、日本海と黄海については、UNEPの北太平洋地域海行動計画（NOWPAP）が、日本、中国、韓国、ロシアをメンバーとして一九九四年に創設されているが、ペルシャ湾岸諸国に比べて海洋環境保護のための国際協力は遅れており、ROPMEのように海洋環境保護のための条約は採択されていない。

石油・天然ガスの国際市場への輸送に際して不可欠な重要性を有するのがホルムズ海峡である。世界の原油の約二割、日本が輸入する原油の約八割はここを通航する。ホルムズ海峡の沿岸国はイラン（国連海洋法条約の非当事国）とオマーン（同条約の当事国、飛地であるムサンダム半島がホルムズ海峡に面している）である。最狭部は二一カイリ未満であるが、この世界で最も重要な国際海峡につき、両沿岸国は、国連海洋法条約でいう「国際航行に使用されている海峡」（三四条以下）とは認めずに、自国の領海だと主張しており、一九七五年には両国間では等距離中間線に基づく大陸棚境界画定合意が発効している。

国際海峡は、①公海又は排他的経済水域を相互に結ぶという地理的基準と②国際航行に使用されている使用実績基準を満たす水域であり、ホルムズ海峡は両基準を満たすため国際海峡であることに疑いはない。国際海峡であれば、船舶には自由航行権に近い通過通航権が認められ、また航空機には国際海峡の上空通過の自由が認められる。これに対して領海だとすると、外国船舶にはせいぜい無害通航権が認められるにすぎない。イランは、「安全保障を理由とした通航停止が認められ、また外国軍艦の通航には事前許可を要する」「国連海洋法条約の国際海峡に関する規定は、非当事国には適用されない」といった主張をしている。ホルムズ海峡においては、船舶は中間線よりもオマーン側の分離通航帯を通航する。もしイランが外国船舶のホルムズ海峡の通航を妨害すれば、通過通航権の侵害となり、ホルムズ海峡の分離通航帯に機雷を敷設すれば、オマーンの領域主権の侵害にもなる。

ペルシャ湾の一定の水域は、沿岸国間で大陸棚境界画定の協定が締結されている。具体的には、バーレーン・イラン（一九七二年発効、以下同様）、バーレーン・サウジアラビア（一九五八）、イラン・オマーン（一九七五）、イラン・カタール（一九七〇）、イラン・サウジアラビア（一九六九）、カタール・UAE（一九六九）、クウェート・サウジアラビア（二〇〇二）の各協定である。これらの協定においては、世界各地域で締結されてきた二国間大陸棚境界画定合意と同様、基本的に等距離中間線での境界画定がなされている。カタール・バーレーンの間では、二〇〇一年の国際司法裁判所（ICJ）判決によって海洋境界画定がなされた。イラク・クウェート間の境界に関しては、湾岸戦争後に国連安全保障理事会によって創設された国連イラク・クウェート境界設定委員会（UNIKBCD）が、一九六三年の両国間の合意議事録に基づき、陸上及び海上の境界の設定を行った。

カスピ海

カスピ海（Caspian Sea）は、以前、「裏海」と表記されたこともあるが、中央アジアに位置する。面積は約三七万平方キロ、日本の陸地面積とほぼ同じである。カスピ海は、世界最大の「湖」と呼ばれることもあるが、そもそも「海」か「湖」か、と問われることもある。

カスピ海は、外洋への出口がないため、上述の閉鎖海・半閉鎖海の定義のうちの「狭い出口によって他の海若しくは外洋につながっている」という前半の要件は満たさないが、「その全部若しくは大部分が二以上の沿岸国の領海若しくは排他的経済水域から成るもの」という後半の要件は満たす可能性がある。もっとも、確立された「海」の定義も「湖」の定義もなく、また地質や水質といった科学的特徴からどちらであるかが決定される訳でもない。

冷戦期には沿岸国はソ連とイランの二カ国のみであり、カスピ海を航行できるのは両国のいずれかを旗国とする船舶に限られるといった一定の合意はあったものの、水域の境界画定の合意はなかった。ソ連解体後、沿岸国は五カ国（イラン、ロシア、カザフスタン、アゼルバイジャン、トルクメニスタン）となった。カスピ海は冷戦直後から国際的に注目されることになった。世界有数の石油及び天然ガスが埋蔵されているためである。水域の境界画定は部分的に二カ国間でなされているにとどまるが、既に油田やガス田の開発が進められ、一九九四年九月二〇日には「世紀の契約」と呼ばれる石油開発契約（生産物分与契約）がアゼルバイジャン国営石油会社（SOCAR）と外国石油企業一〇社の間で締結され、また、一九九九年一一月一八日にはカスピ海の石油を国際市場に出すための主要なパイプラインであるBTCパイプライン（アゼルバイジャンのBaku—ジョージアのTbilisi—トルコの地中海沿岸のCeyhanを結ぶ）の建設に関する三政府間の協定が締結された。一七六八キロに及ぶBTCパイプラインは二〇〇六年に完成した。

沿岸五カ国のみがカスピ海の法的地位を決定できる。五カ国の間では、二二年間にも亘る交渉の末、二〇一八年八月一二日、全二四条からなる「カスピ海の法的地位に関する条約」(Convention on the Legal Status of the Caspian Sea)がカザフスタンのカスピ海沿岸のアクタウ(Aktau)において署名された。前文において注目されるのは、カスピ海に関する諸問題を解決することは締約国の排他的な権能に服することを強調していることである。五条では「カスピ海の水域は内水、領水、漁業水域及び共同水域に分割される」と規定する。

図2　カスピ海とそれを囲む5カ国(googleMapより作成)

七条一項では、「各締約国は、本条約に従って決定される基線から測定して一五カイリを超えない範囲でその領水を定める権利を有する」と規定する。国連海洋法条約三条で認められた領海の幅は最大一二カイリであるため、本条約はこの幅を超過している。隣接する海岸を有する国家間での内水及び領水の境界画定は国際法の原則及び規範に妥当な考慮を払って当該国間での合意によって決定される(三項)。

八条一項では、「カスピ海の海底及び地下の境界画定は、隣接する又は向かい合った海岸を有する国家間で、当該国が地下の資源開発に対する主権的権利を行使することを可能にするよう、国際法の一般に承認された原則及び規範に妥当な考慮を払って、合意により決定される」旨、規定する。

九条一項では、「各締約国は領水に隣接して一〇カイリの漁業水域を設ける」と規定する。隣接する海岸を有する国家間での漁業水域の境界画定は国際法の原則及び規範に妥当な考慮を払って当該国間での合意によって決定される。二項では、各締約国は自らの漁業水域においては水中生物資源を捕獲する排他的権利を有する旨、規定する。三項では、締約国は共同で共有水中生物資源の総漁獲可能量(T

AC）を決定する旨を規定する。一九四〇年のソ連・イラン通商航海条約一二条四項では、沿岸一〇カイリまでは自国船舶に排他的漁業権を付与すると規定していた。

一〇条一項では、締約国の旗を掲げる船舶は領水の外で航行の自由を有すると規定する。四項では、締約国はカスピ海から外洋に自由にアクセスする権利を有し、この目的のため締約国は通過国の領域を通航する自由を享受する旨、規定する。

本条約は、カスピ海の境界画定自体は行っていないが、カスピ海に関連する重要事項を規定し、その意味でカスピ海地域における法の支配、政治的安定及び経済的繁栄に資する画期的なものである。

カスピ海は「海」か「湖」か、をめぐる議論については、その実質的な意味は一様ではないが（「海」ならば分割されるが「湖」ならば分割されないという合理的ではない議論もあった）、国連海洋法条約が適用される水域を「海」、独自のルールが適用される水域を「湖」として合理的に捉えるならば、カスピ海基本条約は独自の（sui generis）ルールを作成したものの、その内容は基本的に国連海洋法条約に準拠しているため、強いて言えば、本条約によりカスピ海は「海」に近い「湖」として位置づけられることとなったといえよう。

最大の法的問題である石油及び天然ガスの帰属について、冷戦直後には、五沿岸国のうちイランとロシアは、カスピ海は五カ国の共有財産であると主張し、分割を主張する他の三沿岸国と対立した。ロシアは共有にしないと環境保護が図られないと主張したが、これは「共有地の悲劇」からもわかるように明らかに詭弁であった。現にロシアは、カスピ海北部のロシア沿岸にも石油が埋蔵されていることが明らかになると、態度を一変させ、分割を主張するようになった。

ロシアは一九九八年七月六日にカザフスタンとの間で海底画定協定を、二〇〇二年五月一三日に詳細を定めた議定書を締結した（二〇〇三年四月七日発効）。等距離中間線を修正する形で海底画定が行われた。またロシアはアゼルバイジャンとの間で二〇〇二年九月二三日に海底画定協定を締結した（二〇〇三年六月二五日発効。同様に等距離中間線を修正する形で海底画定がなされた）。アゼルバイジャンとカザフスタンは二〇〇一年一一月二九日に海底画定協定を締結した（二〇〇三年一二月九日発効。等距離中間線に基づき海底画定がなされた）。こうしてカスピ海の北部では海底分割が進行したが、イラン及びトルクメニスタンが沿岸国となっている南部では海底画定はなされていない。イランは共有を主張してきたが、自国のシェアが二〇％以上確保できれば分割に反対しないという立場も示した。トルクメニスタンの態度ははっきりしないが、分割には反対していない模様である。

カスピ海条約八条一項では海底の境界画定については、国際法に留意して合意により行う旨を規定しただけであり、等距離中間線や衡平原則といった具体的な画定基準は示されていない。また、境界未画定水域での一方的資源開発についても、国連海洋法条約八三条三項で示された「最終的な合意への到達を危うくし又は妨げないためにあらゆる努力を払う」というルールが適用されるか否かも不明確である。境界画定と一方的資源開発をめぐっては、今後も沿岸国間で対立が生じることは不可避であろう。

カスピ海はペルシャ湾同様にＵＮＥＰの地域海行動計画に含まれている。一九九九年にはカスピ海環境計画（ＣＥＰ）が創設され、沿岸五カ国間では「カスピ海の環境保護に関する枠組条約」（テヘラン条約）が二〇〇三年一一月四日に署名され、二〇〇六年八月一二日に発効している。この枠組条約に基づき、①「油汚染事故と闘う地域的な準備、対応及び協力に関する議定書」（アクタウ議定書）が二〇一一年八月一二日に署名され、二〇一六年七月二五日に発効している。②「カスピ海を陸起因汚染から保護する議定書」（モスクワ議定書）が二〇一二年一二月一二日に署名されている。③「生物多様性の保全のための議定書」（アシガバット議定書）が二〇一四年五月三〇日に署名されている。④「国境を越える文脈における環境影響評価に関する議定書」が二〇一八年七月二〇日に署名されている。ペルシャ湾同様にカスピ海では、日本海と黄海を対象とするＮＯＷＰＡＰよりも海洋環境の国際協力の枠組が進んでいる。

北極海

北極海（Arctic Ocean）はユーラシア大陸、北米大陸、グリーンランドによって囲まれた海域であり、面積は約一四〇五万平方キロである。北極地域は、氷結した水域であり、陸地である南極地域とは異なっている。地球温暖化による氷解によって海上輸送や鉱物資源開発が可能になるという皮肉な現実ゆえに、北極は近年、国際社会の関心を集めている。海上輸送については、欧州と北米を結ぶ最短航路（北西航路）および欧州と東アジアを結ぶ最短航路（北東航路）が、資源開発については、ロシアのヤマル半島の天然ガス開発が特に注目されている。北極海については、ロシア、米国、カナダ、デンマーク、ノルウェーという五つの沿岸国が権原を主張している。北極海は、ユーラシア大陸と北米大陸に囲まれた半閉鎖海であるといえる。

北極海は、砕氷船技術の進展による海上輸送に伴う影響や温暖化による氷解という現実に鑑みると、特別の保護を要する海域である。国連海洋法条約では二三四条は、「沿岸国は、自国の排他的経済水域の範囲内における氷に覆われた水域（ice-covered areas）であって、特に厳しい気象条件及び年間の大部分の期間当該水域を覆う氷の存在が航行に障害又は特別の危険をもたらし、かつ、海洋環境の汚染が生態学的均衡に著しい害又は回復不能な障害をもたらすおそれのある水域において、船舶からの海洋汚染の防止、軽減及び規制のための無差別の法令を制定し及び執行する権利を有する」と規定して、氷結水域に関して、沿岸国に船舶起因汚染の規制のための無差別の法令制定・執行権限（通常の排他的経済水域における船舶起因汚染の規制と比べてより強化された権限）を付与している。

北極海の国際法上の地位はどのようなものであろうか。北極条約は必要であろうか。この点に関して、二〇〇八年に沿岸五カ国間で採択されたイルリサット（Ilulissat）宣言においては、国際法枠組（特に海洋法）が北極海に適用されることを想起し、重複するクレームの秩序ある解決を約束した。同宣言に関連して、米国国務省法律顧問 ベリンガー（Bellinger）は、「北極海問題への対処には既存の国際法ルールで十分であって新たに北極条約といったものを作成する必要はない」「南極は海洋に囲まれた大陸だが北極は大陸に囲まれた海洋であって両者の状況は異なる」という興味深い指摘をしている。ここに典型的に現れた沿岸五カ国の真意は、「北極海を五カ国で分割したい、他国の関与を排除したい、間違っても北極条約が作成されて北極域が国際管理に服することは回避したい」というものである。

北極海の諸問題を規律する国際組織はないが、国際的な会議体（フォーラム）として、北極評議会（Arctic Council）がある。北極評議会は、一九九六年九月一九日のオタワ宣言に基づき北極圏の八カ国（ロシア、米国、カナダ、デンマーク、ノルウェーという五つの沿岸国に加え、フィンランド、アイスランド、スウェーデン）によって創設された国際フォーラムであ

図３　北極圏の８カ国（googleMap より作成）

る。八カ国の他、六つの先住民団体やオブザーバーの国家、国際組織、ＮＧＯが参加し、日本は二〇一三年にオブザーバー資格を承認された。オタワ宣言では、安全保障や軍事の問題は管轄外だとされたが、北極海が有する地政学的重要性ゆえに、これらの問題についての検討も不可避な状況になっている。

北極海に関連する条約としては、①一九七三年一一月一五日に「北極クマの保存に関する条約」が沿岸五カ国（ロシアは当時ソ連）間で署名された。②二〇一一年五月一一日に「北極の空域及び海上における捜索及び救助の協力に関する協定」（北極捜索救助協定：ＳＡＲ）が上記の八カ国間で締結され、二〇一三年一月一九日に発効した。③「北極における海上の油汚染に対する準備及び対応に関する協力協定」が二〇一三年五月一五日の署名された（ノルウェー、フィンランド、ロシア、カナダにつき発効）。④「国際的な北極科学協力を促進する協定」が二〇一七年五月一一日に署名された。⑤「中央北極海無規制公海漁業防止協定」が沿岸五カ国、米国、ＥＵ、日本、中国、韓国の一〇者間で二〇一八年一〇月三日に署名された。温暖化により北極海の氷が解けて漁業可能な水域が増加するため、中央の公海部分での無規制の漁業をあらかじめ規制しておく必要があるとして締結されたものであり、保存管理措置に基づいてのみ漁業を許可するものである。

　北極海の分割をめぐって注目すべき沿岸国の動向としては次のものを挙げることができる。①カナダは面積一二三万平方キロメートルにも及ぶハドソン湾を自国の歴史的湾つまり内水であると長年主張してきたが、米国はハドソン湾は国際的水域であるとしてこれに反対してきた。②ノルウェーは二〇〇六年一一月二七日に北東大西洋及び北極海の二〇〇カイリ以遠の延伸大陸棚に関して国連大陸棚限界委員会（ＣＬＣＳ）に申請を行った所、二〇〇七年三月二七日にＣＬＣＳはノルウェーの申請を基本的に認め、二三万五千平方キロメートルの海底がノルウェーの延伸大陸棚となった。③ノルウェーとロシアは二〇一〇年九月一五日にバレンツ海の境界画定条約に署名した（二〇一一年七月七日発効）。一九七〇年代からのノルウェーとソ連の間での境界画定をめぐる紛争に決着をつけるものであり、係争海域一七万五〇〇〇平方キロメートルをほぼ二等分した。④デンマークは二〇一四年一二月一五日にＣＬＣＳにグリーンランド北部の延伸大陸棚の申請を行った。⑤ロシアは二〇一五年八月三日にＣＬＣＳに北極海の延伸大陸棚に対する再申請を行った。二〇〇一年一二月二〇日に行った申請がデータ不十分として認められなかったため、データを揃えて再申請したものである。ロシアは一一九万平方キロメートルの延伸大陸棚を主張している。⑥カナダは二〇一九年五月二三日にＣＬＣＳに北極海の延伸大陸棚の申請を行った。なお、米国は国連海洋法条約の非当事国であるため、ＣＬＣＳに延伸大陸棚の申請をすることができない。

おわりに

　本稿で考察したペルシャ湾、カスピ海、北極海はまさに陸に囲まれた特殊な水域である。それぞれが独自の性格を有するため一般化して論じることはできないが、沿岸国は可能な限り自国の権益を上部水域にも海底にも及ぼしたいと画策しているという点では共通している。しばしば「陸は海を支配する」と言われるが、とりわけこれらの水域にはこの格言があてはまるといえよう。資源の分配にはゼロサム・ゲームの要素がある以上、このような行動はやむを得ないのかもしれない。但し、海洋環境の分野で沿岸国間の国際協力が進行していることはポジティブに評価できよう。閉鎖性の海域ゆえに海洋環境がより脆弱であるという事実が、国際協力を不可避にしたともいえよう。

参考文献

稲垣治・柴田明穂編著　二〇一八『北極国際法秩序の展望』東信堂

奥脇直也・城山英明編著　二〇一三『北極海のガバナンス』東信堂

中谷和弘　二〇一五「ホルムズ海峡と国際法」坂元茂樹編著『国際海峡』東信堂：一二九－一五五

中谷和弘　二〇一八「カスピ海の法的地位に関する条約」『ジュリスト』一五二四号、有斐閣：六二－六三

日本国際問題研究所　二〇一三『北極のガバナンスと日本の外交戦略』http://www2.jiia.or.jp/pdf/resarch/H24_Arctic/H24_Arctic.php

Arctic Council, https://arctic-council.org/index.php/en/

Gioia, Andrea, 2012, Persian Gulf, in *Max Planck Encyclopedia of Public International Law*, vol. 8 (Oxford University Press): 270-280.

International Maritime Boundaries, 7 vols (Brill, 1993-2016)

Nakatani, Kazuhiro, 2002 Oil and Gas in the Caspian Sea and International Law, in *Liber Amicorum Judge Shigeru Oda*, vol.2 (Kluwer): 1103-1114.

Proelss, Alexander (ed.), 2017, *United Nations Convention on the Law of the Sea : A Commentary* (Verlag C.H.Beck)

Tehran Convention, http://www.tehranconvention.org/

Vukas, Budislav, 2012, Enclosed or Semi-Enclosed Seas, in *Max Planck Encyclopedia of Public International Law*, vol. 3 (Oxford University Press): 415-423.

ROPME, http://ropme.org/home.clx

第2章

越境する海人たち

5 ナワバリに生きる海人
―日本中世の〈海の勢力〉をめぐって

黒嶋　敏

はじめに―「海賊」、「水軍」、「海の武士団」

海に囲まれた日本では、歴史の場面に「海賊」や「水軍」、あるいは「海の武士団」と呼ばれる集団が登場し、海を舞台に印象的な活躍を見せている。ところが彼らの実態は不明な点が多く、つかみどころがないため、謎多き集団として語られがちであった。ただし歴史学の観点から考えていくと、「海賊」や「水軍」として現れる人物が史料の中では同一の集団である場合が多い。彼らが幕府や大名などの体制側に味方し、その海上軍事力を提供して奉公に励めば「水軍」となり、逆に体制とは距離を置き、自力の世界で生きていく場合には「海賊」と呼ばれるようになる。その呼称は違っても、中身は同じ集団といえるのである。

また、現代になって「海の武士団」と呼ばれることもあるが、同時代において武士とされる侍身分を獲得できていたのは彼らのうち一握りに過ぎない。集団の大多数が侍身分ではないとすれば、一部分だけを切り取って「武士団」と呼んでしまうのは適切さを欠くだろう。

そこで今回は、日本の津々浦々に存在し多様な側面を持つ彼らを〈海の勢力〉と把握することで、海上合戦の場面や海賊としての暴力的なシーンだけでなく、その日常における生活基盤を踏まえた実態を見ていこう。

舞台となる海は、日本史のなかで物流の大動脈として機能し続けた瀬戸内海である。時期としては、一五世紀・一六世紀を対象に取り上げる。室町時代・戦国時代とされるこの時期は、日本史のなかでも中央政府の影響力が強く及びにくく、地域ごとの個性や慣習が見えやすくなる特徴がある。そこでの〈海の勢力〉の活動の様子からは、「海賊」の一般的なイメージとは異なる姿も浮かびあがってくるのではないだろうか。

海のナワバリ

　まず紹介したいのは、一四二〇年に朝鮮からの使節として来日した宋希璟（ソンギギョン）が興味深く観察した、瀬戸内海の「海賊」の姿である。当時の日本は、外国からは「海賊の国」とイメージされており、宋希璟もまた「海賊」の恐怖に怯えながら、道中で見聞きした「海賊」情報を、自身の紀行詩文集である『老松堂日本行録』（ろうしょうどうにほんこうろく）にていねいに記している。問題の場面は、使節一行が瀬戸内海航路を西に進んでいるとき、安芸（あき）（今の広島県西部）の蒲刈（かまがり）という島（図1）の近くで体験した出来事である。

図1　瀬戸内海西部地図（[山内 二〇一五] 所収地図に一部加筆）

　この日の夕方、蒲刈に泊まった。ここは海賊たちがいるエリアで室町幕府の支配が十分に及んでいない。幕府の将軍の命令を受けた守護たちの支配も行き届いていないので、公式な護送船もなかった。使節一行は、みな恐ろしく思ったが、日が暮れたため、やむをえずここで停泊することとなった。

　この地には東西の海賊がいる。東から西に向かう船は、東の海賊を一人乗せていれば、西の海賊は船を襲わない。同様に、西から東に向かう船は、西の海賊を一人乗せていれば、東の海賊は船を襲わない。これに従って、宗金（そうきん）（宋希璟一行の案内役）は銭七貫（現代の金額にすると約七〇万円）を渡して東の海賊一人を買い乗せた。（宋　一九八七：一六二）

　蒲刈の近海には、東と西、二つの海賊がいた。蒲刈は幅二百メートルほどの狭い瀬戸を挟んで東西に下蒲刈島・上蒲刈島が並んでいるので、使節一行が遭遇した東西の海賊とは、それぞれ下蒲刈島・上蒲刈島を拠点にした〈海の勢力〉を指すのだろう。二つの集団は連携して、そこを通過する船に対し、必ず仲間の一人を同乗させるシステムを作りあげていた。これは上乗（うわのり）と呼ばれる海事慣習で、いわば水先案内人にあたる。表向きは、他所から来た船は潮流や海底の地形で難破しかねず、そのためには現場の海況に通じた水先案内人を同乗させるべきである、という理屈なのだ。ただし、この上乗が乗船しているかぎり海賊たちはその船を襲撃しないといっていることから、上乗一人の対価である「銭七貫」（約七〇万円）が、事実上は船の通行を許可した安全保障料となるのである。

現代的な感覚からすれば、せいぜい半日もあれば通り抜けられるエリアの通行料として「銭七貫」も支払うのは、法外な値段にも思える。だが少なく見積もっても数十人以上の規模となる使節一行にとって、しかも室町幕府の将軍から朝鮮国王への国書や贈答品なども積載した公務中の彼らにとって、道中の安全は何物にも代えがたい。やはりそれは、やむを得ない必要経費だったのであろう。

もちろん当時にあっても、公的な外国使節は、日本国内の全行程において安全に警固するのが室町幕府の責務ではあった。この時も幕府から任命された諸国の守護たちが、将軍の命令を受けて使節一行の警固を行なっていたのだが、たまたま安芸国だけは、当時の将軍からの命令が貫徹しないエリアだったようだ。『老松堂日本行録』のなかで、上乗の慣習が出てくるのは、ここだけなのである。なんらかの事情で中央からの統制が十分に及ばなかったために、上乗というローカルな海事慣習が外国使節にも適応され、それゆえに外国の記録にも残った珍しい事例といえるだろう。

この慣習を海賊の立場から考えてみよう。東西それぞれの海賊が主張する、上乗を同乗させるべきエリアが、すなわち彼らのナワバリとなる。自分のナワバリを通るヨソモノから、安全を保障するかわりに金品を徴収する。これが「海賊」と呼ばれた〈海の勢力〉の日常的な姿であり、彼らの生活を支える慣習なのであった。地域の慣習に従わず対価の支払いを拒むような船に対しては、暴力的に金品を徴収していたであろうことは想像に難くない。そして、そうした暴力的な側面が強調されるとき、彼らは社会におけるマイナスな存在という評価を与えられて「海賊」と称されるのである。

しかし、詳細は割愛するが、日本の中世社会では陸上の道でも海上の道でも、総じてヨソモノには厳しい側面を持ち合わせている。その理由は、中世の政治権力が持つ支配の特質にあった。古代の律令国家や近世の江戸幕府という中央集権的な政治権力の場合は国家的に交通インフラを整備していくことができるが、中世の政治権力は分散的で脆弱なものが多く、全国規模の交通インフラを単独で整備しうるようなものではなかった。そのため維持管理が必要となる橋や港湾といった交通拠点は、地域の自助努力に委ねられており、地域の側で、通行者から通行料を徴収するのは当然のこととして認められていたのである。高校日本史の教科書に書かれている「関所の乱立」という事態も、通行者から関料（通行料）を徴収する仕組みを、誰も規制することがなかったために発生したものなのである。

つまり、陸上の道も海上の道も、中世には基本的には有料で、受益者負担で運用されていたと考えた方がいい。海賊がナワバリを通る船から通行料を徴収するという行為そのものは、中世社会における交通事情のなかでは当然の、ありふれた光景になるのだ。史料において、しばしば海賊たちは「関」として登場するが、通行者から金品を徴収する行為を陸上の関所に譬えた表現として、まさに本質をついた呼称といえるだろう。国家レベルでの海上インフラの整備・維持が放任されている時代においては、各地の海賊たち、すなわち〈海の勢力〉たちが点となって、それぞれの航路という線を下支えしていたともいえる。日本中世の海上交通は、津々浦々の〈海の勢力〉の存在を抜きにしては成立しないものだったのである。

そのため各地の〈海の勢力〉は通行料徴収者であり、自身が排他的に徴収の権利を主張しうるナワバリを持つ。ナワバリの権限が強く主張されるのは、寄船（よりふね）（漂流船・漂着船）や寄物（よりもの）（漂流物・漂着物）と同じように、漂着物は最終的に漂着地の住人の所有となるのが慣例だったためである。しかも、ローカル・ルールに従わず通行するヨソモノに対しては、ナワバリの論理で容赦なく牙をむくが、かといって、同じ航路を支えている他の〈海の勢力〉との兼ね合いで、それほど突出して高額な通行料を設定することもできなかったようだ。慣習のなかで形成された横並び的な通行料を徴収する、それが彼らの生活基盤なのである。そのような〈海の勢力〉がナワバリから離れることは、すなわち、自身の生活基盤を失うことを意味しており、彼らは基本的に地域密着型のローカルな社会集団であったのである。

そして〈海の勢力〉はローカルでありながらも、自らが支えている航路がアジアの海に繋(つな)がっていることもあり、対外的な人や物・情報に接触する機会が多かった。それは宋希璟の出会った「海賊」も同様で、上乗一人を雇って「西の賊」まで着いた宋希璟が対談することとなった彼らのボスについて興味深い描写をしている。それによると、このボスは出家しており、茶を楽しみ漢文にも通じていたことがうかがえ、朝鮮の人と変わらないほどの教養を持ち合わせていた人物であったという。瀬戸内海という物流の大動脈にあって、そこにナワバリを構えていた〈海の勢力〉の場合、必然的に海外事情にも通じていたであろうことが推測される。

こうした〈海の勢力〉と海外との接点がさらに多様化していくのが、次の戦国時代であった。

〈海の勢力〉と倭寇の違い

日本各地で戦争が頻発するようになった一六世紀になると、東アジア海上の情勢も、それまでとは大きく様子を変えつつあった。その要因は二つある。まず一点目に、日本の石見銀山で銀生産が本格化したことである。日本国内での限定的な銀需要に比べ、中国大陸の明ははるかに銀需要が高かったため、石見銀山の銀は海を渡って大陸に流れ込むこととなる。しかし、明は一般民衆の海外渡航を禁じる海禁政策を国是としていたため、日本銀を求めた沿岸部の商人たちは法を破って出航しなければならなかった。銀によって火が着いた海外交易ブームを前に、海禁政策の維持のためそれを管理・統制しようとする明の体制側との間で軋轢が激化し、大陸沿岸部では暴動や略奪が頻発する。これを、当時の明皇帝の年号を取って「嘉靖(かせい)の大倭寇(わこう)」と呼んだ（図2）。この大陸沿岸部で猛威を振るった倭寇問題が、一六世紀の東アジアの海を激変させた要因の二点目となる。

東アジア海上の国際秩序が揺れ動き、その波が日本国内にも及ぶようになると、石見銀山のある日本海西部だけでなく、日本各地に明の商船を名乗る「荒唐船」が来航するようになった。「荒唐船」は、明の沿岸部を荒らしていた倭寇勢力と関係していたものと考えられる。ただ、明とは違って、海外渡航を取り締まる制度を持たなかった日本の場合、外的要因による交易の活性化は国内商人にとってプ

図２　「倭寇図巻」（部分、東京大学史料編纂所所蔵）

ラスに作用したといえる。さらには、ヨーロッパに始まった大航海時代の奔流が東アジアへと到達し、その波に乗って新兵器となる鉄砲が日本に伝来しているが、その鉄砲に不可欠な火薬の原料のうち、硝石は大部分を日本国外からの輸入に頼っていた。鉄砲を駆使して戦国時代の合戦を勝ち抜くためにも、各地の地域権力である戦国大名たちは、海外交易に大きな関心を示していたのである。

　日本からは銀を運び、大陸からは生糸や硝石を持ち込んだのが倭寇勢力であった。倭寇を交易者という側面で見たとき、その物流ルートは日本国内の商人たちのものと接合することで、初めて軌道に乗るものとなる。たとえば、一五四九年に来日したフランシスコ・ザビエルは、アジアの海上では倭寇勢力と連携しながら北上し、日本国内では瀬戸内海などを堺商人の日比谷氏の一族から支援を受けて通行している（川村　二〇一〇・岡本　二〇一三）。すでに形成されていた、倭寇勢力―堺商人の物流ネットワークを利用することで、ザビエルはスムーズに移動できたものと考えられるだろう。

　では、こうした倭寇勢力との接点は、国内の〈海の勢力〉に対し、どのような影響を与えたのであろうか。中国沿岸部での暴力的な活動から、明という体制側への反逆者の意味も込めて「倭寇（異国である日本の海賊）」と呼ばれるのだが、その集団は国境を越えた交易が原動力となっており、集団そのものが境界的な存在である。そこに「日本人」や「明人」がどのくらい含まれていたかという問いかけは、なによりも国籍の概念が現代とは異なるため、本質的な問題とはなりにくい（村井 二〇一三）。

これに対し、日本国内の「海賊」とされる〈海の勢力〉は、そもそもナワバリとは切り離せないローカルな存在である。倭寇とは経済原理・存立基盤が全く異なる集団であり、日本の〈海の勢力〉が組織的に倭寇に参画した可能性は低いと考えるのが自然であろう。もちろん中国側の史料には倭寇に西日本各地の出身者が含まれていたと記すものもあるにはあるのだが、〈海の勢力〉が国内のナワバリを捨てて集団で倭寇に身を投じるとすれば、それは自殺行為にほかならない。〈海の勢力〉の存在形態からすれば、倭寇に参画したのは組織ではなく、一部の人間の行為として考えるべきなのではないだろうか。

ただそのなかで、瀬戸内海の村上氏が倭寇と結託していたとする史料がある。江戸時代の一七一九年に香西成資（こうざいしげすけ）が著した歴史書『南海通記（なんかいつうき）』にある記事で、必ずしも同時代史料とはいえないが、香西成資の著述スタイルからすれば荒唐無稽な説と切り捨てることもできない。瀬戸内海で最大の勢力を誇った村上氏が東シナ海に飛び出して倭寇と結びついていたとすれば大きな問題となるので、少し詳しく検討してみよう。

該当するのは『南海通記』巻八に「予州能島氏、大明国を侵すの記」とある部分で、芸予（げいよ）諸島の能島（のしま）村上氏と、倭寇の首領だった王直（おうちょく）とが結びついていたとし、その時期は明からの倭寇禁圧の使節が来日した一五五六年のこととして記されている。ほかの史料をめくってみると、朝鮮半島の「朝鮮王朝実録」にある同年の記事に、やはり王直が日本四国の住人と結び明・朝鮮に攻め込む計画を練っているとする情報が、対馬宗氏から朝鮮国王に報告されている（「朝鮮王朝実録」明宗一一年四月一日条）。どうやら『南海通記』の記事は、これと同種の情報をもとに変形させた伝承とすることができるだろう。

じつは一五五六年といえば、倭寇に手を焼いた明が日本に禁圧を求める使節を相次いで派遣していたタイミングにあたる。この年に来日した明の使節蔣洲（しょうしゅう）は、肥前平戸で王直と対面し、説得を重ねて王直に帰国を承諾させた。さらに蔣洲は王直とともに豊後の大友宗麟のもとに向かい、倭寇禁止の指示を、大内氏をはじめとした西日本の諸大名に伝達している。つまりこの時、明の体制側に恭順の意を示した王直は、日本での倭寇禁止の旗振り役として先頭に立っており、その王直と連携していたことは、能島村上氏が倭寇であることをストレートに意味するものではないのである。むしろ逆に、倭寇活動に手を染めるような人々を管理する立場にあったとするべきであろう。

以上のことからすれば、村上氏に代表される瀬戸内海の〈海の勢力〉と倭寇勢力との間に、物流ネットワークを介した接点は存在するものの、〈海の勢力〉自身が集団で倭寇となり東シナ海に飛び出していった可能性は低いといわざるをえない。明側が沿岸部の暴力的な反体制者を「倭寇（異国である日本の海賊）」と認識していたことは事実であるが、その倭寇勢力と、日本国内でのローカルな存在である実在の〈海の勢力〉との間には、大きなギャップがあったのである。

ナワバリと船の旗

その能島村上氏は、しまなみ海道として知られる芸予諸島をナワバリとする〈海の勢力〉である。戦国時代には芸予諸島のうち、北から因島、能島、来島の三つの拠点それぞれに三派の村上氏が成立しており、その中で能島村上氏がリーダー的な立場にあった。能島村上氏は武吉が当主だった頃には周辺諸氏を従えるほど台頭しており、キリスト教宣教師のルイス・フロイスは、その様子を次のように記している。

（やがて）我ら（一行）は、ある島に到着した。その島には日本最大の海賊が住んでおり、そこに大きい城を構え、多数の部下や領地や船舶を有し、それらの船は絶えず（獲物を）襲っていた。この海賊は能島殿といい、強大な勢力を有していたので、他国の沿岸や海辺（の住民たち）は、（能島殿）によって破壊されることを恐れるあまり、彼に毎年、貢物を献上していた。（フロイス　二〇〇〇）

村上武吉が拠った能島城は宮窪瀬戸のなかに浮かぶ典型的な海城であるが、「日本最大の海賊」の居城としては小ぶりな印象を与える。それでも武吉が「強大な勢力」を持つに至ったのは、能島を拠点に因島村上氏・来島村上氏を傘下に置き潮流が激しく内海航路の要衝となる芸予諸島を掌握していたことと、戦国大名の大内氏や毛利氏、あるいは大友氏といった大勢力が合従連衡する間隙を縫って、巧みに渡り歩いたことが指摘されている（山内　二〇一五）。

フロイスが言うような「他国の沿岸や海辺（の住民たち）は……彼に毎年、貢物を献上していた」には多少の誇張もありそうだが、毎年定期的に瀬戸内海航路を使う商人たちにとって、武吉とのコネクションを持っておくことに大きな意味があった。それを象徴するのが、彼が発行していた旗である。ふたたびフロイスの証言を読んでみよう。

図３　村上武吉の過所旗（複製、国立歴史民俗博物館所蔵、原本は山口県文書館所蔵。縦 54.0cm× 横 43.1cm）（国立歴史民俗博物館図録『東アジア中世海道』より）

我らはちょうどこのたび伊予国への途上、（能島殿）の城から約二里の地点にいたので、副管区長（コエリュ）師は、一人の日本人修道士に贈物を携えさせ、彼に交渉するように命じ、（能島殿）に対して、我らがその（交付する）署名によって自由に通行できるよう、好意ある寛大な処遇を求めた。（能島殿）は、その修道士に敬意を払い、手厚くもてなし、彼を自らの居城に招待した。そして己が好意をより高く売りつけようとして、いくらか躊躇しながら言った。「伴天連（ばてれん）方が、天下の主、関白殿の好意を得て赴かれるところ、某ごとき者の好意など必要ではござらぬ」と。だが修道士がしきりに懇願したので、彼は、怪しい船に出会ったときに見せるがよいとて、自分の紋章が入った絹の旗と署名を渡した。それは（この海賊が）司祭に対してなし得た最大の好意であった。（フロイス　二〇〇〇）

ちなみにフロイスが伊予に向かったのは一五八六年で、すでに豊臣秀吉が天下人となり、九州の島津氏を除く西日本の諸大名を服属させていた時期にあたる。フロイス一行は、すでに秀吉から通行の安全を保障する文書を得ていたと考えられる（「関白殿の好意」）が、瀬戸内海のローカルな慣習のなかで効力を発揮していた村上武吉の旗も、あわせて獲得しようとしたのである。

この旗と同じものが、西日本の各地に残されている（図3）。中央に村上氏の「紋章」となる「上」の字を大きく描き、右側下部に旗の受給者が、左側に発給した年月日と武吉の名前と花押が書き込まれているもので、これまで村上氏の「過所旗（かしょき）」と呼ばれてきた（高橋　一九九九・二〇〇〇ほか）。「過所」とは関所の通行証のことである。すでに述べたように海賊は「関」とも呼ばれており、ナワバリを通る人々から通行料を徴収するという関の本質からすれば、その通行の安全を保障する旗を過所旗と称するのは妥当なところであろう。なお、フロイスは明記していないが、過所旗は金銭を伴って発給されるものである。金品と引き換えにナワバリを安全に通行できるという機能の面では、上乗（人間）が過所旗（物体）に姿を変えたものともいえる。過所旗を発行していた村上武吉もまた、かつての上乗で通行安全を保障していた時期と同じく、ナワバリに密着する〈海の勢力〉の本質を失っていなかったことが分かる。

さらに村上武吉の旗には、ナワバリの通行証である以上に、別の意味も持ち合わせていた。武吉自身が「怪しい船に出会ったときに見せるがよい」と述べたように、この旗を掲げることで、船は村上氏の関係者であるという「見かけの属性」を示すことができた。これには、「日本最大の海賊」とされた武吉の権威が大きく作用していると考えられる。村上武吉のナワバリを安全に通過し、武吉の権威によって怪しい船の接近を未然に防ぐ。物流の大動脈であった瀬戸内海において、村上氏のナワバリ外においても、武吉の旗は権威と位置づけられていたことになる。

こうした旗は、じつは当時の船にとって必要不可欠なアイテムであった。現代とは異なり、国籍や船籍という概念が定まっておらず、それでも広く移動を続ける船の側は、通過する海域の状況に対応した様々な旗を常備していたことが分かっている。一七世紀にイギリスやオランダといったヨーロッパ勢が日本近海に出没するようになると、明の商人たちがイギリス旗やオランダ旗を手にするべく奔走した事例がある（岩生　一九八五）。ある海域において安全を保障しうる「見かけの属性」を獲得するために船の側は旗を求めたのであり、瀬戸内海において同様の機能を果たすものとして、村上武吉の旗は必要とされていたと考えられるのである。特定のナワバリを超えて、より広域の権威となりつつあったところに、村上武吉の存在感の大きさが示されている。

おわりに—〈海の勢力〉の行方

一五・一六世紀における日本の〈海の勢力〉とは、海のナワバリとは切っても切り離せない社会集団なのであった。通行料を徴収し、ナワバリという地域密着型の生活基盤を確保していた彼らは、国家的な海上インフラの整備に着手されない時代において、航路を下支えする存在でもあった。さらには沿岸航路がアジア諸国への対外航路と接続していたために、とくに瀬戸内海の〈海の勢力〉はローカルにしてグローバルな側面も持ち合わせており、その時その時の国際情勢の影響も大きく及んでいたのである。

しかしその状況は、江戸時代に大きく様変わりする。幕府や藩によって航路の整備が進み、人々の身分も固定化することで、多様な顔を持ち合わせていた〈海の勢力〉にとっては生きにくい時代となった。なによりもナワバリからの徴収が否定され、仕組みそのものが社会から排除されると、「海賊」は犯罪行為と同義語となり果てたのである。かつての〈海の勢力〉たちは、幕府や藩の船手衆（水軍）、漁民、廻船（かいせん）商人などといった生業を得るようになり、あるいは帰農するなどして、姿を消していくことになる。

政治権力が津々浦々の隅々まで管理するようになったとき、それぞれの海のナワバリもまた国家的な領海へと形を変える。その前段階にある地域レベルのナワバリに目を向け、さまざまな側面を持つ〈海の勢力〉を考えていくことで、固定的な議論に陥りがちな領海の問題に対しても、別の観点から柔軟な見方を提供できるのではないだろうか。

参考文献

網野善彦　一九九〇『日本論の視座』小学館
岩生成一　一九八五『新版　朱印船貿易史の研究』吉川弘文館
宇田川武久　一九八一『瀬戸内水軍』教育社
岡本真　二〇一三「堺商人日比屋と一六世紀半ばの対外貿易」中島楽章編『南蛮・紅毛・唐人—十六・十七世紀の東アジア海域』思文閣出版
川村信三　二〇一〇年「ザビエル上洛事情から読み解く大内氏・堺商人・本願寺の相関図」『上智史学』五五

金谷匡人　一九九八『海賊たちの中世』吉川弘文館
黒嶋敏　二〇一三『海の武士団　水軍と海賊のあいだ』講談社選書メチエ
――　二〇一六年「明・琉球と戦国大名―倭寇禁圧の体制化をめぐって」『中国　社会と文化』三一
――　二〇一七年「〈船の旗〉の威光―戦国日本の海外通交ツール―」高橋慎一朗・千葉敏之編『移動者の中世』東京大学出版会
佐伯弘次　一九九二年「海賊論」荒野泰典ほか編『アジアのなかの日本史　二―外交と戦争』東京大学出版会
宋希璟（村井章介校注）　一九八七『老松堂日本行録―朝鮮使節の見た中世日本』岩波文庫
田中健夫　二〇一二『倭寇　海の歴史』講談社学術文庫
高橋修　一九九九・二〇〇〇年「新出の「村上武吉過所旗」について（上・下）」『和歌山県立博物館　研究紀要』四・五
東京大学史料編纂所編　二〇一四『描かれた倭寇』吉川弘文館
長沼賢海　一九五五『日本の海賊』至文堂
フロイス、ルイス（松田毅一・川崎桃太訳）　二〇〇〇『完訳フロイス日本史　五―「暴君」秀吉の野望』中央公論新社
村井章介　二〇一三『日本中世境界史論』岩波書店
山内譲　二〇一五『増補改訂版　瀬戸内の海賊―村上武吉の戦い』新潮選書

ヴァイキングが切り開いた北極圏交易
—セイウチの牙をめぐるグローバルな経済構造

小澤 実

ルイス島のチェス駒

大英博物館の目玉陳列物の一つに「ルイス島のチェス駒」(Lewis Chessmen) がある。キング、クイーン、ビショップ、ナイト、ルーク、ポーン。頬に手を当てるクイーンや盾に噛み付くルークなどの駒の風貌は、中世のユーモア感覚を今に伝えているようで、見るだけで愉しい。これらの作り手はヴァイキングとされる。ヨーロッパを劫掠して回ったヴァイキングもこのような表情を浮かべていたのか、と考えると、いっそうルイス島のチェス駒の存在は味わい深くなる。そのレプリカは、大英博物館で最も人気のあるお土産の一つでもある。

　このチェス駒は一二世紀に製作されたと推定される。一八三一年、スコットランドのアウター・ヘブリディーズのルイス島北西部で合計七八個がまとまって発見された。経緯あって、そのうち大英博物館が六七個を、スコットランド国立博物館が一一個を分有している。それ以来、いずれの博物館にとっても、「目玉商品」として陳列棚に鎮座してきた。さらに、二〇一九年六月には、スコットランドのとある古物商で、失われていたさらにもう一つの駒が再発見されたことが報道された。記録を辿ると、もともと一九六四年に五ポンドの捨て値で現地の古物商に購入されていたものが、今回サザビーズのオークションで七三万五〇〇〇ポンドの値がついたとのことである。この点でも世間の注目を浴びた再発見であった。

　大英博物館を、そして中世を代表する文化財として多くの人を魅了するチェス駒であるが、今回注目するのは、この駒の原料である。鈍く白く光っているため、一見すると象牙と見紛う人が多いかもしれない。しかしそうではない。セイウチの牙でできているのである。

図1　ルイス島のチェス駒（スコットランド国立博物館蔵：https://commons.wikimedia.org/wiki/File:NMSLewisChessmen29.jpg）

本稿では、ヴァイキング時代そして中世スカンディナヴィアにとってのセイウチの牙の持つ意味を、ヴァイキングによる交易空間の拡大との関連において考えてみたい。

ヴァイキングの拡大

最初に、ヴァイキングとは何かを考えておきたい。

八世紀後半から一一世紀の半ばまでの西部ユーラシア世界では、それまで比較的地域内の活動にとどまっていたスカンディナヴィア人の活動が活性化した。一般的に私たちはこの集団をヴァイキングと呼んでいる。一九世紀のロマン主義の時代以来、ヴァイキングは、キリスト教ヨーロッパの各地を襲撃する海賊として理解されてきた。キリスト教文明を破壊する野蛮な異教徒、という理解である。しかし研究の進展に応じて、農業、植民、商業、工芸技術といった、彼らの様々な側面が明らかにされてきた。

こうしたヴァイキングの活動は、大きく分けて二つの方向性がある。

一つは、故郷であるスカンディナヴィア内部における国家の形成である。現在北欧にはデンマーク・ノルウェー・

スウェーデン・フィンランド・アイスランドの五カ国が存在するが、一〇世紀半ば以前のスカンディナヴィアにはそのような国家や国境はなく、豪族らが各地に割拠していたにすぎない。しかし一〇世紀半ば以降、ブリテン諸島や大陸を通じて、キリスト教を受容しつつあった小権力のなかから、デンマーク・ノルウェー・スウェーデンの三国の中核となる王権が生まれた。それら王権は、支配の及ぶ地域を拡大しながら、中世のキリスト教国家、ひいては現在の王室に連なる王国を形成した。

もう一つは北大西洋からカスピ海に至る海外諸地域への展開である。八世紀以前もスカンディナヴィア人が海外に目を向けていなかったわけではないが、七五〇年以降、彼らの展開スピードはそれ以前と比べて段違いに早くなった。

スウェーデン・ヴァイキングは東へと広がった。バルト海を超え、ロシア水系へと侵入したヴァイキングは、ロシア平原に広がり、黒海をこえビザンツ帝国領へと侵入し、イスラーム世界でも活躍した。

南へ展開したのはデンマーク・ヴァイキングである。イングランド本土とヨーロッパ大陸の河川を遡(さかのぼ)り、各地を略奪、そして定住した。私たちが知るヴァイキングの略奪活動である。

他方でノルウェー・ヴァイキングは西方へと向かった。彼らはイングランド北部からスコットランドの周縁部へ、そしてマン島からアイルランドの沿岸部に定住した。それのみならず、第二波は、ヘブリディーズ諸島を起点とし、オークニー諸島、フェロー諸島、アイスランド、グリーンランド、そしてアメリカ大陸へと至った。

今では高校世界史の教科書にも掲載されている事実であるが、コロンブスより五〇〇年早くアメリカ大陸に到達したヨーロッパ人はヴァイキングである。

このような、一見すると相対する二つの動き、つまりスカンディナヴィア内部が国家へと統合される動きとスカンディナヴィア外部へ展開する動きは、相互に連関しながら、「ヴァイキング世界」とでもいうべき、スカンディナヴィア人の言語と文化が広がる空間を紀元一〇〇〇年前後のユーラシア西部に現出せしめた。

ヴァイキングの交易世界

それではなぜ、七五〇年ごろを境に、ヴァイキングはス

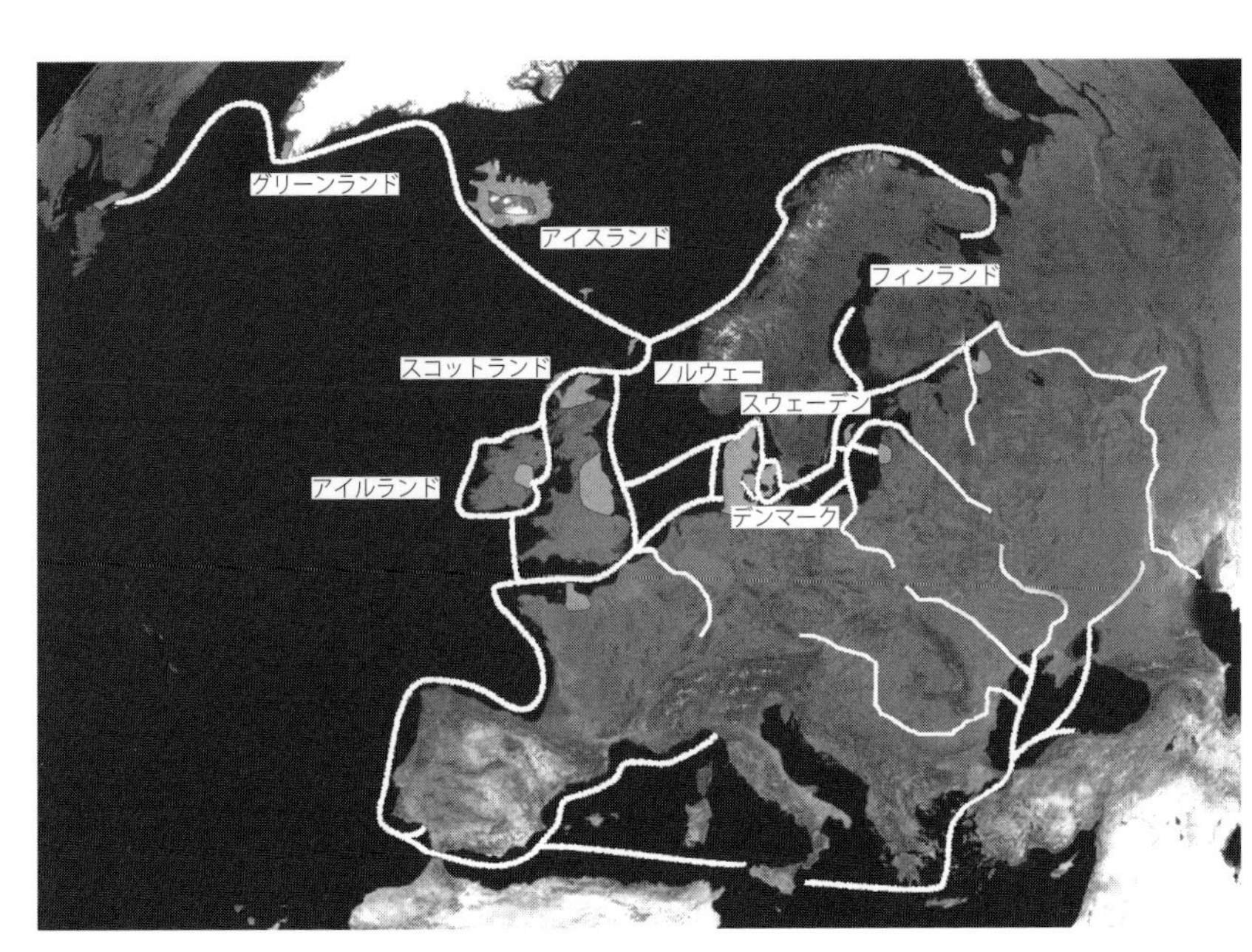

図2　ヴァイキングの交易ルート（wikipedia 資料を改変：https://commons.wikimedia.org/wiki/File:Territories_and_voyages_of_the_Vikings_blank.png）

カンディナヴィアからその外の世界に拡大を始めたのだろうか。その理由の一つは、近年複数の研究者が注目するように、まさにこの時期にユーラシア西部からスカンディナヴィアへ、イスラーム銀（ディルハム）が流入し始めたことにある。つまり、ヴァイキングは、銀を求めて外の世界に広がっていったのである。

ディルハムの大量流通の背景にはいくつか理由がある。一つは、トランスオクサニア（ウズベキスタン付近）における銀鉱山の発見である。七世紀にアラビア半島に生まれたイスラーム教は、そもそもサーサーン朝と東ローマ世界のはざまで誕生した新興勢力であり、彼らが用いる交換手段としての貨幣や価値体系も、両国のそれを利用していた。すなわち、ローマ時代以来の高い品質を有していた金貨である。しかし豊かな銀鉱山が開発されて以降、イスラーム世界の通貨は質の高い銀貨に取って代わられるようになった。

第二に、特定の貨幣を流通させるイスラーム諸権力の拡大がある。もともと遊牧集団ハザールが割拠していたトランスオクサニアには、七五〇年バグダードを首都として成立したアッバース朝が拡大してきた。アッバース朝は、その支配地域のなかで独自のディルハムを生産し流通させていた。イスラーム諸権力は、貨幣に支配者の名前と発行年を刻むことにより、それが流通する空間に対する影響力を行使しようとしていた。この地域は、八七三年にアッバース朝カリフから現地支配の権限を委ねられたサーマーン朝の支配下に入り、サーマーン朝の貨幣が流通するようになった。その後、新興イスラーム王朝の台頭によるトランスオクサニアが混乱するまで、ディルハムのスカンディナヴィアへの流入は続くことになる。

第三に、イスラーム側とスカンディナヴィア側が欲しがる交換商品が、ちょうど合致したことにある。すなわち、イスラーム側は、奴隷、毛皮、海獣の牙など、イスラーム世界では入手が困難であり、しかしステータスを維持するために必要となる品々を、スカンディナヴィアは提供可能だったのである。

このようにしてスカンディナヴィアに流入した大量のディルハムは、社会全体を大きく変化させた。「ヴァイキング世界」のネットワーク化の観点から三点指摘しておきたい。

第一に、スカンディナヴィアと外部世界との間での輸出入量の増大である。すでに述べたように、スカンディナヴィア人は銀（当初はイスラーム世界から、一〇世紀末よりイングランドや大陸からも）や奢侈（しゃし）品を獲得するために、奴隷、毛皮、海獣の牙、琥珀（こはく）などを収集した。ヴァイキングの間で銀の需要が高まれば高まるほど、対価としての輸出品の量もいや増した。それは、輸出品の獲得のために、ヴァイキングが活動範囲を拡大することをも意味していた。地味豊かなイングランドや大陸のみならず、北大西洋世界からカスピ海周辺に至るまで、言語と船舶で繋がれた「ヴァイキング世界」を成立せしめた。

第二に、商品獲得のための展開地域の拡大と拠点としての商業地の発展である。スカンディナヴィア内においても、デンマークのリーベやヘゼビュー、スウェーデンのビルカ、ノルウェーのスキリングサルといったような交易地が、イスラーム銀が流入する七五〇年以降、成長し始めた。それのみならず、古アイスランド語とスカンディナヴィア文化を一定程度共有する「ヴァイキング世界」の各地でも、ダブリン、ヨーク、ルアン、ノヴゴロド、キエフといったマーケットと工房を伴う商業地が成立もしくは再活性化した。商業地は各地をつなぐハブとして機能し、「ヴァイキング世界」全体でそれら商業地を結ぶネットワーク化が進展した。

　第三に、こうしたモノの取引量の増大とネットワーク化の進展に伴う社会の産業化である。銀と交換する奢侈品のみならずヴァイキング社会において生産されていた様々な武具や手工業品も、時代がすすむに従って、大量生産が求められるようになった。日用品、武具、装飾品のみならず船舶やルーン石碑にもその痕跡を認めることができる。ネットワーク化の進展は、本来自由農民が多数を占めていたと想定されるヴァイキング社会にも職能分化や階層分化をもたらしつつあった。ルイス島のチェス駒もまた、こうしたヴァイキングによる産業化の成果として生み出された産品と見なければならない。おそらくは工房を営む職人層が作成し、その価値を認める在地有力者層が購入するという構造が「ヴァイキング世界」の中に出来上がっていたのである。

　ヴァイキング国家は、こうしたネットワーク化されたヴァイキング社会を効率的に利用しながら成立した。それぞれの王権は、船舶で海域や河川を抑えるとともに、富が集中する交易地、武器・防具・船舶などの原料を提供する鉱山や山林、牛馬や羊、作物などを育成可能な平野部を手中に収めながら、キリスト教イデオロギーを巧みに利用し、集権化を図りつつあった。しかしデンマーク・スウェーデン・ノルウェーの三国は、同じヴァイキング国家として類似した発展パターンを示しつつも、それぞれ異なる特徴を持つ国家でもあった。ここではそれらの中の一つであるノルウェーに注目してみたい。

ノルウェーと北大西洋世界への拡大

　ノルウェーは非常に特徴的な地理条件を有している。グーグルアースなどを見れば一目瞭然であるように、国土の多くがスカンディナヴィア山脈で覆（おお）われており、人間の集住に適した平野部は大変少ない。相対的にまとまった可耕地を備えたオスロやトロンハイム周辺を除けば、ほとんどの人間集団は、海岸線やフィヨルドの奥地に農場を構えていた。デンマークやスウェーデンのウップランドで行われていた集住ではなく、それぞれの農場が一定以上の距離を保っている散居定住がノルウェー・ヴァイキングの基本であった。このような生活形態はノルウェー・ヴァイキングによる歴史形成プロセスにも大きな影響を与えた。

ノルウェー初期の歴史に関するデータは非常に少ない。考古学的発見物によるのでなければ、歴史記述の多くは後世にアイスランドで書かれた歴史書、とりわけ『ヘイムスクリングラ』に依拠せざるを得ない。そうした史料によると、九世紀のノルウェーは、各地に在地有力者が割拠(かっきょ)し、統一された王権はなかったことがわかる。しかし、九世紀初頭、ハーラル（後世に美髪王とのあだ名を得る）と呼ばれる人物が現れ、八七二年にノルウェー南西部沖合のハフルスフィヨルドの戦いで勝利することによって、ノルウェー初の統一王権が成立した、というのがしばしば教科書に書かれる正史である。

他方でノルウェー・ヴァイキングは、こうした「国土統一」と時を同じくして、西方世界へも拡大を図っていた。スウェーデン・ヴァイキングが七五〇年ごろから、ディルハムを獲得するためにロシア平原へと拡大したのと同時期に、ノルウェー・ヴァイキングも西方へ拡大した。八世紀末以降はとりわけイングランド北部、シェトランド諸島、オークニー諸島、スコットランド、マン島、アイルランド、ウェールズの沿岸部にしだいに移住そして定住し、ノルウェー本土との往来を行なっていた。

しかしアイスランドの記録によれば、八七〇年頃に、ハーラル美髪王の迫害を恐れた集団が、大挙してアイスランドに植民した。十分に確認するすべはないが、家門同士が争いを繰り返していた当時のスカンディナヴィアにあって、「国土統一」に敵対した集団が「国土」から追放されたという物語にはそれなりの説得性はある。もちろん理由はそれだけではなく、人口増加による生存空間の圧迫、そして、本稿にとってはより重要なことであるが、交易で必要となるリソースを入手するための経済空間の拡大も想定されなければならない。

いずれにせよ、アイスランドはヴァイキングにとって新天地となった。しかしそうしたアイスランドでも、大量移住があって程なく様々な問題が生じた。資源や交易という点では必ずしもノルウェー本土よりも優れているとは言えないアイスランドでは、各農場間の生存戦略上の対立が頻発した。土地、家畜、木材のような自然リソースは限定されていたのである。史料によれば、軋轢(あつれき)を感じた一部のアイスランド人は、さらに西へと自らの活動の場を求めた。そして「発見」されたのがグリーンランドである。

グリーンランドの「発見」

グリーンランドへの移住については、『赤毛のエイリークのサガ』と『グリーンランド人のサガ』という、二つのアイスランド語の史料が語ってくれる。ここでは『赤毛のエイリークのサガ』の記述に従いながら、グリーンランドへの植民を再現してみよう。

殺人を犯したためにノルウェーから去らねばならなくなったソルヴァルドとその息子「赤毛の」エイリークは、アイスランドに移住し、そこに農場を構えた。しかしそのアイスランドでも殺人事件を起こしたために、アイスランド本土から離れた島嶼に移住せざるを得なくなった。そこでエイリークは「〈鴉(からす)〉のウルヴの息子グンビョルンの船がはるかに死の海へと流されて、ビャルナルスケル群島（グリーンランド東南部沖合の島々と推定される）を発見した折に見たという陸地を探すつもりである」と語った。その後、『赤毛のエイリークのサガ』は、エイリークによるグリーンランド発見を次のように記す。

エイリークはスネーフェッルスヨクル氷河の前を通過しながら沖へと航海していった。そうして、ブラーセルクル（グリーンランド東海岸のアンマッサリク付近）という名の氷河の近くに到着した。居住に適したところがあるかどうかを探るために、そこから岸に沿って南下した。

その冬は東部入植地の中央に近いエイリークスエイ島に滞在した。翌春、エイリークスフィヨルドに向かい、そこを住処とした。その夏、西部の未開の地をまわり、あちこちの土地に名前をつけた。次の冬はフウァルフスグニーパ付近のエイリークスホールマル島で過ごしたが、三度目の夏を迎えたとき、北のスネーフェッルまで上がり、フラヴンスフィヨルドの中にまで入っていった。このとき、彼はエイリークスフィヨルドの行き止まりまで船を進めたと確信した。そこで彼は船を引き返し、三度目の冬はエイリークスフィヨルドが海に接する付近にあるエイリークスエイ島に滞在した。（清水育男訳「〈赤毛〉のエイリークルのサガ」の固有名詞を若干改変）

先人が見たという陸地を探してアイスランドから西方へ航海したエイリークは、ついにグリーンランドに到達した。なお未踏の地とヴァイキングらに信じられていたこの地に初めて入植したのがエイリークの船団であった。その後最大の居住区域となる「東部入植地」付近を拠点としてエイリークらはグリーンフンド各地を探索し、各地にエイリークにちなむ地名をつけたことが記されている。その後に続く文章では、「土地の名前の響きが良ければ、人を強く惹きつけるであろう」ことからこの土地を「グリーンランド（緑の陸地）」と命名したと記されている。

三年後にエイリーク一行はアイスランドに戻り、本格的に入植を始めた。一二世紀の歴史家アリ・ソルギルスソンの伝えるところによれば、「その夏、二五隻の船がブレイザフィヨルドとボルガルフィヨルドからグリーンランドへ向けて出航したが、到着したのは一四隻であった。残りの船は、漂流して戻ってきたものもあれば遭難したものもあった」そうである。この出来事は「キリスト教がアイスランドで公認される一五年前のこと」なので、アイスランドのキリスト教受容が九九九年であることから計算すると、九八五年という年代に遡ることができる。

もとよりこの記述が本当に正しいかどうかを知るすべはない。サガと呼ばれる史料は、アイスランド人社会で語り伝えられてきた伝承を、後世のある時点で記録したものである。そこには記憶違いもあり、意図的な事実の歪みもあり、話としての面白さを保つための創作も混在する。想像と事実の混在こそがサガという史料の難しさでもあり、面白さでもある。とは言え、アイスランドからグリーンランドへの移住がこの時期に起こったことは、考古学資料からも厳然たる事実である。詳細はともかく、大枠としてはサガの記述のプロセスに現在の歴史学は則っているように見受けられる。

セイウチの牙をめぐる交易

アイスランドからの移住者により、グリーンランドは徐々に一つの社会をなしつつあった。簡潔に中世グリーンランドの歴史を振り返っておきたい。

北欧言語を用いるヴァイキングの多くは、まずは「東部入植地」（エストリビュッギャ）を定住地と定め、その後「西部入植地」（ヴェストリビュッギャ）を設置した。うち東部入植地には、キリスト教徒の生活の中心となるガルザル司教区が一一二〇年代に設置された。中世を通じてグリーンランド全体で数千人規模のスカンディナヴィア人が生活して

図3　北極圏のセイウチ（https://commons.wikimedia.org/wiki/File:Noaa-walrus24.jpg）

いたとされるが、いずれもこの二つの入植地とつながりを持ちながら一定の繁栄を経験した。一二世紀以降、ノルウェー王権は、行政や交易という点ではノルウェー北部のベルゲンを、信仰はさらに北のトロンハイムを起点とし、グリーンランドに至る北大西洋の島嶼部と往来を重ねていた。一三世紀半ば以降は、王権の政策転換により、これら海洋部に対する支配を強化した。一三八七年にノルウェーが同君連合としてデンマークと合同したのち、次第にデンマークの影響が強くなることになった。しかし、一五世紀に入ると、突如としてグリーンランドの定住地が放棄されたことを文献史料と考古学資料は伝える。次にグリーンランドがヨーロッパ側の歴史の舞台に上がってくるのは、伝道師ハンス・エゲデが登場する一七二一年のことである。

グリーンランドは、人間の生存という一点をとってみた場合、必ずしも十分な要件を備えた空間ではない。生存のために用意された自然条件は、アイスランドよりも、もちろんノルウェーよりも厳しい。とりわけグリーンランドで入手が困難な鉄と木材は常に不足していた。しかしこのグリーンランドには、その自然条件ゆえに、他の北欧地域とは異なったエコロジカルな条件が備わっていた。そしてグリーンランドに移住したヴァイキングは、その当初以来、グリーンランドの特殊な条件を利用して独特の生存戦略を案出した。その一つがセイウチの牙をめぐる交易である。

　時代は下るが、一四世紀にイーヴァル・バルザルソンによって記録された『グリーンランドの記述』という史料に、次のような文章を確認することができる。


　グリーンランドは銀鉱石、白熊（頭に赤い模様があるもの）、シロハヤブサ、セイウチの牙、セイウチの頭の皮、そして他のどの国よりも数多く、そしてあらゆる種類の魚を産する。大理石も産するが、産出量はわずかである。石としては彫刻に適し、火によって決して損なわれることの無いものがあり、グリーンランド人はそれを素材としてポット、壷、カップ、さらには一〇―一二トゥンにも及ぶ巨大な保存容器を製作する。また、その地にはトナカイもいる。（成川岳大訳）

　ここであげられているグリーンランドの産品は、当該地域の経済システムを理解するにあたってそれぞれに検討の余地がある。ここではセイウチの牙に注目してみたい。


　セイウチはユーラシア北部からアメリカ大陸にかけての北極圏に広く生息する、セイウチ科セイウチ属を構成する唯一の種である。体長はオスで二メートルから三メートルを超え、分厚い脂肪で覆われた全身は八〇〇キロから一七〇〇キロに当たる巨大動物である。オスが持つ巨大な牙は一メートルを超える場合もある。旺盛（おうせい）な繁殖力を誇るその巨軀（きょく）は、見るものを畏怖させると同時に、クジラ、シャチ、イッカク、シロクマなどがそうであるように、あらゆる身体パーツが利用可能な存在でもある。北極圏での生活には不可欠の海獣である。

　私たちがここで考えねばならないのは、セイウチの牙の入手方法である。アイスランドでそうであったように、ヴァイキングが直接セイウチ狩りをして入手することは当然あったが、極北地域での多くの場合は、現地住民との交易の中で入手された、と考えた方が良い。つまり、ヴァイキングの入植以前からグリーンランドに居住していた現地民との交易である。

　グリーンランド北部はもともとアメリカ大陸の北極圏から拡大したドーセット人によるドーセット文化が広がっていた。『赤毛のエイリークのサガ』では、ヴィンランド（現状では現在のニューファンドランド周辺に比定される）に到達したレイフ・エーリクソンらが、「スクレリング」と呼ばれる現地集団と接触したことが記録されている。「スクレリング」は毛皮を意味する古北欧語である「スクラ（skrá）」に語源があり、それは彼らの衣類が毛皮製であったことによると考えられる。それはヴァイキングが初めて対峙した異集団の特徴がまさにその着衣に集約されていたということでもある。

ではグリーンランドでの現地民との接触はいつ起こり得たのだろうか。『赤毛のエイリークのサガ』ではヴィンランドでの接触が記録されていたが、グリーンランドにおける現地民との接触は、『植民の書』や『グリーンランド人の記述』といった記述史料や生活記録を残す考古遺物に従えば、一一世紀半ば以降の可能性が指摘される。この時期、つまり一一世紀から一二世紀にかけては、イヌイットらによるチューレ文化が、それまでグリーンランドに居住していたドーセット人によるドーセット文化に変わって、北極圏に拡大した時期である。もちろんグリーンランドからのセイウチの牙の北欧への輸入は一〇世紀末まで遡ることは可能だと思われるが、定期的かつ定量的な交換は、グリーンランドにおけるイヌイットらの移動により、スカンディナヴィア人入植地との接触が常態化した一一世紀半ば以降を想定するのが良いのかもしれない。

チェス駒をめぐるグローバルな経済構造

さて、ここで最初の話題に戻りたい。中世史家アレックス・ウルフに従えば、セイウチの牙製のチェス駒は、一二世紀にノルウェーの交易地トロンハイムで作成された、と考えられている。つまり北極圏で入手されたセイウチの牙が、高度な技術を持つ職人集団のいるトロンハイムに材料として持ち込まれ、加工されたのちに、何らかの経路でアウター・ヘブリディーズのルイス島に留（とど）められた、という理解である。反論がないわけでもないが、同時代の工芸技術や交易ネットワークを勘案すると、ウルフの説は一定程度以上の説得力を持つ。加えて、近年、ヨーロッパ各地で確認されるセイウチの牙による工芸物のDNA構成要素を調査した結果、それら工芸物は高い確度で九〇〇年から一四〇〇年のグリーンランド産とする研究も出ている。このような成果に従えば、ヴァイキング時代から中世にかけて

図4　商品としてのセイウチの牙

のグリーンランドの経済的位置とその重要性がますます認識されるようになっている。
　ルイス島のチェス駒が制作され取引された一二世紀は、すでにヴァイキングの時代は終焉を迎えており、本稿の最初に述べたディルハムを通じた交易ネットワークとは異なる交易ネットワークへと、北ヨーロッパひいてはユーラシア西部では構造転換しつつあった時期であることは指摘しておかねばならない。しかしセイウチの牙をめぐる交易は、ヴァイキング時代に端を発する事業であり、一〇—一一世紀におけるそのあり方を考察しておくことは、ヴァイキングの交易システムのみならずその後のそれを理解するためにも必要な作業である。
　一〇世紀におけるグリーンランドの「発見」は、ヴァイキング世界における交易ネットワークに大きな衝撃を与えるものであった。というのも、セイウチ自体はユーラシア北部の北極圏にも生息しているため、ノルウェー北部から白海へと移動するルートを開拓していたヴァイキングらの手に入る産品ではあった。実際にオロシウス『異教徒駁論』（九世紀の古英語訳）に付加された北欧地誌の箇所でも、当該地域における交易について記録されている。しかし、「ヴヴァイキング世界」の拡大にしたがって、グリーンランド・アイスランド・ノルウェーという確立したルートを通じて、より多くのセイウチの牙が安定的にかつ定期的に入手可能となった。それにより、対外的に人気のある工芸品材料もしくはその加工物としての工芸品が輸出物全体の中でより大きな価値を持つようになった。そのことは、ヴァイキングによる交易システムがその基盤となっていたことは確かでありながら、システムそのものの変化をも意味していた。

その際、グリーンランドに定住するスカンディナヴィア人は、いわば中継商社としての役割を果たし、実際に狩猟に出る現地イヌイットからセイウチの牙を入手していた可能性を見て良いかもしれない。セイウチにはセイウチ独自の生態がある。接触に危険を伴うそれらを狩猟し定期的に牙を入手するためには、現地のエコロジカルサイクルを知悉（ちしつ）した現地民から入手した方が効率の良いことは容易に予想できる。いずれにせよセイウチの牙は、スカンディナヴィア人による交易を通じて西欧、ビザンツ帝国、イスラーム諸国の宮廷でも珍重されることになる。それは、グリーンランドをユーラシア西部の経済システムに組み込むための最重要要件として機能していたのである。一二世紀にトロンハイムで制作されたルイス島のチェス駒は、そうしたユーラシア西部の経済システムを証言する貴重な証拠の一つと言えるのである。

グリーンランド放棄をめぐって

最後に、グリーンランド交易のその後を確認しておこう。一五世紀になぜグリーンランドがスカンディナヴィア人に放棄されたのかをめぐっては、ここ十数年でホットな学術上の話題となっている。議論を再燃させたのは文明学者のジャレド・ダイアモンドである。彼によれば、一四世紀に温暖局面から寒冷局面へと移行する気候の変化により、グリーンランドの生態系が人間の居住にとって維持不可能なものとなったことが理由としてあげられていた。他方で、考古学者のロエス・エルスダールと歴史学者のキアステン・シーヴァーは、アフリカ産象牙のヨーロッパへの輸入を巡って、セイウチの牙に関わる交易の盛衰にその理由を見出そうとしていた。しかしながら、近年包括的な中世グリーンランド社会論を著した歴史家のアルンヴェド・ネドクヴィトネは、入手可能な史資料を再検討し、スカンディナヴィア人とイヌイットとの「民族的」対立に、さしあたりのグリーンランド放棄の理由を帰着させた。

それぞれ、説明の強調点は異なるが、生活環境を左右する気候変動、セイウチの牙の相対的価値の変化、牙の入手先集団との「民族的」対立はいずれも、北極圏でのみ入手可能なセイウチの牙という特産品と無関係ではない。もちろん、セイウチの牙のみならず、特産品として機能してきたクジラ、イッカク、シロクマ、ハヤブサなどをめぐる経済学も合わせて、長期スパンで考察する必要があるだろう。気候や地形の長期変動、動植物の生態学的サイクル、原料や材料の発見と枯渇、人間による自然への干渉など、いずれもが重要な論点となりうる。

三浦慎吾（哺乳類学者）も主張するように（三浦　二〇一八）、生態学的な観点を取り入れた動物と人間との関係から歴史を見直すことにより、今後、環境と人間の相互作用について論じることが可能になるように思われる。従来別個の世界として認識されていた自然科学と人文学との連携という観点からも、セイウチの牙という小さなモノをめぐる問題は歴史学に大きな風穴をあけるように思われるのである。

参考文献

「〈赤毛〉のエイリークルのサガ」（菅原邦城・早野勝巳・清水育男訳）『アイスランドのサガ　中篇集』（東海大学出版会、二〇〇一）
小澤実・中丸禎子・高橋美野梨編　二〇一六『アイスランド・グリーンランド・北極を知るための六五章』明石書店
成川岳大　二〇一〇「イーヴァル・バルザルソン『グリーンランドの記述』本文日本語訳及び解題」『北欧史研究』二七：一二七—四六
三浦慎吾　二〇一八『動物と人間　関係史の生物学』東京大学出版会
——　二〇一九「セイウチとヴァイキング　動物と人間の関係史をめぐる断章」『UP』五五六：八—一三
Bastiaan Star *et al.* 2018, "Ancient DNA reveals the chronology of walrus ivory trade from Norse Greenland", *Proceedings of the Royal Society* B 285 (https://doi.org/10.1098/rspb.2018.0978)
David H. Caldwell and Mark A. Hall ed. 2014, *The Lewis Chessmen. New Perspectives*, National Museum of Scotland.
Jared Diamond 2005, *Collapse: How Societies Choose to Fail or Succeed*, Viking Books（ジャレド・ダイアモンド 二〇一二『文明崩壊 上下』（楡井浩一訳）草思社）
Christian Keller 2010, "Furs, Fish and Ivory: Medieval Norsemen at the Arctic Fringe", *Journal of the North Atlantic* 3: 1-23.
Arnved Nedkvitne 2019, *Norse Greenland: Viking Peasants in the*

Arctic, Routledge.
James Robinson 2004, *The Lewis Chessmen*, British Museum.
Kirsten A. Seaver 2009,"Desirable teeth: the medieval trade in Arctic and African ivory", *Journal of Global History* 4: 271-292.

コラム◉環オホーツク海地域をめぐる古代の交流

熊木俊朗

古代のオホーツク海洋民の文化

日本列島を囲む四つの海のなかで最北に位置するのがオホーツク海であり、この海に接している北海道の東北部沿岸は、冬期に流氷が漂着することで知られている。オホーツク海を取り囲んでいる陸地の「環」の南半、すなわち北海道・サハリン（樺太）・千島列島では、紀元後五世紀から一二世紀のあいだに突如として出現した、独特の古代文化が存在した。考古学で「オホーツク文化」とよばれる海洋民の文化である。

彼らオホーツク人の残した遺跡は北海道のオホーツク海沿岸でも数多く発見されているが、その出自や暮らしぶりは、札幌など同時期の北海道に展開していた文化とは全く異なっていた。人々の顔かたちは現在の大陸のアムール川下流域の人々のそれに近く、金属製品など大陸産の品を携えた外来の文化であり、巨大な竪穴住居に複数の家族が同居し、海獣狩猟や漁撈など、海での生業を生活の基盤としていた。クマをはじめとする動物を信仰の対象としていたこともわかっている。オホーツク人は「謎の海洋民族」とよばれることもあるが、その発見から一〇〇年以上に及ぶ考古学の調査によって、北海道へと移住してきた一派についてはその実像が次第に明らかにされつつある。

オホーツク文化は、五世紀に宗谷海峡を挟んだサハリン南部から北海道北端部にかけての局所的な地域で成立したのち、七世紀になると大陸の文化要素を多く取り込みながら分布域をアムール河口部から千島列島まで大きく拡げた（図1）。この拡大期の文化内容は斉一的で地域色は少なかったが、その後、八世紀の後半になると各地の文化との交流が深まって地域毎の差が大きくなり、やがて各地の文化に吸収されるようなかたちでオホーツク文化は分断され、消滅する。オホーツク文化の変遷過程はおおよそこのように判明しているが、北海道以外の詳しい状況、すなわち彼らの故地とみられるサハリンや、大陸のアムール川河口やその北部、北海道を経由した先の千島列島に展開していた集団については、ロシア連邦との共同調査が進展しつつある現在でも資料が少なく、実態には不明な点が多い。使用されていた土器や骨角器などの共通性からみて同様の文化が拡がっていたことは明らかだが、生活の詳細や、文化の形成から消滅に至るまでの背景については、未だに多くの「謎」が残っている。

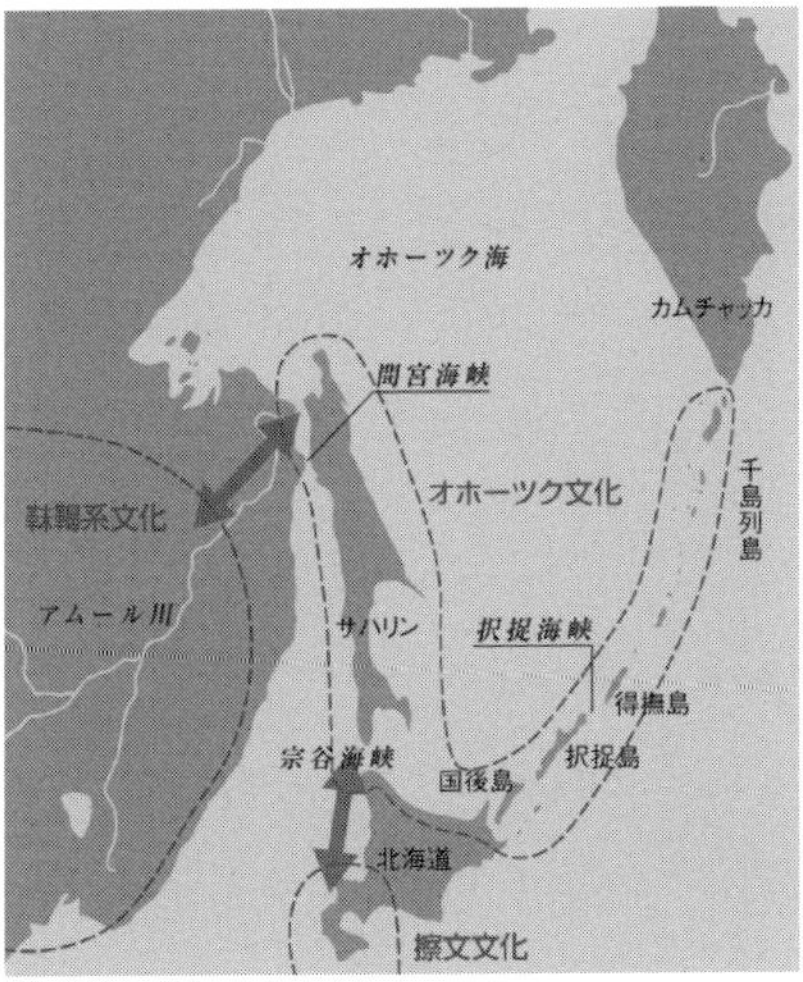

図1 オホーツク文化の拡がりと周辺の文化

交易民としてのオホーツク人

この地域にオホーツク文化が突如として現れ、拡散し、消滅していった背景には何があるのだろうか。従来からいわれてきたのが、温暖化や寒冷化といった気候変動や、資源や人口の配分を最適化するための戦略など、環境への適応とそれに伴うヒトの移動という観点からの説明である。それらに加えて最近では、交易の仲介者という社会経済的な側面が特に重要視されている。オホーツク人が携えていた大陸産の製品（図2）は、当時のアムール川中流域を中心に拡がっていた「靺鞨（まっかつ）」（1）系の文化からもたらされたものだが、おそらく、オホーツク人はその対価としてクロテンなどの毛皮や海産物を靺鞨の側に渡していた。この靺鞨系の集団は当時、唐の王朝へと盛んに朝貢しており、オホーツク文化からの産品も靺鞨系集団を介して唐に献上されていた可能性が高い。しかし八世紀後半以降、唐への朝貢が下火になるのと同時にオホーツク人と靺鞨系集団の関係は弱まり、大陸

図2 オホーツク文化の遺跡から出土した大陸系の青銅製帯金具

製品の移入は減ってゆく。一方で北海道のオホーツク人はそれを補完するかのように、当時の北海道に展開していた「擦文文化」(2)との交流を強化し、擦文人を介して本州産の鉄製品などを盛んに入手するようになる。このような過程を経て、北海道のオホーツク人は擦文文化のなかに取り込まれてゆくことになった。

高度な海洋適応を果たしたといわれるオホーツク人であるが、それは単に海獣狩猟や漁撈といった生活技術の面のみに注目しているわけではない。海を舞台として、大陸と日本列島を仲介していた交易民としての側面も含めた評価なのである。この、オホーツク文化の時期に開発されたアムール河口からサハリン・北海道へと至る「北回りの」交流ルートが、その後の中世から近世にかけてどの程度機能していたのかは未だ判然としていないが、交流そのものは維持されていたとみられている。そして一八～一九世紀には、清朝と本州をつなぐ北回りの交易として隆盛を極めた山丹交易(3)が、このルート上で展開されることになる。

文化の境界としての宗谷海峡・択捉海峡

オホーツク海は島や半島に囲まれた大陸の縁海であり、この「閉じた海」のかたちや、ここに紹介したオホーツク文化の存在などは、「環オホーツク海地域」という歴史地理的な単位がそれ以前から続いていたことを想像させるかもしれない。しかし、この地域を一つのまとまりとするような広域的な相互交流は、約七五〇〇年前の縄文時代の早期からオホーツク文化の出現前夜まで、実におよそ六〇〇〇年もの間、途切れた状態が続いていた。すなわち、最終氷期が終わって間宮海峡や宗谷海峡が成立した後は、宗谷海峡と択捉海峡(択捉島と得撫島の間)がいわば文化的な境界線となる状況が続き、この線を越えて日本列島の縄文文化とサハリンや大陸の新石器文化とが交流することは、縄文時代早期などの一時的な例外を除き、全くおこなわれなくなった。この境界線を越えて日本列島の北方と大陸との密な交流を復活させたのがオホーツク文化であり、これは日本列島の交流史上、画期的な出来事だったと評価できるだろう。

筆者の所属する東京大学常呂実習施設は主に考古学と博物館学の研究・教育をおこなっている。北海道での発掘調査のほか、近年ではロシア連邦の研究機関との交流を深め、極東ロシアでの共同調査も実施している。古代のオホーツク人と現代のわれわれとでは交流の背景にある社会政治的な状況が大きく異なるが、海峡を挟んで接した隣人との交流が社会経済上不可避であり、それは同時に文化的な豊かさをもたらす、という点では共通すると日々実感している。現在、極東ロシアとの交流を進展させるにはまだ様々な障壁があるが、環オホーツク海を舞台とした海洋交流を実現させたオホーツク人の存在が、現代のわれわれを勇気づけることになればと願っている。

（1）靺鞨＝中国の隋唐時代に中国の北方（現在のロシア連邦・沿海地方）に存在した集団。

（2）擦文文化＝七世紀ごろから一三世紀（飛鳥時代から鎌倉時代後半）にかけて北海道を中心とする地域で栄えた。

（3）山丹交易＝江戸時代、山丹人（沿海州の民族）とアイヌとの樺太（サハリン）での交易。山旦・山靼とも書く。広義には中国清朝が黒竜江下流域に設けた役所での朝貢貿易をも含む。山丹人は中国製の古衣や織物、玉などを持って樺太に来て、アイヌが猟で得た毛皮、和人との交易で得た鉄製品、米、酒などと交換した。

7 国境をまたぐ海洋民

門田 修

漂海民がいる

なぜか国境と聞くと胸がトキメキ、ドラマを感じる。展開するドラマも悲劇が多いようだ。国境（ボーダー）という言葉には分断という意味が含まれているのだろうか？　海の上の国境線は見えない。それが可視化するのは、いわゆる国境警備隊、コーストガードや海軍などの船影を目するときだ。できれば見つかりたくない、いや絶対に尋問など受けたくないというのが、国境線上を行き来する海民の本音だろう。

それを強く感じたのは、もう四〇年近くも昔の話になるが、わたしが初めて漂海民と出会ったときだ。漂海民とは船を住まいとして、ある範囲のなかで移動しながら漁をする人々のことだ。夫婦と結婚前の子どもの核家族で一艘の家船（えぶね）（船住居）に住んでいるが、移動は船団を組んですることが多い。昭和三〇年代までは、日本にも家船集団はいた。東南アジアには今も漂海民的暮らしをしている人は、数は少ないがいる。

出会った場所はボルネオ島の西海岸にあるセンポルナ（マレーシア連邦のサバ州）の沖合にあるマイガという小さなサンゴ礁の島でのこと。目の前はスールー海で、フィリピンとの国境線が数キロ先にある。

家船居住をする漂海民バジャウ、あるいはサマとかサマディラウトと自称するが、バジャウ、バジョは漂海民と同義語として使われることが多い。サマというときには、海で生きるサマディラウトも含まれれば、海賊を生業とする人も、アブラヤシ農園で働く人も、センポルナの商人や会社員も含まれる。その人たちもパスポートや身分証明書がある人、ない人と複雑に絡み合い、国境に翻弄されている。バジャウたちの寄留地としてマイガ島はあった。島で真水を汲み、薪を集め、ヤシの実を拾い集めるためだ。洗濯や船底を焼く作業もあるし、久しぶりに他の家船集団と出会い情報の交換をする。マイガ島はマレーシア領だが、そこにフィリピンからやってきた漂海民が集まっていたのだ。ところがマレーシアの海上警備隊により一斉検挙があった。妻や子や父母が乗った家船を警備艇の船尾に長いロープで繋（つな）ぎ、マレーシアの領海からフィリピンの領海へ連れ出そうとしていたのだ。そのころ、船居住をするバジャウはまだ多く、家船にはエンジンもついていなかった。みんな四角い大きな帆をあげ、打ち萎れた鳥のように引かれて行った。

わたしは漂海民にあこがれていた。国籍ももたず、国境も気にせず、自由に海を漂う、漂海民の存在を知り、その人たちの暮らしぶりを知りたいと思っていた。しかし、眼の前で拿捕され、連れていかれる人たちを見たとき、夢で描くような漂海民はすでにいないのだと、思い知らされた。国境線があったのだ。

もともとバジャウは国家とは関係なく暮らしていた。一五世紀以来、スールー海はスールー王国の海であった。スールー王国は、西は現在のサバ州の一部やフィリピンのパラワン島、東はミンダナオ島まで続くスールー諸島を版図としていた。中国との交易も活発で、ナマコや真珠などの海産物を朝貢品として運び、陶磁器や布地、金属製品を持ち帰っていた。スールー諸島のマングローブの小島では今も中国製の陶磁器を拾うことができる。バジャウはそんなスールー王国に海産物を納めていた。

ボルネオ島の北東部はスールー王国からイギリスの植民地を経て、一九六三年のマレーシア連邦結成とともにサバ州となった。マレーシア連邦の一員となると、国がその領域（海）を管轄するようになる。しかし、歴史は途切れることなく、連綿と続いている。今は存在しないはずのスールー王国には王を名乗る末裔たちが数人いて、サバは王国の領土であると主張している。二〇一三年三月には「スールー王国軍侵入事件」が起きている（ジェトロ・アジア経済研究所　二〇一五）。数百人（一〇〇人から四〇〇人まで、数ははっきりしない）のスールー王国軍を名乗る武装集団がサバ州の海岸に上陸したのだ。マレーシア警察との間で銃撃戦があり、双方で犠牲者がでた。

こんな海で、バジャウは海産物を求めて移動している。移動といっても限られた範囲内での漁場（サンゴ礁）を渡

図1　国境を超えて移動するバジャウの帆船（写真：門田修）

り歩くのだが、その海にスールー王国の時代に国境はなかった。ある日突然のように、東のサンゴ礁から西のサンゴ礁に移動しようとすると、それは不法な入国ということになってしまったのだ。それからも国境警備の目を盗んで移動し、見つかったら追い返されるだけのことと、不便を感じていても、国境なんて知らないとばかり、それまでの暮らしは変えなかったようだ。

家船の一艘にわたしが乗り込んだときも、何度か国境を超えてフィリピンとマレーシアを行き来した。幸い、捕まることはなかったが、国境にもっとも近い島に立つ警備員がいる小屋のそばは近づかないようにしたし、警備艇が回ってこない時間を見計らって国境を通過した。たとえ国境線が引かれても、バジャウの心象としては、スールー海は自分たちの海であり続けているわけだ。

海賊もいる

ある夜、わたしが家船で夜を過ごしていた時のこと。遠くからエンジンの音が聞こえ、サーチライトを照らしながら、かなり早い速度で正体不明のスピードボートが航行し

図２　跋扈する海賊たち（写真：門田修）

ているのに気づいた。家船の夫婦は早くから耳をそばだて、エンジン音の行方や、たまに聞こえてくる男の声を聞き取ろうと神経をとがらせていた。「海賊だ」と夫婦でささやきあう。

家船はこんなときに備え、数艘の集団で移動している。海賊に対抗する銃は持っていないし、力で抵抗する気はもともとない。唯一武器と言えるのは、空き瓶に詰めた火薬だ。ダイナマイト漁をするための手作りの爆弾だが、信管に火をつけて投げないと役に立たない。せいぜい一〇メートルほどが投擲距離で、海賊の機関銃にはかなわない。海賊に襲われれば家船の住人はなすすべがないのだ。

海賊が狙うのはエンジンだ。それに子どもを誘拐し、後に身代金を要求するのだが、バジャウがそんなに現金をもっているわけもなく、人一人にしては悲しいほどの身代金、せいぜい数百ドルでしかない。

エンジン音は遠ざかり、家船の中はほっとした空気が流れるが、いつ帰ってくるかわからず、空が白むまで眠れなかった。

島影の全く見えない海上に杭上家屋の小集落がある。その一軒に上がると海に面したベランダは鉄板で囲われていた。海賊の襲撃に備えて防御を固めた自警団員の家だ。自警団組織はどこの集落にもあるわけではないが、団員は各集落に散在している。銃の保持も許可されているが、その銃を持った自警団が海賊にもなるという。おかしなことに、海上集落の住人は誰が海賊であるかはみんな知っていて、ますます自警団に頼ることになり、海賊が捕まることもない。

季節風の収まるときには、鏡のように静かに光り輝くスールー海。そこに漂海民のように、武器も持たず、逃げることが最大の身を守る方法とする民もいれば、海賊のような無法者もいる。その両方が同じ海に暮らしている。

海賊は国境線を利用している。サバ州の海岸地帯を襲って、略奪をし、国境線を越えてフィリピンに帰ってくる。国境線を利用しているというが、実は国境線ができる前から、襲撃パターンはかわっていない。スールー王国の時代から、この海では海賊が跋扈（ばっこ）していた。遠くシンガポールまで遠征することもあった。その頃から海賊の狙いは人を誘拐することだった。

国境線を積極的に利用するようになったのは一九七〇年代からだ。それはフィリピン南部のイスラム教徒、特にホロ島を根城にしたモロ民族解放戦線（ＭＮＬＦ）の活動が活発になってからだ。フィリピン国軍と戦うためにＭＮＬＦは同じムスリムが住むサバ州で武力闘争の訓練をしたともいう。

日本政府の主導でできたアジア海賊対策地域協力協定（ＲｅＣＡＡＰ）が、二〇一九年の七月に、スールー海・セレベス海における船員誘拐事件の多発に対する指導書を出している（ReCAAP 2019）。それによると二〇一六年から二〇一九年七月の間に一八件の誘拐事件があり、一一件の未遂事件があったという。それにより七五人の船員が誘拐され、そのうち一〇人が殺されたり、原因不明で死亡している。襲う船はスピードがでないバージ船や漁船で、乗り込むために水面から上甲板までが低いものが狙われる。いくつもの事例があげられているが、銃をもった男たちがスピードボートで近づき、船に乗り込んで船員たちを拉致して逃走する行動は共通する。目的は身代金だ。犯人はイスラム過激派のアブ・サヤフだと断定している。

東南アジア全体では、二〇一九年の一月から六月にかけて一七件の海賊事件が起きている。国境を最も〝有効〟に使っているのは、現代の海賊だろう。マラッカ海峡やシンガポール海峡で海賊行為を働き、インドネシア領のマングローブ地帯に逃げ込めば、マレーシアやシンガポールの警備艇は追えない。

国境は存在するが、それは時の権力者、政治状況により強固になったり、柔らかくなったりする。フィリピン、マレーシア、インドネシアが国民国家としての様相を強めるとともに、国境が柔らかくなることはこの先ないだろう。そんな状況におかれているのが、バジャウであり、海賊だ。

アンダマン海

ミャンマーからタイにかけて広がるアンダマン海にも、バジャウとともに東南アジアを代表する漂海民モーケンがいる。ほぼ八〇〇もの小島が連なるメルギー諸島で暮らしているが、そこにも国境線が走っている。多くの国境線が国民国家の成立とともに確定されたが、ここの境界線はイギリスの植民地支配により一八世紀にはできている。

二〇〇一年、船をチャーターしてモーケンに会いに行ったのだが、島影にやっとその姿をみつけても安心はできない。ちょっと目を離したすきに家船の集団は三々五々、移動をしてしまうからだ。昔、華人の海産物仲買人が家船にぴったりとくっつき、衣服やアヘンや生活必需品をモーケンに渡しては、交換品として彼らが集めたナマコや干物を手に入れたようだが、取材が目的であったわたしたちも、仲買人のようにぴったりとくっついて島から島へと渡った。一旦見失うと探すのが大変なのだ。

モーケンの人たちもカバンと呼ぶ家船に乗り、核家族単位で集団を組み移動している。それも北東モンスーンが吹く、海の穏やかなときだけで、雨季には海岸に立てられた家で過ごしている。スールー海のバジャウのように家船に乗ってミャンマーからタイへの国境を越えることはほとんどないようだ。わたしがミャンマーのモーケンを訪ねたとき、家船からわらわらと姿をあらわしたのは、子どもと女性ばかりだった。家船集団の長という人に挨拶に行った時に対応してくれたのは長老とよぶにふさわしい男の老人だったが、やはり若い男の姿はまばらだった。

海岸では女性が斧を振り上げ刳り舟を作っている。潮が引くと、母親と子どもの一団が干上がった砂浜に散らばり、無数に顔をだしたタイラギ貝を引き抜いている。ガチンと貝を割り、貝柱だけを取り出し、煮てから乾燥させる。月のない夜、松明をかかげて浅い海を歩き、ナマコを拾い集める。女性は海に潜り、夜光貝やテングガイ、タカセガイを集める。

孵化したばかりのウミガメを海に浮かべて遊ぶ女の子たちがいる。それを横目に機械油にまみれてエンジンの修理をするお母さん。お母さんに聞いてみた。この子のお父さんはどこにいるのかと。タイに出稼ぎに行っているという。働き盛りの男たちの姿がみえないわけだ。それはタイの漁船に雇われて行ったのであり、これまでのモーケンの伝統的漁法とはまったく関係のない仕事だという。タイの漁船に乗せられ、どこに行っているのかも分からない。一度帰ってきた時、漁船ではアヘンが提供され、昼夜を分かたずに働かされたと夫から聞かされ、心配をしていると言う。潜水漁など肉体的に厳しい働きをするモーケンにとって、その疲労を忘れさせるアヘンは古くからの嗜好品であったようだ。

海はだれのもの?

アンダマン海ではたくさんの漁船が活動している。モーケンではなく、ミャンマー本土からやってくる漁船だ。エアーコンプレッサーを積み、元気のいい若者がホースから空気を吸いながら、水深二〇~三〇メートルの海底でナマコを採っている。深夜でも、潮が引き水深が浅くなれば懐中電灯をもって海底を走り回る。服装が昼間遊んでいたサッカーのユニフォームだから、まさに海底のグラウンドを走ってゲームをしているように見える。こぼれ落ちそうに男たちを積んだ漁船もいるが、そんな漁船にはダイナマイトが積んである。ダイナマイトを投げ、浮いてくる魚を集めるのに大勢の人手を必要としているのだ。それを横目で見ながら、モーケンの女たちは細々とナマコを集めている。

しかし、こんな暮らしを続けているのはミャンマー側の海域を漁場としているモーケンだけだ。タイ側のアンダマン海にもモーケンはいる。だが一九八〇年代よりタイ政府による海洋保護のための規制が強化され、基本的にはナマコなどの海産物や、島に生える樹木も自由には採れなくなったという(鈴木 二〇一八)。自由に行き来し、同じ暮らしをしていた人たちが、国境を挟み、それぞれの政府の環境保護政策の強弱により暮らしぶりを変えなければならないという現実がある。

生態的に脆く繊細なサンゴ礁の生物を漁る漂海民の活動は、環境破壊であり、自然からの略奪行為であるともいえる。漁業でさえ最後に残された狩猟採集的産業として、いまや肩身の狭い思いをしている。

スールー海の真ん中には世界自然遺産にも登録されている、トゥバタハン岩礁自然公園がある。広大なサンゴ礁と岩礁からなる自然公園は、バジャウにとっては最高の漁場であったはずだ。今は、ダイナマイト漁で荒らしたので立ち入り禁止だ。

タイやフィリピンの領海では海洋保護法により、魚の獲れる場所が狭まっている。だからといって、ナマコを握っている漁師に向かい「それが環境破壊であり、世界の海からナマコが絶滅する原因だ」と誰が言えるのだろうか？

もし、漂海民にむかって「海はだれのもの？」と聞けば、あくまでも推測であるが、キョトンとするであろう。質問を変えて「ナマコはだれのもの？」と問えば、自信をもって「わたしのもの」と答えるだろう。あるいは皮肉をこめて「中国や香港、シンガポール人のもの」と答えるかもしれない。フカヒレもタツノオトシゴも真珠も観賞魚も活魚も、みんな消費者のものであり、漂海民のものではないということだ。

国境線は存在する。それが動くことはまずないだろう。単に国と国との境界を意味するだけでなく、国境線近くで暮らす人にとっては、多様な対応を迫るものでもある。

参考文献

ジェトロ・アジア経済研究所　二〇一五『アジア動向年報二〇一五』参照

鈴木佑記　二〇一八「〈踊り場〉のネットワーク」小野林太郎他編『海民の移動誌』昭和堂

ReCAAP 2019, *Guidance on Abudaction of Crew in the Sulu-Celebes Seas and Waters off Eastern Sabah*. (http://www.recaap.org/resources/ck/files/guide/Recaap_guidance_FA(single).pdf)

8 東アジア交易圏の中の琉球

上里隆史

現在の沖縄県と鹿児島県の一部である奄美諸島には「琉球王国」という独自の前近代国家が存在した。史料上に登場する名称は「琉球国」だが、これは「近江国」や「周防国」のような、日本の律令国家で定められた領制国とはまったく異なり、「日本国」や「朝鮮国」、「暹羅国（タイ）」のように、東アジアで対外的に認知されていた国家であった。歴史研究では、日本の領制国と異なる性格を的確に示すために、分析概念の歴史用語としての「王国」の呼称をあえて使用している。

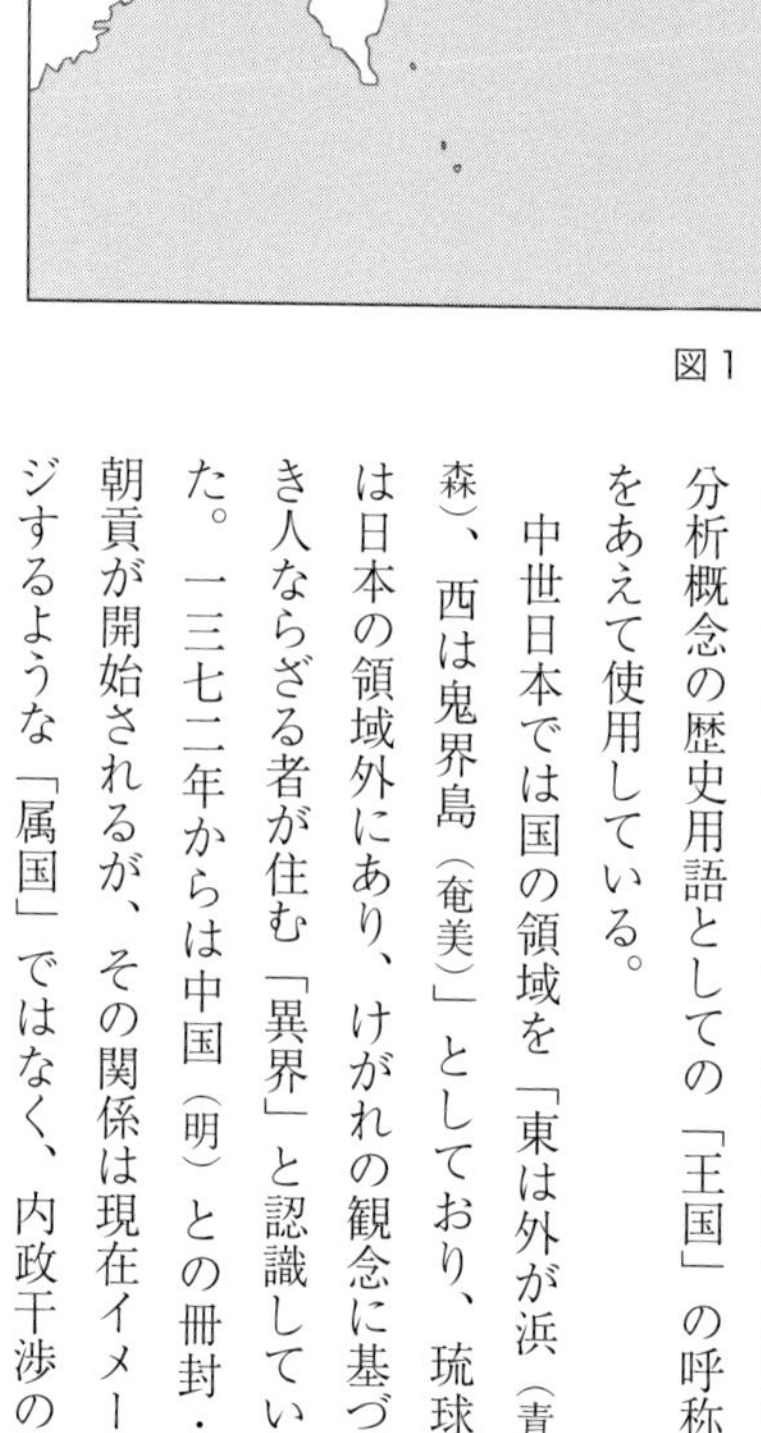

図1　南西諸島地図

中世日本では国の領域を「東は外が浜（青森）、西は鬼界島（奄美）」としており、琉球は日本の領域外にあり、けがれの観念に基づき人ならざる者が住む「異界」と認識していた。一三七二年からは中国（明）との冊封・朝貢が開始されるが、その関係は現在イメージするような「属国」ではなく、内政干渉の行われないゆるやかな外交関係であった。一七世紀まではどの国や地域も、一度たりとも実効支配を琉球に及ぼしたことはない。

一五世紀初頭に沖縄島に成立したこの「王国」は、首里（しゅり）を都として国王と「王府」という独自の政治機構があり、一六世紀前半には北は奄美大島から南は与那国島までの領域を排他独占的に統治した。各地方には「間切（まぎり）」とその下の「シマ」という行政区画があり、地方統治は王府から任命された「間切掟（おきて）」という行政官が行っていた。

王国全域の土地は中央の首里で一括管理がおこなわれ、農地も細かく分類され国王の辞令書によって家臣への分配が認められていた。首里の王による強力な中央集権が実現していたのである。この支配は海のネットワークによって広大な海域に点在する島々にも浸透していた。また国家の運営によるアジア諸地域との海外貿易もおこない、一五世紀には東アジア有数の交易国家として成長を遂げていた。

一六〇九年、薩摩島津軍の軍勢によって琉球は征服され、日本の徳川幕府の体制下に編入された。王国体制はそのまま残され、中国との冊封・朝貢関係は維持したまま、日本に従属する「異国」としてアイヌや朝鮮、オランダなどとともに江戸幕府のなかば観念的な小中華秩序の一翼を担い、一八七九（明治一二）年まで続いた。

本稿では一四〜一六世紀頃の交易国家となった時代に焦点を当て、アジアの海域ネットワークにおける琉球の位置づけと海外交易の実態を探っていく。

万国津梁の鐘

交易国家として繁栄した琉球王国の様相は、次に紹介する「万国津梁（しんりょう）の鐘」銘文（一四五八年）からもうかがえる。

図２　万国津梁の鐘（レプリカ）

図３　首里城京の内出土陶磁器（沖縄県立埋蔵文化財センター蔵）

　琉球国は南海の勝地にして、三韓の秀を鍾め、大明を以て輔車となし、日域を以て唇歯となす。此の二中間にありて湧出せる蓬莱島なり。舟楫を以て万国の津梁となし、異産至宝は十方刹に充満し、地霊人物は遠く和夏の仁風を扇ぐ。

銘文では、琉球が朝鮮や中国・日本との相互依存関係を築いて「万国の津梁（架け橋）」となり、異国の宝物が満ちる「蓬莱島（理想の島）」として記されており、海上交易国家の様相を示す名文句として広く知られている。自国中心の唯我独尊的な意識は見られず、日・中・朝三国間に囲まれた優位な地理的条件と、関係諸国からの恩恵を享受し、繁栄するという自国認識が特徴である。

　小さな島国にすぎなかったはずの琉球がなぜ交易国家として成長していったのか。その仕組みは中継貿易と呼ばれる方法にあった。琉球の交易は王府が運営する国営貿易であり、明への朝貢を軸に、中国産品（陶磁器など）を入手して日本や東南アジアへ供給し、さらに東南アジア産品（胡椒・蘇木（スオウ）など）や日本産品（日本刀・屏風・扇子など）を、明への朝貢に際しては附搭貨物（日本や東南アジアの交易品）として持参し交易する形態であった。

琉球の中継貿易

図４　「唐船図」（沖縄県立図書館蔵）中の進貢船

交易国家として歩み出す契機は一三七二年、浦添グスク（城）の国王、察度が明の入貢要請に応じたことであった。以降、琉球はおよそ五〇〇年にわたり中国（明・清）との関係を続けていく。その頻度は「朝貢不時（無制限の朝貢）」と言われるほどで、当初の派遣回数は年平均で二、三度にも及ぶ。日本が一〇年に一度、安南（ベトナム）が三年に一度の朝貢であったことを考えれば、朝貢国のなかでも群を抜いて朝貢回数の多かったことがわかる。

一三六八年に朱元璋（洪武帝）が樹立した明朝は、中国を中心とした伝統的な華夷秩序のもと、周辺地域の首長に対し皇帝との君臣関係を結ぶことを求めた。これを「冊封・朝貢関係」と呼ぶ。冊封とは各地の首長を中国皇帝が「国王」に封じて承認すること、朝貢とは冊封された諸国の王が中国に対して定期的に貢物を献上し、その忠誠を示すことをいう。

明はこうした体制を東アジア周辺地域にまで及ぼし、超大国の「中華」としてその威厳を示した。明からの返礼の品（回賜品）は高価な中国商品であり、また朝貢に付随して行われた貿易の利益も莫大なものであった。しかも明朝は中国の儀礼や文化を表面上でも守っていれば原則として内政干渉や搾取はおこなわず、朝貢国は自国の独自性を保つことができた。琉球にとってこれほどメリットのある制度を利用しない手はない。

さらに琉球は中国からもたらされる品々を自国のみで消費するだけでなく、それらを他の地域へ転売する方法を編み出した。当時、明は私的な海外渡航を一切禁止する海禁政策を敷いており、貿易は朝貢国の王にのみ認められた特権だった。さらに明より朝貢活動維持のために大型海船を無償提供されたことで、他の地域への物資の大量輸送を琉球自らが行うことを可能にした。海外で需要の大きかった中国商品を供給する役割を琉球は果たし、それらは高値で売れた。また貿易に出向いた現地の特産品を買い、他の地域へと転売することでさらなる利益を稼ぎ出した。一五世紀頃、日本の国際商品であった日本刀は中国で原価の一〇倍で売れたとされ、東南アジア産の胡椒は中国で原価の一五〇〇倍で売れたという。こうした中継貿易が朝貢開始直後からすでに行われていたことは、一三八九年の察度による高麗王朝への通交で、すでに胡椒などの東南アジア産品が見えることからわかる。

明の優遇策と港湾都市那覇

琉球の中継貿易の基軸となった明との関係をみていこう。明は琉球に対して様々な優遇策を実施していた。前述の「朝貢不時」と称されるほどの無制限の朝貢頻度、王以外の朝貢を許可、朝貢活動を支える人材派遣、大型海船の無償提供などである。明は琉球の朝貢活動支援のための人材を福建省から派遣しており、那覇の華人居留地・久米村に居留した彼らは後に「閩人三十六姓（びんじんさんじゅうろくせい）」と呼ばれた（「閩」とは福建の別名）。朝貢のための大型帆船（ジャンク船）を操舵する能力、漢文外交文書の作成や通訳など、朝貢貿易に必要な人材はほぼ全て久米村の華人が担っていた。

こうした優遇政策の理由として、明が新興国である琉球の交易国家としての成長を促した可能性が指摘されている。海禁政策にともない、公的貿易からあぶれた民間海商らが海賊化（いわゆる倭寇（わこう））して中国沿岸部の治安を悪化させていたことが当時問題となっていた。そこで琉球を有力な交易国家に育てて、彼ら民間海商を琉球の公的貿易の中に取り込み、海禁を守りながら合法的に活動させようとした、すなわち琉球を私的海商勢力の「受け皿」とする意図があったと考えられている。

この問題の背景として、当時の那覇の状況を考える必要がある。那覇は当時「浮島」と呼ばれた独立した小島で、南西諸島でほぼ唯一形成された港湾都市であった。サンゴ礁の発達した沖縄では大型船が恒常的に停泊できる港は限られていたが、那覇は国場川の下流域が内海状になっており天然の良港であった。港口は岩礁に挟まれ狭かったが、中に入れば外海の波を受けずに「大船三十艘」（「元禄国絵図」）が停泊可能で、この規模の港は沖縄島では北部の運天港（「大船五、六十艘」）を除いてほかにない。この安全な停泊スペース、そして浮島という長期滞在可能な陸地の存在こそが、那覇が港湾都市として発展する大きな要因となった。

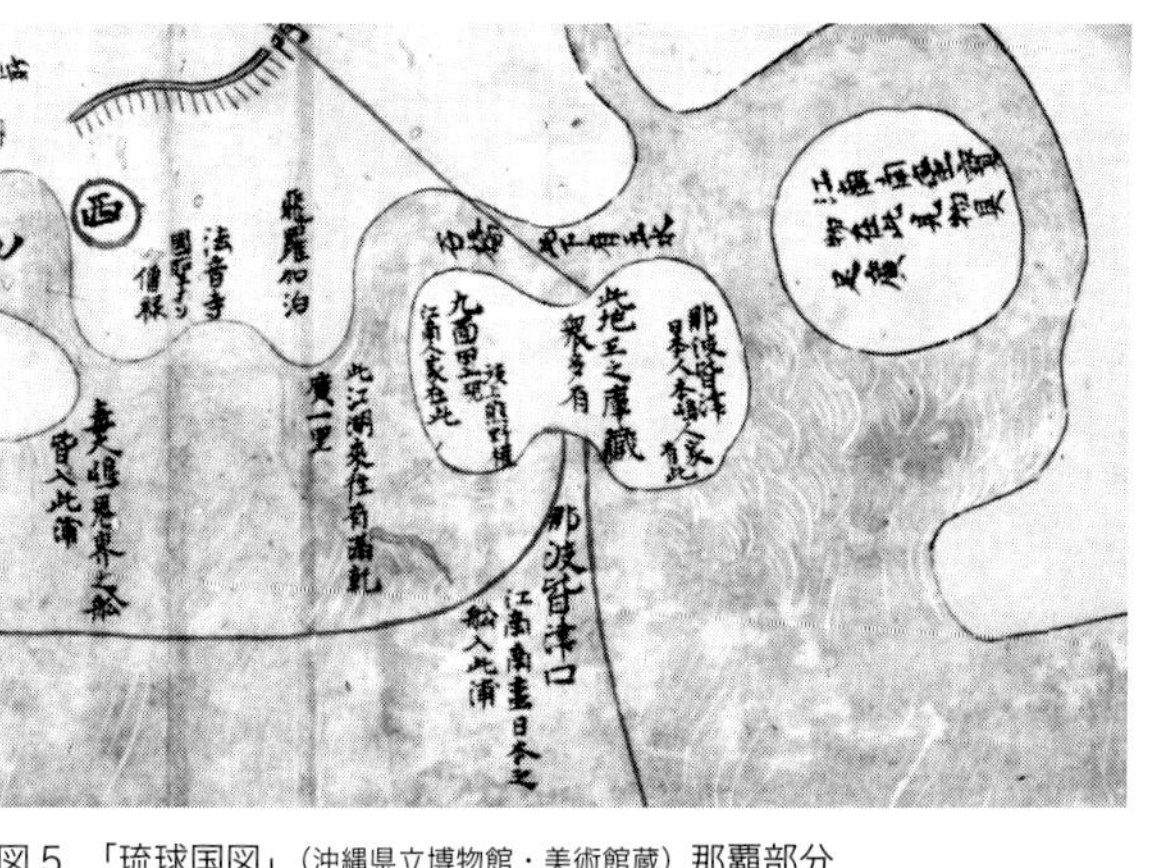

図５　「琉球国図」（沖縄県立博物館・美術館蔵）那覇部分

那覇発展の契機となったのが、日中間における航路変更があったと考えられる。博多―寧波（にんぽー）航路（大洋路）が元末内乱の治安悪化により使えなくなり、サブルートに過ぎなかった高瀬―福州航路（南島路）が一時的に使用されることになった。その結果、南西諸島における停泊地としての那覇が利用される要因が生まれた。一五世紀前半には首里王府によって大規模な整備がはかられるが、浮島内は華人居留地の久米村、また若狭町をはじめとした港町一帯に現地民と雑居するかたちで日本人の居留地が形成され、必ずしも現地権力の完全な統制下にはない、一定の距離を保った民間勢力が居住する場であった。

華人や日本人以外にも東南アジア人や朝鮮人なども滞在し、浮島内には外来者がもたらした天妃宮や寺院、権現社などの宗教施設、そのほか王府の交易施設である「親見世（おやみせ）」や貿易倉庫の「御物（おもの）グスク」、朝貢品である硫黄の貯蔵施設「硫黄グスク」、冊封使の滞在する「天使館」

などの王府交易施設が集中していた。那覇は南西諸島の他の地域にはみられない、諸民族雑居の特殊な「異国空間」であった。琉球の現地権力と那覇の外来勢力は比較的ゆるやかな形でつながり、港町には多民族が混ざり合う国際的な状況が展開されていた。

そして明が想定した、琉球を「受け皿」に秩序化をはかった対象こそ、那覇を拠点に海域世界を活動する民間交易勢力だったのではないか。これからみるように、実際に琉球王国の交易活動は那覇の外来勢力と密接に関わりながら展開していた。

対明貿易と華人

琉球の対明通交においては、海船を操舵する航海スタッフのみならず、外交文書（表文）の作成や通訳（通事）など朝貢の主な業務も、当初は実質的に那覇の華人集団が担っていた。彼ら華人は「琉球の代表者」として、しばしば明へ赴いた。琉球国の王相（国相）、亜蘭匏は一三八一年から一三九八年にかけて一〇回も中山王として渡明し、琉球の初期の朝貢を支えた人物である。彼は王府ナンバー二にあたる「王相」でもあり、久米村を統括するリーダー的存在であったとみられる。察度は亜蘭匏を「国の重事を掌る」と述べており、中山王の側近的な役割も担っていたとみられる。久米村はこの後もとくに中山王との政治的結びつきを強めていく。このほか王相に次ぐ長史、一五世紀後半には正議大夫という高官位の華人が朝貢使節をつとめることもあった。

なかでも代表的な華人が懐機である。彼は一四一八年に朝貢使節の長史として登場し、やがて王相として琉球の国内政治や対明・対東南アジア外交も支えた人物である。一四三二年には明皇帝より直接、頒賜品を与えられる異例の待遇を受けていた。彼はまた中国道教（天師道）の天師府大人とも交流をもっている。

そのほか、明の「欽報」すなわち公的指令を受けるかたちで一四世紀後半に琉球に赴き、貿易船の水夫（梢水）から船長（火長）を務めた潘仲孫など、琉球の対明外交と交易は、明朝のテコ入れによる人材派遣と、那覇に滞在する華人を活用したことによって成り立っていたといえよう。

対東南アジア貿易と華人

東南アジアへはシャム・マラッカを主な取引先として、パタニ・パレンバン・ジャワ・サムドラ・スンダ・安南などの諸地域へ通交した。記録上では一四一九年から一五七〇年までの派遣が確認されるが、一四二五年にシャムへ送られた文書には「洪武年間の察度王代より連年派遣された」とあることから、一四世紀後半にはすでに東南アジアとの通交は開始されていたようだ。

各派遣先は、一五世紀前半がシャム・パレンバン・ジャワ、一五世紀後半がシャム・マラッカ、一六世紀前半がシャム・パタニ、一六世紀後半がシャムのみと変遷している。通交は一度に全ての地域に行われたわけではなく二、三カ国ほどであり、時期によって派遣先が変化しているのが特徴である。

東南アジアへは明の公文書の形式である「咨文（しぶん）」を外交文書に使用し、明への朝貢品調達を名目として交易が行われた。琉球からは大量の中国陶磁器が送られ、東南アジアからは胡椒や蘇木、象牙などを入手した。琉球の東南アジアへの交易は「大明天朝に進貢するに備う」、すなわち入

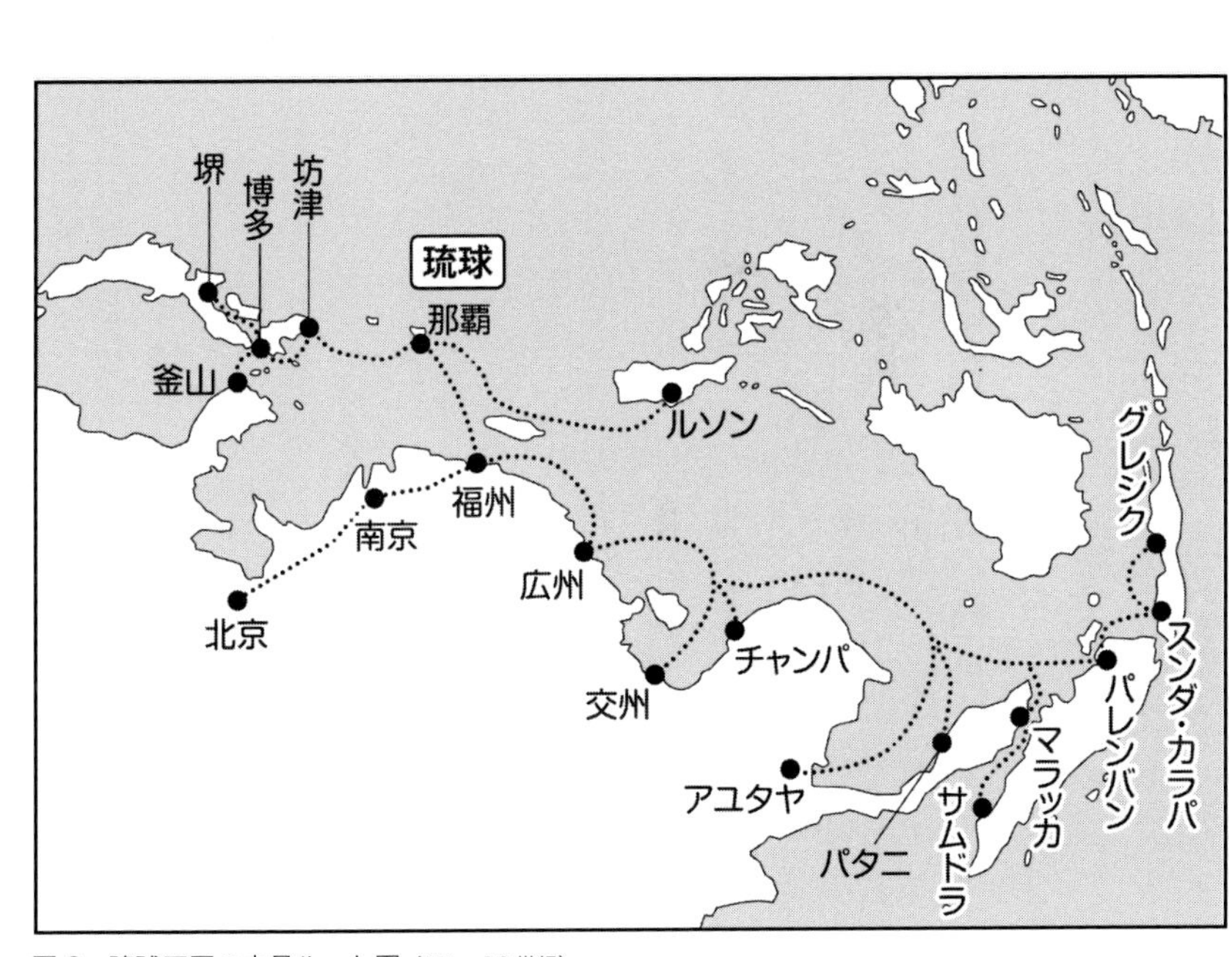

図6　琉球王国の交易ルート図（15～16世紀）

手した東南アジア産物を朝貢品として調達することを名目に行われた。両者が朝貢国同士であることから、交渉に共通の素地があったわけである。

逆に東南アジア各政権から琉球への公的船の派遣は例外的にしかなく、東南アジアからは主に民間商船が那覇に来航していた。そのことは『琉球国図』中の那覇港口に「江南・南蛮・日本の船、この浦に入る」とあり、『おもろさうし』にも「唐・南蛮(なばん)寄り合う那覇泊」と記されていることからもうかがえる。

華人社会が形成されていた東南アジアへは明との朝貢貿易と同様、久米村の華人が先導するかたちで通交を展開していた。たとえば華人政権であったジャワ島のパレンバン(旧港)へは一五世紀前半頃、王相の懐機が前面に立つかたちで使節が派遣された。明より「旧港宣慰使」に任じられたパレンバンのリーダーは国王よりワンランク格下であり、懐機による外交は、琉球国王に次ぐ地位の王相と対等な関係であることと、また両者の華人同士によるネットワークの活用が考慮されてのことであった。パレンバンの宣慰使は広東出身の施氏がその地位を世襲していた。その他にも福建省福州出身の紅英は約五〇年にわたりシャム、スマトラ、スンダなどの貿易のみに従事した人物で、華人が当地域への貿易活動に活躍している事例がみられる。

一六世紀、ポルトガル人たちは東南アジアにおける琉球人の様相を記録に残している。トメ・ピレスは著書『東方諸国記』のなかで、琉球人を「レキオ」または「ゴーレス(刀剣を帯びた人々)」と呼んでいる。また彼らが豊富な交易品をマラッカに持参し、色白で良い服装をし、気位が高く勇猛であったことも記している。ピレスは琉球人たちを実見したわけではなく、すでに彼らがマラッカを去った後、人々の話す二次情報を書き留めたのであった。また「(琉球人が)代金を受け取る際、もし人々がかれらを欺いたら、彼らは剣を手にして代金を取り立てる」とも述べており、東南アジアでは多くの人々が「レキオ」を畏怖していたことがわかる。

対日貿易と禅僧・日本商人

日本の室町幕府とは朝貢体制下の対等な国王間外交ではなく、中世日本の世界観にもとづき琉球を下位とし、国王が「世の主(よのぬし)」を名乗る独自の上下関係のなかでの外交であった。幕府からの外交文書は御内書に準じた形式、琉球からは和様漢文の文書が送られた。一五世紀前半は琉球船が盛んに畿内に渡航し「唐物（中国・東南アジア産物）」をもたらしたが、一五世紀後半以降になると応仁・文明の乱や細川氏による兵庫津での貨物点検制度が要因となり、来航はほぼ途絶した。琉球は日本との貿易が利益を生まないとわかるとただちに撤退するビジネスライクなもので、日本との上下関係を心より受け入れていたわけではなかったことがわかる。

一方で、日本からは多数の民間商船が那覇港を訪れており、一五世紀中頃以降は博多・堺商人が「唐物」調達を目的に来航した。禅僧も渡来し、王府保護のもと寺院の住持や対日外交僧としても活躍した。とくに有名なのは京都南禅寺の流れを汲む芥隠承琥（かいいんしょうこ）である。彼は一五世紀中頃に那覇に渡来、国王に見出され広厳寺をはじめとした寺院の住持をつとめた。一四六六年、芥隠承琥は琉球の使者として京都を訪れ、足利義政に謁見するなど対日外交にも活躍、一四九四年には国王菩提寺の琉球円覚寺の初代住持（じゅうじ）となっている。当時、禅宗ネットワークは国境を越えて展開しており、那覇港にも布教活動が波及していた。那覇に滞在していた民間の禅僧を王府権力は保護し、琉球の対日外交にも活用していたのである。

室町幕府以外にも一六世紀以降、細川・大内・島津氏の各大名権力も別個に琉球通交を展開していた。また一方で琉球は一六世紀には七島衆・種子島氏など南九州の諸勢力に貿易権を与え、琉球を上位とした独自の外交秩序の中にも位置づけようとしていた。

対朝鮮貿易と対馬・博多商人

高麗・朝鮮王朝との関係は日本と同様、当初は「臣」を名乗り下位の国として通交し、両者合意のもとの上下関係を築いていた。一五世紀前半には朝貢国間の対等な公的外交への変更が試みられたが、朝鮮は独自の外交秩序にもとづき私的な関係であることを示す「書」形式の返信で応じた。

一三八九年以降、倭寇に拉致されて琉球へ転売された被虜人や漂着民の送還を名目に通交が行われた。現在では考えがたいことだが、当時の東アジアではヒトも「商品」であり、一四世紀中頃以降、朝鮮半島を中心に猛威を振るった倭寇活動で多くの人々が強制的に海外へと売られていった。ヒト・モノが集まる国際港湾都市の那覇には多数の被虜人が送られたようである。一四一六年、朝鮮の李芸（りげい）は琉球へ渡航し被虜人四四名を連れ戻している。一四三一年時点で琉球になお一〇〇人以上の朝鮮の被虜人が確認されている（『朝鮮王朝実録』）。

一四二一年、朝鮮へ向かう琉球船が対馬の海賊に襲撃されて以降、直接船を派遣することはなくなり、那覇港に来航する対馬・博多商船に便乗する方式へと変わった。琉球―九州―朝鮮間の航路を熟知する民間勢力を利用することで安全な通交をはかった。民間海商にとっても琉球名義での朝鮮貿易は利益につながり、相互依存の関係を築いたのである。

さらに琉球は博多商人に外交そのものも完全に委託し、商人自身が琉球使節として一時的に任命され、朝鮮との通交を行うまでになった。この便乗・委託方式は以後も踏襲され、琉球の対朝鮮通交の基本スタイルとなるが、一五世紀後半には琉球が全く介在せずに商人が琉球の使節を名乗って貿易する「偽使」が横行することにもつながった。

琉球の対朝鮮通交は、高麗版大蔵経の入手も目的の一つであった。中世には日本の諸勢力がさかんにこれを請求し、とくに将軍以下の幕府要人にとって朝鮮通交の第一の目的がこの経典の入手にあった。一六世紀までに大蔵経を獲得して以降、琉球から朝鮮への積極的な派遣はなくなり、朝貢先の北京で交渉をするかたちへと変わっていった。

いくつもの「顔」を持つ外交スタイル

一四～一六世紀の琉球の交易活動は、明朝の朝貢・冊封体制下の優遇された諸条件を基盤として、海域世界に構築されていた民間交易ネットワークに便乗し、また港市那覇の外来諸勢力を王府が活用して進められたものであった。そして琉球は朝貢国間の関係をある程度前提にしつつも、各国・各地域の設定する独自の外交秩序に接近あるいは適合させるようなかたちで自らの姿勢を選択し、外交を行っていた。

明朝に対しては彼らの設定した華夷秩序のなかで朝貢国として振る舞い、日本の室町幕府に対しては、当時の中世日本が持っていた《中国対等、朝鮮・琉球下位》という世界観のなかで、自ら下位の「来朝」者として振る舞った。高麗・朝鮮王朝に対しても、当初は彼らの設定する「小中華」的な朝鮮外交秩序のなかで「入貢」する下位の国として振る舞った。やがて明朝の同じ朝貢国として対等な外交へと変化していったが、必ずしも朝貢体制が絶対の前提とはなっていなかったことがわかる。東南アジアへは明朝への朝貢品調達を名目に外交が行われたが、付随して行われた交易においては琉球側から民間の市場により近づけるかたちの取引が働きかけられた。

一方で琉球は一六世紀には南九州地域の各勢力に対し、自らを中心とした独自の外交秩序に、両者合意のもとで彼らを下位の存在として位置づけようとしていた。ただ各勢力の姿勢は琉球が他の大国に振る舞ったのと同じく、琉球交易の利益を得るための「従属」のポーズであった。

琉球はこうした何重にも存在していた多元的な世界秩序をそれぞれ使い分けていた。それは琉球だけが特殊な事例だったのではなく、前近代の東アジア国際関係では当たり前に見られる光景であった。こうした相手方のルールをあえて受け容れ、自らの利益につなげるやり方を、日本中世史研究者の橋本雄は《我が物としての利用》という言葉で表現している。

琉球王国はまさに他国の外交ルールを《我が物として利用》することで成り立つ交易国家だったといえよう。〝名を捨てて実を取る〟この方法は、小国が他国と渡り合うための最善の手段であったと言えるかもしれない。

民間交易ネットワークと王国貿易

また交易活動は全般にわたって、港湾都市那覇に居留する外来勢力を活用するかたちで行われた。交易を行う大型ジャンク船は華人らによって操作され、海域アジア各地への長距離航海が可能となった。明朝や東南アジアへも琉球の地元官人とともに華人が派遣され、通訳や商取引を担った。漢文外交文書の作成も彼らの担当であった。日本に対しては海域世界に広がる宗教ネットワークで琉球に渡来した禅僧らが外交使節として活躍した。日本語通訳も僧侶をはじめとした在琉日本人が担当した。朝鮮に対しては朝鮮通交に熟知する対馬・博多商人らを琉球の使節として外交を委託し、また琉球に渡航した彼らの商船に琉球人が便乗するかたちで行われた。琉球における朝鮮語通訳も在琉日本人によって行われた。不慣れな朝鮮―九州間海域を無事に航行するためには、彼らのネットワークが不可欠だった

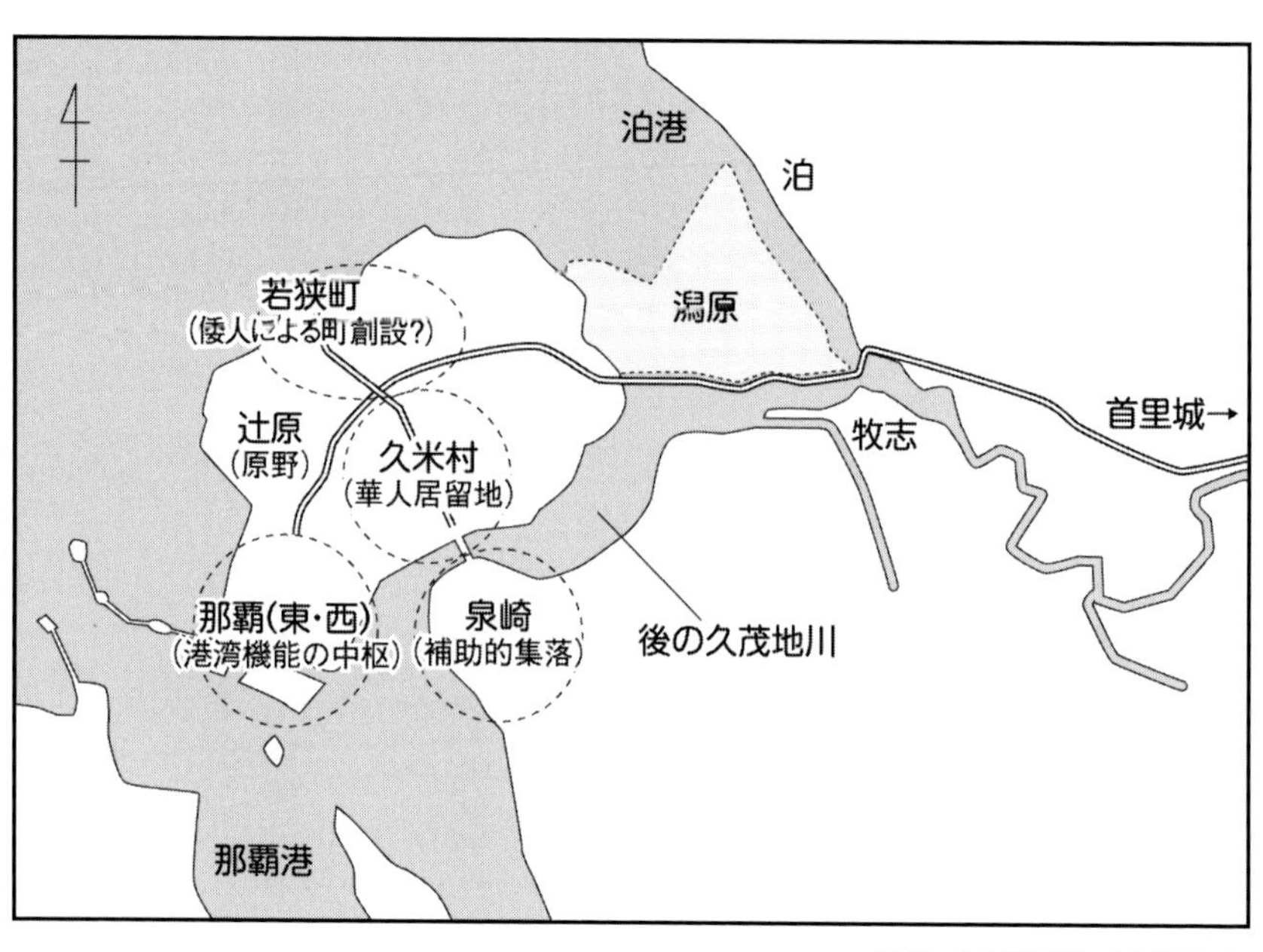

図7　16世紀頃の那覇概念図

のである。

このように琉球の交易活動の実態は、琉球の地元民が単独で成しえたものではなかった。外来者、すなわち琉球内の「他者」の存在なくして交易国家としての繁栄はなかった。それは琉球が外来勢力の傀儡だったことを意味するのではなく、琉球の現地権力と外来勢力は相互依存の関係を築いて交易活動を展開していたということである。

「港市国家」と海に開かれた歴史

前近代の琉球の社会は港湾都市の那覇、附属する王都の首里が突出した都会と、その他の一二世紀以来の「シマ」と呼ばれる集落を基礎とした農村社会の二重の社会であったことが特徴である。都市部には王国の政治・経済・文化的拠点の機能が一極集中しており、那覇は海域世界における国際的な交易拠点という性格と同時に、王国域内の物流の中心でもあった。港には様々な人々が集い多様な文化が融合する「諸民族雑居」の様相を呈し、現地権力は彼ら外来者との相互協力関係を築いて国を運営していた。こうした国の形態は、東南アジアのマラッカ王国に代表されるような「港市国家」と共通すると指摘されている。日本や中国のような陸上を中心とした大国の視点では捉えきれない側面を琉球は持っていた。

現在の「日本国」のなかに、「港市国家」の歴史を持った地域が含まれていることは、国際化を深める現代日本にも大きな示唆を与えるものと考える。だが日本を神話の時代より不変の「国家」の形を持つと信じ、歴史的に形成されたはずの国土の各個性を無視して観念的な一色に塗りつぶす歴史観においては、琉球・沖縄の持つそれらの歴史的ポテンシャルは見えなくなるであろう。琉球の歴史を学ぶことは単に一地方の「オラがクニ」の歴史を知ることではない。多彩でバリエーションのある豊かな日本社会を構想することにつながるはずである。

参考文献

入間田宣夫・豊見山和行　二〇〇二『日本の中世五　北の平泉、南の琉球』中央公論新社

上里隆史　二〇一二『海の王国・琉球』洋泉社歴史新書y

大木昌　一九九九「東南アジアと「交易の時代」」『岩波講座世界歴史一五　商人と市場』岩波書店

岡本弘道　二〇一〇『琉球王国海上交渉史研究』榕樹書林

黒嶋敏　二〇一二『中世の権力と列島』吉川弘文館

高良倉吉　一九八七『琉球王国の構造』吉川弘文館

——　一九八九『新版琉球の時代』ひるぎ社

豊見山和行編　二〇〇三『日本の時代史一八　琉球・沖縄史の世界』吉川弘文館

豊見山和行　二〇〇四『琉球王国の外交と王権』吉川弘文館

橋本雄　二〇〇五『中世日本の国際関係』吉川弘文館

東恩納寛惇　一九七八『東恩納寛惇全集1』第一書房

村井章介　二〇一三『日本中世境界史論』岩波書店

桃木至朗編　二〇〇八『海域アジア史研究入門』岩波書店

的場節子　二〇〇七『ジパングと日本—日欧の遭遇』吉川弘文館

コラム◉開国への扉を外から叩いた男—幕末の漂流民、音吉

齋藤宏一

小野浦を出港、嵐で遭難

一八三二（大保三）年、一五〇〇石船宝順丸が尾州小野浦（現、愛知県知多郡美浜町）から、米や塩、陶器を積んで江戸に向かって出港。乗組員一四名の中に一四歳の音吉も乗っていた。不運にも遠州灘で嵐にあい太平洋を漂流し、一年二カ月に渡る船上での苦闘の末、生き残った音吉、久吉、岩吉の三名は米国ワシントン州、ケープアラバへ漂着した。極寒の海であったが、漂着地は米国先住民マカー族の集落であり、早く発見、保護されたおかげで初めて米国の土を踏んだ日本人となった。

この漂着を知った英国商社ハドソン湾会社の総責任者マクラフリン博士により、マカー族から引きとられ、砦の中の学校で先住民の子供たちと共に英語教育を受けたのである。

余談であるが、このことがチヌーク族の首長の娘と英国人との間に生まれたラナルド・マクドナルド（当時一〇歳）との縁となり、一八四八年、マクドナルド二四才の時、北海道の利尻島へ密入国する因となるのである。マクドナルドは長崎で、アメリカへ送還されるまでの間、森山栄之助等に英語を教えた。その後に、森山はペリーの日米交渉に日本側の筆頭通訳を務め、一方でマクドナルドは日本で初の英語教師と呼ばれるのである。

長い帰国への航海で英語を覚える

小野浦を出港してより二年後の一八三四年一一月二五日、待ちに待った帰国に向けての航海となる。途上、ハドソン湾会社ハワイ支店で一七日間滞在し、英国ロンドン湾へ着いたのは六カ月後である。ロンドンでは一日のみ上陸を許され市内を見学、日本人として初めてのことであった。再び英国から六カ月の航海にて、アフリカ、インドを回り、一八三五（天保六）年、中国マカオに到着。オランダ伝道教会の宣教師ギュツラフの元にあずけられる。マカオでの一年間は、ギュツラフに協力して聖書翻訳の日々であった。そしてシンガポールにて世界最初の和訳聖

書『約翰（ヨハネ）福音之傳』上中下が印刷出版された。

一八三七（天保八）年七月米国オリファント商会のキング氏等の努力で、モリソン号で五年ぶりに帰国の日を迎えるのである。その船には九州の漂流民四名と米国宣教師、S・W・ウイリアムズも乗っていた。ウイリアムズは後にペリー来日の日米交渉における米国側の通訳を務め、日本側の通訳森山栄之助と日本史に残る日米和親条約（一八三四（嘉永七年）三月）の大事業を成したのである。奇しくも、この両人共が音吉の心情を知り尽くした人でもあった。

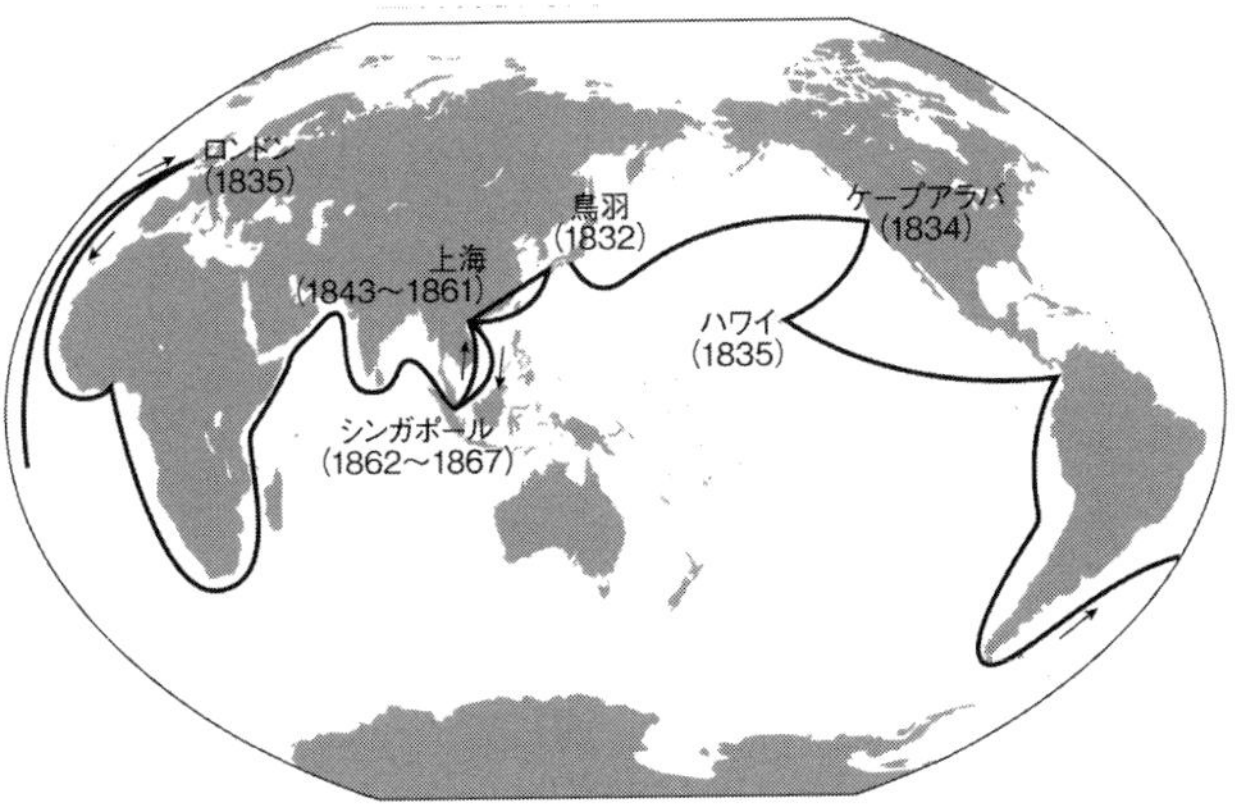

図1　音吉航海図

モリソン号事件

一八三七年七月三〇日、米国オリファント商会の船モリソン号で五年ぶりに日本の浦賀の港へ帰るも、幕府の無二念打払い令（異国船打払令）により、話し合いの余地も無く砲撃を受け退去せざるを得ず、九州鹿児島にて再度の上陸を試みるも再び砲撃を受けて、七名の漂流民は祖国を目前にしながら断腸の思いで日本を後にした。この事件を遠因として、渡辺崋山、高野長英が

図2　音吉が漂着したワシントン州ケープアラバの海岸（音吉顕彰会では音吉の足跡を訪ね、現地との草の根交流を行っている）

自刃となる蛮社の獄へと進むのである。

祖国より見捨てられた七名の漂流民は、外国で生きてゆくしかなく、それぞれの道を歩む事になるが、音吉は上海の英国デント商会へ就職（一八四三年）までの七年間に、アメリカ、ヨーロッパで多くの海外体験をすることとなった。

上海にて多くの漂流民の帰国を助ける

上海デント商会での音吉の活躍は目覚ましく、日本からの多くの漂流民の帰国を助け、培った英国との太い絆を生かし、摂津の栄力丸の漂流民（1）の引渡しを要求するペリー提督と堂々と渡り合い、彼等を無事日本へ帰すのである。音吉が面倒を見て帰国させた数は六件以上あり、自分達が帰国できなかった苦しみを思い、帰国への援助を続けた音吉の行いは賞されるべき事であるが、何故か帰国漂流民よりの報告に残されていないことは不思議なことである。

日米和親条約締結の五カ月後、英国スターリング艦隊で来日した音吉は、英国の通訳として日英和親条約の締結（一八五四年（安政一）年）に尽くした。この頃の音吉は、漂流後の二〇数年の海外生活の中で培われた堂々たる国際人であった。一八五五年一月一三日と四月二八日号のイラストレイテッド・ロンドンニュースに、イギリス艦隊の日本到着の記事が載せられている。この記事には、音吉による日本船のスケッチとともに、日本の天皇制、国家のしくみや、神道・仏教・儒教が日本の三大宗教であり、その教えを守る国民であることが紹介されている。この長文にわたる内容を読むと、一四歳から海外生活となった音吉の、日本での当時の教育レベルの高さに驚かされる。

シンガポールで遣欧使節団を迎える

一八六二年（文久二年）シンガポールに寄港した幕府遣欧使節団の宿舎を訪ねた音吉はまさに四〇代の働き盛り。日英和親条約の締結で来日して以来八年目のことである。使節団に自分の身の上と、中国と英国との戦い、中国内の太平天国の乱等、海外の実情を節々と語ったと伝わっている。その中の一員であった福沢諭吉は『西航記』中にその一部を記している。またその後訪れた森山栄之助、田中廉太郎等は音吉の邸宅まで案内されている。

晩年音吉はシンガポールを定住の地として、日本人として初の英国への帰化をし、親族で貿易会社を設立するも、残念ながら苦難の海外生活で健康を損ない一八六七年一月一八日、四九才の短い生涯を終えたのである。まさに彼の夢は、スエズ運河の開通（二年後）を見すえて日本に近く、アジア・ヨーロッパ・アメリカへの拠点としてのシンガポールの地の利を考えての定住であったように思えてならない。

おわりに

筆者は、音吉の顕彰事業（2）を始めて二六年が経過した。多くの人々の御協力により一歩一歩音吉の足跡が解明され、今日では幕末の日本、そして開国を動かした人々と音吉を取り巻く人脈が見えてきた。海外に生き、祖国日本が世界に開かれた平和な国となることを信じ、息子ジョン・W・オトソンに日本へ帰るようにと言い残した音吉の思いが浮かんでくるのである。

図3 バンクーバーにある石碑

（1）栄力丸漂流：一八五〇（嘉永三）年一〇月紀州熊野浦沖にて漂流し、後年一七名中一一名が帰国

（2）音吉顕彰会HP http://www2.ocn.ne.jp/~otokiti3/4922.html

第3章

海のせめぎ合い

9

いま東アジアの海で起きていること

竹田純一

海の役割と海域の法的区分

海をめぐる国家間の競合や対立、争いは絶えない。なぜか。解決の道筋はあるのか。日本は効果的に対処できているのか。東アジアの海をめぐる動向を見ていこう。

東アジアの海には、日本が面する東シナ海、日本海、オホーツク海、西太平洋に加え、ここでは重要シーレーンが通る南シナ海やインド洋なども対象に含めて見ていく。

海が人々にもたらす利益は多次元にわたる。一方で沿岸国と他国の利害は複雑に絡む。国家を軸に見ると、効能は①さえぎる。②つなぐ。③資源利用の三つに大別できる。

①は、内外を隔て、外敵侵入を阻止する障壁の役目。「天然の堀」に例えられる。密輸・密航などの犯罪者やテロリストを阻止する治安上の役割も果たす。陸上の「国境の壁」に比べ、防備コストは一見、格安に映る。

ただ防衛作戦の見地から、海は陸より縦深性(じゅうしん)はあるが、地勢障害は少ない。世界史上、海・空軍力の優越を背景に海が攻略ルートに使われた例は少なくない。

②は、逆に内外を結ぶ交通・交易ルートの役目。日本には、古くは律令制や漢字などの文化、鉄砲などの技術が、海を介し伝来した。自由で安全なシーレーンは経済に不可欠だ。貿易立国の日本は、輸出入の九九%以上(重量ベース)を海上輸送に頼る。海底電纜(海底ケーブル:特に光ケーブル)は世界の情報化を支える。

ただ積み荷は「良貨」だけとは限らない。海を介した大量破壊兵器の拡散を阻止する国際対策(拡散に対する安全保障構想:PSI)が講じられてきた。近年は国連制裁を逃れる北朝鮮の「瀬取り」(洋上での石油や石炭のヤミ積み換え)が焦眉の課題だ。

③は、海洋資源には魚介類など生物資源と石油・天然ガスなど非生物資源がある。後者には、技術上はアクセス可

能になったメタンハイドレート、海底熱水鉱床、マンガン団塊、コバルトリッチクラストも含む。

洋上風力発電や海流発電などの再生可能エネルギーも新型の海洋資源だ。技術開発の内外競争と同時に漁業との共生も課題になる。

このような海の利活用は、国家を主体にして見ると、まさに「海洋権益」（権利と利益）になる。国際海洋法では、海を大きく二つに区分している（図1）。

第一は、沿岸国が主権、主権的権利、管轄権を排他的に行使できる海域である。「領海」（領海基線から一二海里）、「接続水域」（領海の外側一二海里）、「排他的経済水域」（領海基線から二〇〇海里）と「大陸棚」、「延長大陸棚」（同、最大三五〇海里）に分かれる。

領海は沿岸国の主権範囲で、内水（領海基線の陸地側海域）を含む。接続水域では沿岸国が通関、財政、出入国管理、衛生（防疫）の法令違反の防止と処罰を行える。

排他的経済水域（ＥＥＺ）と大陸棚は、事実上ほぼ重なる。沿岸国が、資源の探査・開発などに主権的権利、海洋の科学的調査などに管轄権をもつ。他方、内陸国を含めすべての国は、沿岸国の権利・義務を害しない限りは、船舶航行、

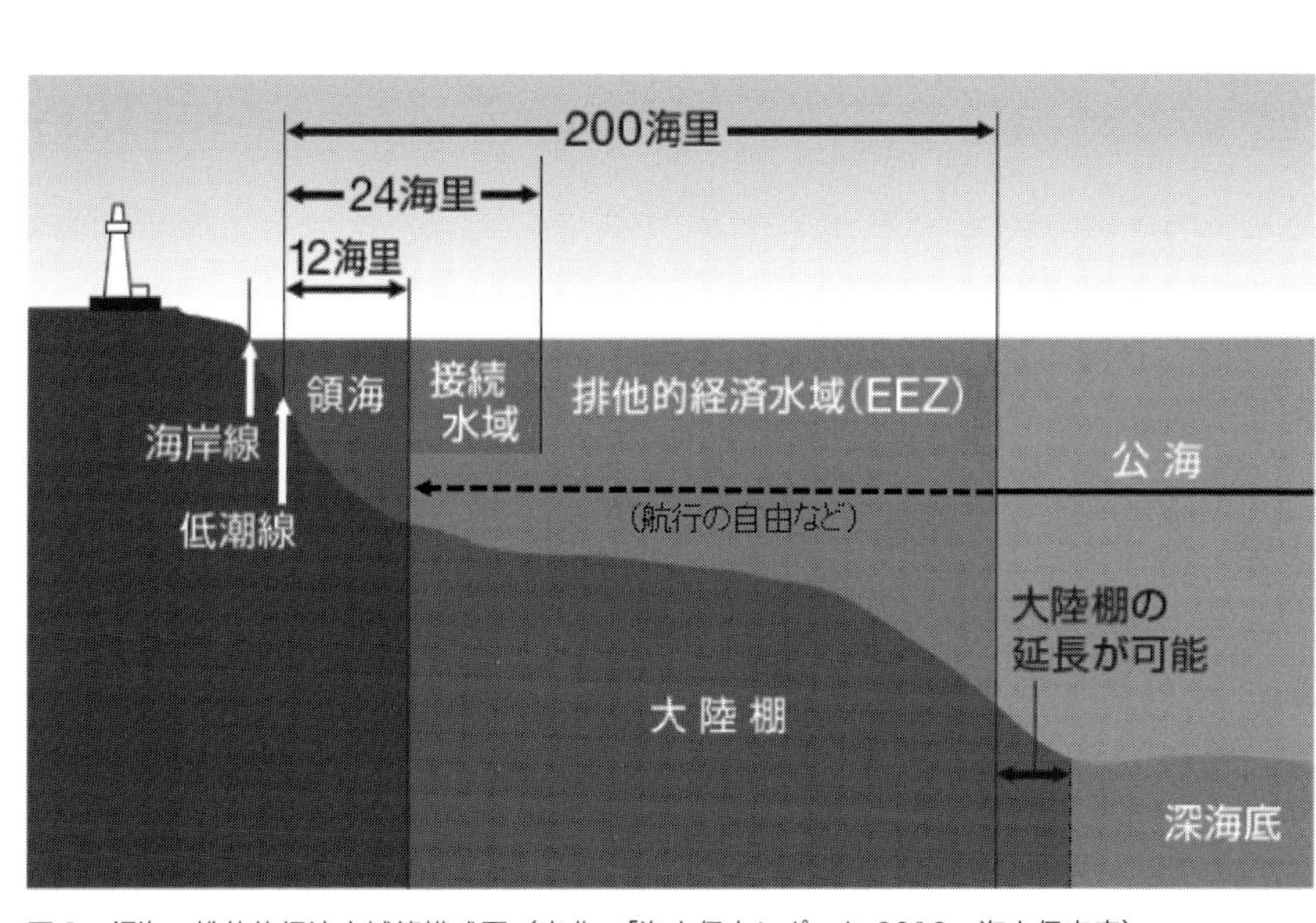

図1　領海・排他的経済水域等模式図（出典：「海上保安レポート 2019」海上保安庁）

上空飛行、漁獲、海底ケーブル敷設など公海と同じ自由を享受する。

延長大陸棚は、大陸棚の縁が二〇〇海里を超える場合、一定の延伸を認める制度である。沿岸国の申請を国連の大陸棚限界委員会（ＣＬＣＳ）が検討、基準に合えばその旨勧告する。法理上、延長部分の上部はＥＥＺではない。

起点の領海基線は、一般に低潮線（干潮時の陸地と水面の境）、複雑な地形では主要地点を結ぶ直線を使う。一海里＝一八五二メートルは地球の緯度一分。船や航空機の航行に便利な単位だ。ちなみに二〇〇海里（約三七〇キロ）は東京―京都の直線距離に相当する。ＥＥＺの総和は世界の海洋の約三六％になった。

第二は、上記いずれにも含まれない「公海」と海の新フロンティア「深海底」である。

公海は、すべての国に開放され、船舶航行と上空飛行の自由、漁獲や科学的調査の自由を享受できる。しばしば「国際公共財」（グローバルコモンズ）と形容される。

深海底は、大陸棚の外側でどの国の管轄権も及ばない海底とその地下であり、国際海底機構（ＩＳＡ）が鉱物資源の将来利用を管理する。「人類共同の財産」とされている。

こうした海域区分は、長年の議論をへて一九八二年に「海洋に関する国際連合条約」（国連海洋法条約）で定立された。多数の国が当事国になり、法規範として一般化した。二〇一九年現在、一六八カ国が批准している。条約は、紛争を平和的に解決すべく、国際裁判や仲裁の枠組みも設けた。当事国が平和的手段で解決することも法的義務に盛り込んだ。

だが海洋権益をめぐる相克や対立は消えていない。逆に尖鋭化した面もある。縦構造の国内統治と違い、各国が水平関係の国際間に超越的統治システムはない。紛争を予防・解決するメカニズムには限界がある。「法の支配」は理想だが、貫徹されているわけではない。

「せめぎあい」の複雑化と尖鋭化

なわばり争いは有史以来のことだ。ただ海の漁業は長い間、日帰り操業であった。ましてや海底鉱物資源を排他的に利用する海洋権益を広く確保するという発想はなかった。

他方「大航海時代」以降、海防の不備を突かれた諸国は植民地に淪落した。列強間に海洋利用の自由を制限する議論はなかった。領海幅員は一九世紀末にカノン砲の最大射程三海里が国際慣行になったが、そもそもは戦時に中立国が示す中立水域が起源だった。

状況が一変したのは第二次大戦後。植民地が相次ぎ独立、海の利用技術も大発展した。海洋権益を最大化したいのは、どの国も同じである。チリ、ペルーなど領海を二〇〇海里に拡大すると宣言した国々まで出現していた。

国連海洋法条約は、こうした「沿岸国の資源確保」と「外国船舶の自由航行」の相反する要求を同時に満足させる妥協だった。「狭い領海・広い公海」という伝統的二分法が見直された。ただ妥協である分、条約は明快さを欠き、自国有利に解釈できる曖昧さも残った。

いま東アジアの海で起きている「せめぎあい」の様相を俯瞰していこう。

第一は、海域境界の未確定・未決着である。その原因には、①基線になる島嶼などの領有権主張がそもそも対立、②境界を画定する原則や方法が対立、この二つの場合がある。

代表例は、①は南シナ海の状況、②は東シナ海のEEZ画定での日中対立。①はフィリピンの提訴に国際仲裁裁判が二〇一六年に裁定を示した。だが中国は一貫して無視、人工島の軍事化も続けている。②は大陸棚延伸をめぐっても日本と中国・韓国が対立している。

第二は、海洋権益の侵害。日本の領海やEEZでも外国漁船の密漁、薬物・銃器の密輸、密航は止まらない。二〇一四年には太平洋の小笠原海域で一日最多二一二隻の中国サンゴ漁船が違法操業した。二〇一六年以降は、日本海の好漁場「大和堆」で北朝鮮・中国のイカ漁船の違法操業が急増、巡視船が対応に追われている。

ただ上記は「ならずもの国家」が直に手を染める場合を除き、アクター（実行犯）は非国家主体であり、治安問題（犯罪対策）になる。

他方、次元が違う権益侵害もある。日本のEEZで、同意なしや同意内容と調査方法や海区が違う外国調査船の活動が相変わらず視認されている。「海洋の科学的調査」は沿岸国の同意が必要（六カ月前に申請。日中間では東シナ海に限り二カ月前の通報で可能）とされている。「資源探査」は別で、沿岸国の主権的権利だ。

南シナ海では、フィリピンやベトナム海域での中国漁船の大量操業に加え、「維権」（権益維持）を任務に掲げる中国公船による漁船や石油・ガス資源探査船への妨害やハラスメントがいまだに続く。

第三は、そもそも沿岸国の海洋権益として規制できるかどうか争いがある問題である。安全保障に直結する対立だ。論点は二つある。

①軍艦の領海内の無害通航をめぐる対立。条約は、すべての外国船舶に無害通航権を認めている（無害とは平和・秩序・安全を害さないこと。潜水艦は浮上航行と国旗掲示が必須）。だが中国は、無害でも安全保障の管轄が及ぶとし、事前許可が必要と国内法で定めている。

他方、アメリカなどは、軍艦の無害通航に商船と異なる国際法の義務はなく、法外な要求と無視する。南シナ海の「航行の自由作戦」は、まさにその「さやあて」だ。

二〇〇四年、中国海軍の漢級攻撃原子力潜水艦が石垣島沖の領海を潜没通航、日本政府は海上警備行動を発令した。海上自衛隊の哨戒ヘリコプターは、探信用音波を発振するアクティブ・ソナーを使って追跡したと聞く。

なお軍艦の無害通航は、他にも一定の要求をする国がある。資料が入手できる範囲でアジアでは、インド（事前通報）、スリランカ（事前同意）、ベトナム（事前通知）、マレーシア（原子力艦は事前承認）がその例だ。

②EEZの軍事利用をめぐる対立。条約に明文はないが、中国は、沿岸国の同意が必要な「海洋の科学的調査」は、軍事調査（潜水艦探知を助ける水中音響データ収集など）も含むと主張。アメリカは、データはもっぱら軍事目的に使い、企業の資源探査などに提供しないから、沿岸国の経済利益を害さないとする。

中国は、外国海軍の訓練や演習、集結、航空機の発着艦、偵察なども「沿岸国の権利に妥当な考慮を払う」との条文に合わないとする。アメリカは、諸活動は慣習国際法で認められ、「国際的に適法な海洋利用の自由」との条文に適合するとの主張だ。

二〇〇九年には、戦略ミサイル原潜基地が新設された海南島の三亜（さんあ）の南方七五海里で、米海軍の音響測定艦インペッカブルを中国船五隻が取り巻き、曳航式ソナーを壊そうとした事案が大きく報道された。

以上が「せめぎあい」の類別だが、随所に影を落とすのは、中国の権益主張と海洋進出の拡大だ。一九八〇年代初めまで、中国の海洋経済は海岸の製塩が最重点であり、漁業や海運は低調である。海軍も沿岸型だった。習近平主席が唱える「海洋強国」建設は国力増大への奮起要求だ。「偉大な中華民族復興の夢」には失地回復主義に通じるナショナリズムが見え隠れする。

中国の海洋戦略は、島嶼支配や資源開発競争への出遅れ、問題の国際化など、後手と受け身に立たされ、焦りがあるとの指摘もある。その挽回のため、条約を自国有利に解釈、他国の権利行使を牽制しつつ、自国権益の最大化を急いで来た面は否定できない。「度を超した現状変更」と受け止められ、国外から反発、対抗、牽制、警戒、懸念を招いている所以だ。

東シナ海の「せめぎあい」

ここからは、日本周辺とそれ以外の海に分けて、「せめぎあい」の実情を見ていこう。まず東シナ海。ここでの焦点は二つ。尖閣諸島、そしてＥＥＺ・大陸棚の境界画定だ。

尖閣海域の対峙

中国公船による領海侵入「常態化」が緊張要因という図式は、変わらず続いている。

日本政府の基本的立場は次のとおり。

「尖閣諸島が日本固有の領土であることは歴史的にも国際法上も明らか。現に日本が有効に支配している。したがって尖閣諸島をめぐり解決しなければならない領有権問題は、そもそも存在しない」（外務省ＨＰ）。

中国は一九七一年一二月、突如、尖閣諸島の領有権を主張した。一九六九年に国連アジア極東経済委員会が「世界的産油地域になると期待される」と報告し、一九七一年六月にまず台湾が領有権を主張していた。

一九九二年、中国は領海・接続水域法を定め、「釣魚島」を自国領土と明記した。一九九〇年代後半から現場では、香港や台湾、次いで中国の「保釣」活動家の動きが激化、領海侵入や不法上陸など私人の違法行為が続いた。

二〇〇八年には中国公船が初めて領海侵入。国家行為による緊張に構図が変わった。二〇一〇年には中国漁船が領海内で巡視船に故意に衝突。船長が逮捕されたが、処分保留で釈放された。

二〇一二年に日本政府が尖閣諸島の民有地として残っていた魚釣島、北小島、南小島を買い上げると、緊張はさらにエスカレート、公船の領海侵入は「常態化」した。

二〇一三年、中国は国家海洋局に「中国海警局」を新設、「維権執法」任務の公船を統合した。海警船の新造を加速、大型化と武装強化も進めた。大型船（一〇〇〇トン以上）の隻数比は二〇一六年までに巡視船と逆転した。航空機はまだ海上保安庁が数的には優位にある。

隻数増に伴い、海警船の来航は、二〇一六年以降、毎回ほぼ四隻に増加。同年夏、三〇〇隻近い漁船団の一斉出漁に合わせ、過去最多の同時一五隻の公船が接続水域に来航し、五日間にわたり多くの漁船と公船が領海に侵入した。

二〇一八年、海警局は中央軍事委員会が一元指揮する武装警察に編入され、「武警海警総隊」になった。中国海警局の名称は対外的に使い続けるが、準軍隊の性格の組織になった。

この年、日中関係は改善基調に転じた。だが二〇一九年春には、海警船が過去最長、六四日間連続で接続水域を航行し、約半数は三〇〇〇トン超の大型船になった。

現場の巡視船は領海に侵入しないよう警告した。侵入した場合は退去を要求し、進路を規制した。外交ルートで政府が抗議している。万一に備え、巡視船は相手より一隻多く出すこととしている。四隻来れば五隻必要だ。荒天時、相手は来ないが、巡視船は警戒に張り付いている。

他方、中国からすれば、公船の領海侵入は自国領海への公権力行使の実績を作りたい国家意思に基づく。日本領海の通過・通航ではないと公言している点に問題の特異性がある。

日本は「領有権問題は存在しない」との基本的立場を堅持する。だが中国は「一九七二年の国交正常化時に問題を棚上げ、後世に解決を委ねる共通認識ができた」と主張、「尖閣国有化はその共通認識を投げ出した」と非難する。係争が存在すると内外にアピールしたい以上、「巡航」は続く。有事でも平時でもないグレーゾーンの状況は続くことになる。

ＥＥＺ画定とガス田開発の対立

国連海洋法条約は、相対する沿岸国のＥＥＺの境界は「衡平な解決」を達成するため、合意に基づき画定すると定める。だが何が「衡平な解決」か、明文の規定はない。

東シナ海の東西幅は最大で約三六〇海里のため日中・日韓の二〇〇海里のＥＥＺと大陸棚が重なる。日本は、双方の領海基線から等距離の中間線が衡平な解決と主張する。中国は、大陸性地殻は沖縄トラフ（南西諸島西側直近の海底の窪み）まで二〇〇海里を超えて延び、自然延長を考慮すべき

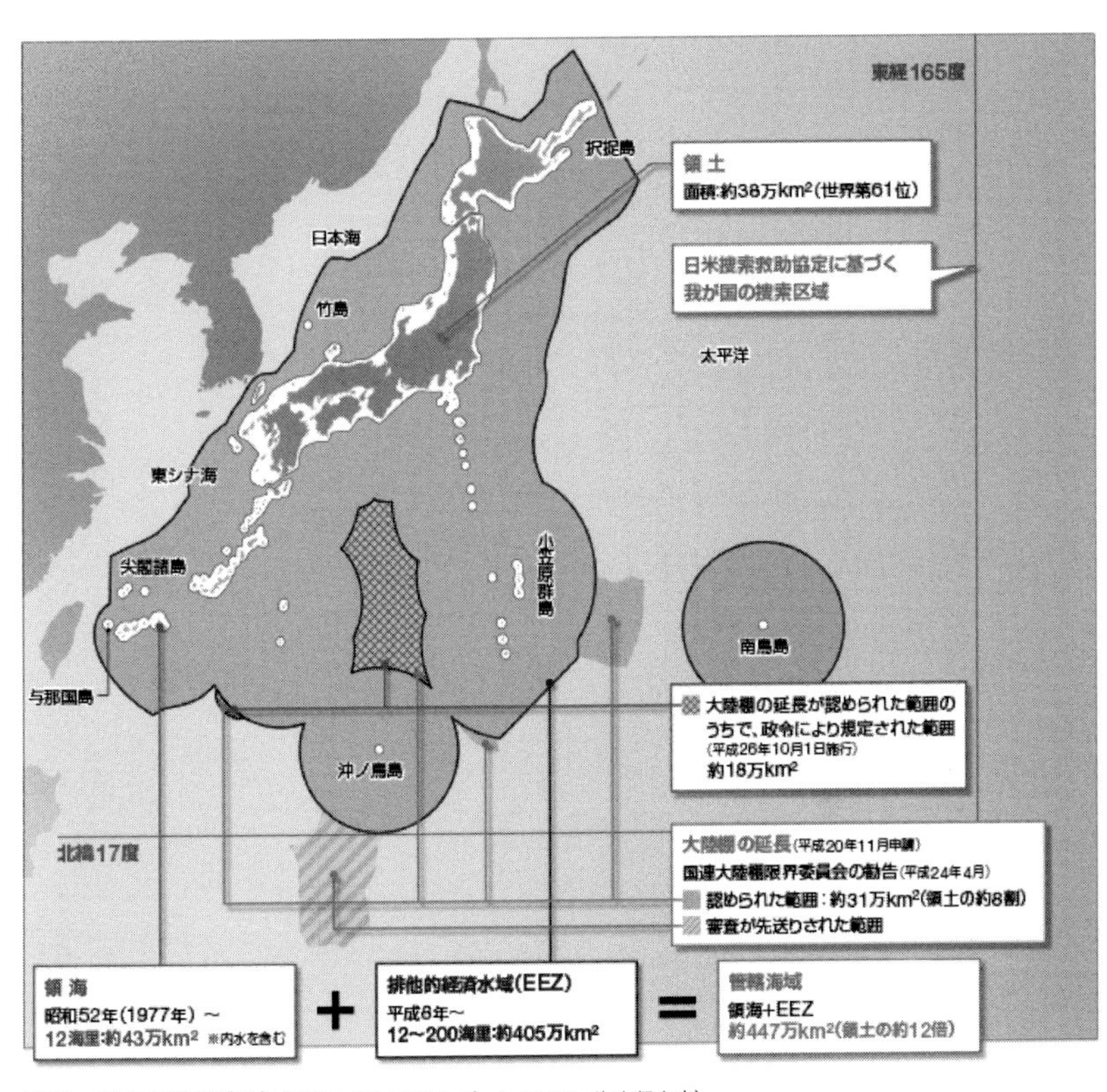

図2　日本の管轄海域（出典：「海上保安レポート 2019」海上保安庁）

と主張する。大陸と列島は特性（海岸線の長さや人口）が異なり、等距離は衡平でないとも唱える。

二〇一二年、中・韓は大陸棚限界委員会（CLCS）に大陸棚延長申請をした。これに対し日本は、大陸性地殻はひと続きで、沖縄トラフに法的意味はないと反論、審査入りに必要な事前同意を与えていない。

境界未画定とガス田問題は直接連関している。中国は中間線からわずかに自国寄り海域で、平湖ガス田を手始めに一九九〇年代末から複数のガス田を一方的に開発してきた。

日本は、二〇〇四年に開発が本格化した春暁ガス田（日本は二〇〇五年に白樺と命名）などは、地下構造が中間線をはさみ日本側につながっているとし、作業中止を求めた。

二〇〇八年に一定の前進があり、「境界画定までの過渡期、互いの法的立場を損なうことなく協力することで一致した」と発表された。第一に中間線をまたぐ地点に共同開発区域を設定、第二に春暁（白樺）ガス田に日本企業が中国の法律に基づき参加するとした。

交換公文の早期締結に努力するとされたが、進展はない。日本側が存在を確認した中国の海洋プラットフォームは合計一六基。二〇一九年春には、中国が新たな移動掘削船を稼働させていると日本政府が抗議した。

沖ノ鳥島の戦略価値

話を西太平洋へ移す。日本は二〇〇八年、沖ノ鳥島を基点にする海域など七海域の大陸棚延長を大陸棚限界委員会（CLCS）に申請した。これに対し、中・韓は「沖ノ鳥島は岩であり、大陸棚を主張できない」と異議を申し立てた。

CLCSは二〇一二年、沖ノ鳥島の南側海域の結論は先送りしたが、北側を含む六海域について勧告を行った。結果、日本は本州南方に、国土面積の約八割に相当する約三一万平方キロの大陸棚延長が新たに認められた。

沖ノ鳥島は、沖縄とグアム、つまり第一と第二列島線の中間点になる。オーストラリアや南米チリなどから日中韓三カ国への石炭や鉱物の輸送船も沖合を通る。中韓の異議は、日本の領有権そのものに反対してはいないが、影響を局限したい底意としか映らない。

南シナ海の「せめぎあい」

南シナ海は、バシー海峡、マラッカ海峡などを経由し、太平洋とインド洋を結ぶ国際海運の要衝だ。台湾海峡をへて東シナ海にもつながる。漁業と海洋石油・ガス資源も豊富だ。係争当事国だけでなく、ASEAN全体、日本やアメリカなども注視、関与する所以だ。

錯綜する権益主張の構図

南シナ海には、二〇〇を超える島や岩礁、砂州、暗礁がある。東沙（とうさ）（プラタス）、西沙（せいさ）（パラセル）、中沙（ちゅうさ）（マックレスフィールド）、南沙（なんさ）（スプラトリー）の各諸島がある。第二次大戦末までの一時期、日本が台湾の高雄市所轄の「昭南群島」として統治したが、戦後の帰属が明確に定められることはなかった。

島礁の主権主張は錯綜している。中国、台湾、ベトナムが西沙、中沙、南沙の全部、フィリピン、マレーシア、ブルネイが南沙の一部の領有権を主張している（東沙は台湾が実効支配するが、中国は広東省管轄地とする）。中国は、南シナ海全域を囲むU字形に九本の短線を連ねた地図を二〇〇九年に国連に提出したが、その九段線の法的意味は説明していない。

西沙諸島は、フランスがベトナムを撤退した一九五六年以降、中国と南ベトナムがほぼ同数の島礁を支配していたが、一九七四年の海戦で中国がベトナムを駆逐し、全体を支配する。

他方、南沙諸島で、要員が常駐する島礁の数は、ベトナム二八、フィリピン一〇、中国七、マレーシア七、台湾一とされる。領有権主張と実効支配は一致していない。

中国は一九八八年、永暑（ファイアリークロス）礁など六礁をベトナムとの海戦も交えて確保。一九九五年にフィリピンのパトロール不在のすきを突いて美済（ミスチーフ）礁を占拠した。

ただ低強度の紛争とされ、係争国以外に警戒論が高まったわけではなかった。実際、中国は「（主権は我にあるが、）論争を棚上げ、共同開発」と表向き柔軟な主張を唱え、フィリピンと一定の共同資源探査も実施した。

だが二〇〇九年前後から中国の強硬姿勢が目立ち、情勢は険悪化した。大きく報道された例を見る。①二〇〇九年、インペッカブル事案（前掲）、②二〇一一年、中国公船がベトナム資源探査船のケーブル切断。③二〇一二年、フィリピンがスカボロー礁（黄岩島）で中国漁船を拿捕するのを中国公船が阻止、バナナの輸入規制まで圧力に使い、実質的支配に至った。

この時期に中国が強硬化した理由はいくつか指摘できる。①係争国の権益主張強化。フィリピンが領海基線法を制定し、ベトナムとマレーシアが大陸棚延長共同申請。CLCSへの提出期限は二〇〇九年五月だった。②石油・ガス田開発の出遅れ。中国の掘削は広東省沖合まで、西沙以南はゼロだった。③ナショナリズムの高揚。北京五輪を二〇〇八年に開催し、東シナ海では公船が尖閣領海に侵入していた。

国際仲裁判断と人工島軍事化

その情勢下、二〇一〇年のベトナム・ハノイでのASEAN地域フォーラムで、ヒラリー・クリントン米国務長官（当時）は、南シナ海の航行の自由や海洋コモンズへのアクセスに米国は「国益を有している」と強調した。オバマ大統領（当時）は二〇一二年、アジア太平洋地域への「リバランス（回帰）戦略」を打ち出した。

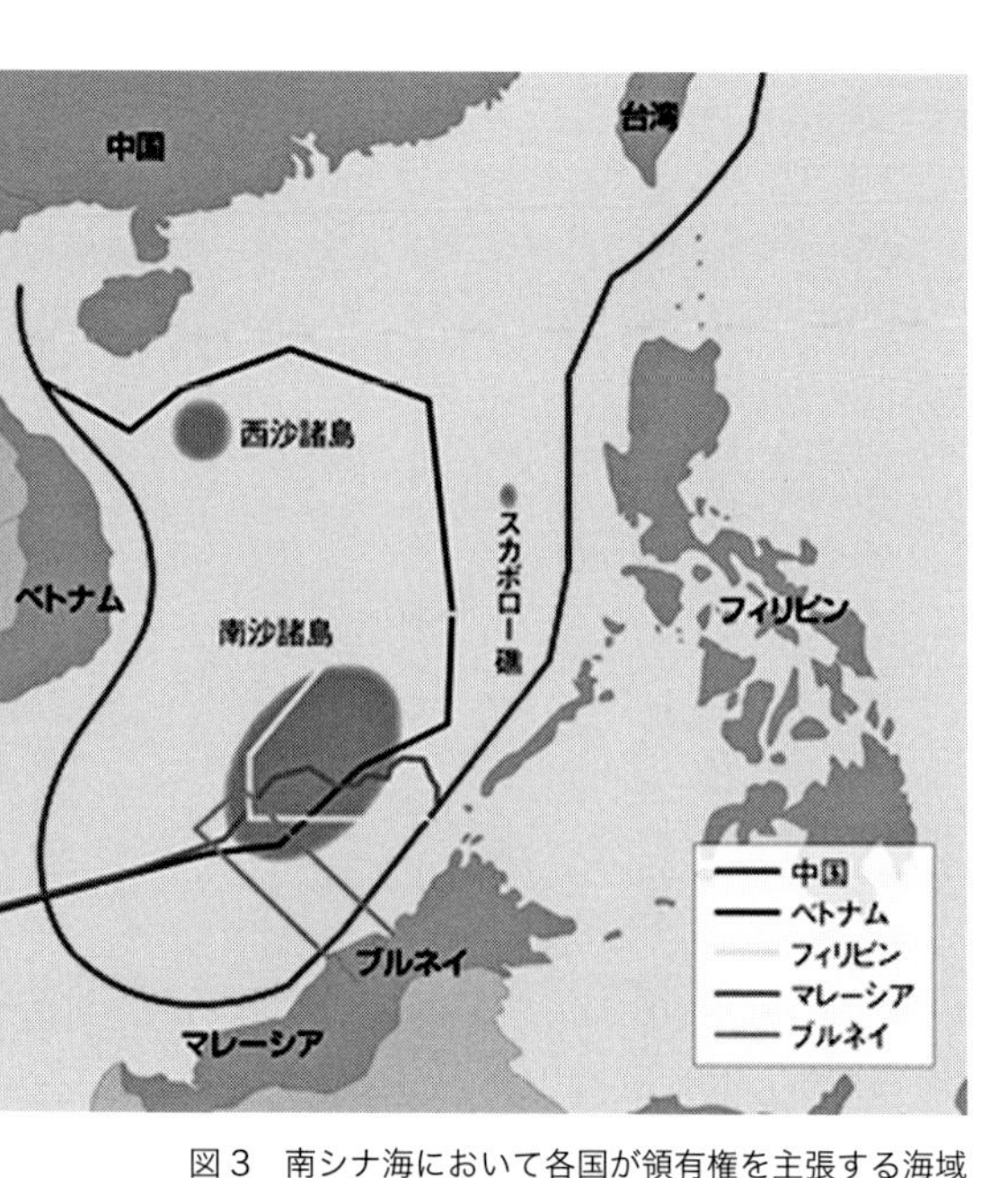

図３　南シナ海において各国が領有権を主張する海域

フィリピンは二〇一三年、南沙諸島での中国の主張と行動について、国連海洋法条約に基づく国際仲裁を求めると伝えたが、中国は通知書を送り返した。フィリピンは二〇一四年、ハーグの常設仲裁裁判所に訴状を提出した。中国は審理への不参加を続けた。

他方、中国は二〇一三年末から、南沙諸島の七礁で大型土木機械を投入し、大規模な埋め立て工事を次々に開始した。人工島化をまさに一瀉千里の勢いで進めた。

仲裁裁判所は二〇一六年、フィリピンの申し立てをほぼ認める最終判断を示した。主なポイントは、①九段線に法的効果なしと認定、②係争海域の岩礁は島に当たらず、ＥＥＺ・大陸棚をもたないと認定、③中国による漁業権侵害、法執行船の危険航行、環境保護義務への違反などを認定、さらに手続き開始後の埋め立て工事で紛争が拡大した責任も認定した。

だが中国は、判断は無効で承認しないとの声明を発表した。政府高官は、仲裁判断は「紙屑」や「茶番劇」とまで言い放った。

前後して南沙海域では、実はベトナムも一〇の島礁で埋め立て工事、スプラトリー島では滑走路を一〇〇〇メートルに延長した。フィリピンはティトゥ島の港湾と滑走路の改修計画を発表していた。

だが中国の「填海造陸」は七礁を合わせて総計一一平方キロ以上に及んだ（米国防総省は南沙での埋め立て地全体の約九五%とする）。工事は二〇一六年までに終了。ファイアリー、ミスチーフ、スビ（渚碧）の三礁には三〇〇〇メートル級滑走路を造成した。他の四礁にもヘリパッドを設けた。各礁にはその後、防空ミサイル、地対艦ミサイル、電子ジャミング装置などを展開させたと伝えられる。

人工島は軍事衝突に至ることなく既成事実化した。南沙は、海南島から五〇〇海里、西沙からでも四〇〇海里以上の南にあり、東シナ海に比べ、中国にとって縦深（じゅうしん）戦略的な価値が高い。状況把握や戦力投射の能力を大きく前進させた。特に対米核抑止力として、南シナ海を戦略ミサイル原潜の聖域にできる可能性に留意したい。

消えない火ダネ

こうした中、南シナ海の石油・ガス田開発に出遅れた中国は二〇一四年、大型掘削リグ「海洋石油９８１号」を全国からかき集めた多数の海警船などを護衛に伴って西沙諸島の南西沖に向かわせた。ベトナムは自国のＥＥＺ内と主張し、双方の海警船などが互いに放水や体当たりで激しく対峙した。主にベトナム側撮影の動画が世界に流れた。中国側は予定を約三週間繰り上げ引き揚げた。

その後、資源開発の対立は小康状態だったが、二〇一九年夏、再び緊張が高まった。ベトナムの掘削施設が集中するバンガード・バンク（万安灘）に、中国の海洋地質調査船と一万二〇〇〇級海警船などが押し寄せた。ベトナムは「威圧的干渉だ」と反発、報道発表した。

二〇一六年に就任したフィリピンのドゥテルテ大統領は、多大な経済支援を約束する中国にすり寄り、国際仲裁判断にも沈黙した。だが米中貿易戦争で中国経済に翳りが見えると、二〇一九年には「中国が南シナ海で一線を越えれば、自国の軍隊の派遣も辞さない」と述べるなど、対中姿勢が揺れてきた。

ＡＳＥＡＮと中国は、二〇〇二年に調印した「南シナ海に関する行動宣言（ＤＯＣ）」を、法的拘束力がある「行動規範（ＣＯＣ）」に格上げすることを目指すことで二〇一三年に合意した。だが経済支援の供与をテコにした中国のＡＳＥＡＮ分断の攻勢もあり、策定交渉は一進一退が続いたままだ。南シナ海の「せめぎあい」の火ダネは消えていない。

パワーゲームと海軍力展開

ここまで主に国際海洋法の観点で、東アジアの海の「せめぎあい」を見てきた。特にホットなのは尖閣と南沙である。「力を背景とした一方的な現状変更の試み」の典型だからだ。だが高圧的行動は、軍事衝突には至ってない。グレーゾーンの範囲にとどまっている。

軍事力を背景にしつつ、相手側が軍事攻撃や報復に出るには至らないと見積もれるギリギリの線で抑えているからだ。

では背景や後ろ盾になる「力」の焦点は何か。海洋覇権をめぐるパワーゲームの側面を概観する。中国海軍の動きと各国の対応が主要素になる。

日本周辺の「近海防御」

防衛白書『日本の防衛』（令和元年版）は、中国海軍の活動について「近年は海域を南の方向に拡大、尖閣諸島に近い海域で恒常的に活動している」とする。直近では二〇一八年一月、商級攻撃原潜（潜没航行）と江凱（こうがい）Ⅱ級フリゲートによる尖閣接続水域内の航行があった。

日本近海を経由する太平洋への戦闘艦と軍用機の出入は高頻度で続いている。ルートは、沖縄本島・宮古島間（沖宮間）、大隅海峡、与那国島・西表島間、奄美大島・横当島間など多様化している。二〇一九年六月には、空母「遼寧（りょうねい）」が高速戦闘支援艦を伴い沖宮間から太平洋に出た。

東シナ海の縦深戦略的な価値は低い。中国は対米防衛ラインを第一列島線（沖縄）から第二列島線（グアム）に推進、A2AD（接近阻止・領域拒否）能力を高める狙いとされる。

西太平洋進出では、台湾・フィリピン間のバシー海峡と一筆書きで、台湾一周の航行も増えた。中国の国防白書（二〇一九年七月）は「軍は艦船と軍用機の台湾周回を組織、台湾独立勢力に厳正に警告している」と強調した。

対馬海峡を通る中国海上戦力の日本海への出入も二〇一八年に計一七回。前年の計四回から大幅に増えた。中国・ロシアの軍事協力の度合いも目が離せない。

南シナ海と「航行の自由作戦」

中国海軍は南シナ海で二〇一八年春、最大規模とする実動演習と海上閲兵式を行った。空母「遼寧」を含み、プレゼンスを誇示した。

他方、米海軍は人工島の一二海里内などを航行する「航行の自由作戦」（ＦＯＮＰ）を継続。オバマ前政権の一五年からだが、トランプ政権は頻度を上げている。「国際法が認め、国益が要求するあらゆる場所で、飛行・航行・作戦行動を続ける。後退はない」（ペンス副大統領）とする。FONPとは明言しないが、豪・英・仏・日本も艦船航行などで同調している。

ただ二〇一八年秋には、FONPを掣肘しようと中国駆逐艦が約四一メートルに接近、米駆逐艦が寸前で衝突を回避した。誤算、誤判によるエスカレートの危険は常にある。

トランプ政権は二〇一八年春、ベトナム戦争後で初めて空母をベトナムに寄港させた。同年のリムパック（ハワイ沖の多国間演習）への中国艦の招待を取り消した。また同年夏以降、海軍艦船に断続的に台湾海峡を通過させている。中国は、対中包囲網の強化と反発を強めている。

インド洋と「一帯一路」

海賊対策の国際的取り組みに同調し、中国は二〇〇八年末からソマリア沖・アデン湾に軍艦を出している。二〇一四年以降は、海賊対処の名目で潜水艦も展開。スリランカ、パキスタン、マレーシアに商級原潜や宋・元級通常型潜水艦が寄港した。二〇一七年には、中国初の海外基地としてジブチに「保障基地」を開設した。

中国の国防白書は、前回一五年版では「遠海護衛」としたが、二〇一九年版は「遠海防衛」に表現を変えた。「防衛」の字義範疇は広い。

西方向への経済進出ベクトル「一帯一路」経済圏構想は二〇一三年から推進している。「一帯」はシルクロード経済ベルト、「一路」は二一世紀海上シルクロードである。

インド洋への軍事力展開は、海賊対処や共同訓練などによる地域の安定化を通し、「一路」の後ろ盾の役割を担う。他方、覇権拡大への警戒も招いている。

「マラッカ・ジレンマ」と「真珠の首飾り戦略」

インド洋と本国間のルートは、日中は同じであり、マラッカ海峡が最短航路になる。だが全長五〇〇海里超のこの海峡は、インドネシア、マレーシア、シンガポールに挟まれた世界有数のチョークポイントだ。海峡の海域は沿岸三カ国のいずれかの領海とされている。

米国はシンガポールにチャンギ（樟宜）海軍基地を置く。日本は一九六〇年代から専門家を送り、航路標識の設置・保守や管制スタッフの人材養成に協力し関与してきた。

中国は海峡管理に影響を強めたいが、沿岸国や主要国と軋轢が高まる。逆に中国船への臨検など通航が不自由になれば中国経済に大打撃になる。貿易経済を維持するため、中国は絶対に紛争を避ける必要がある。この事情は「マラッカ・ジレンマ」と呼ばれる。

打開代替策として中国は、インド洋と中国内陸を直結させる計画を進めている。パキスタン（グワダール）、ミャンマー（シットウェ）、バングラデシュ（チッタゴン）などの港湾建設を支援し、パイプライン・鉄道・道路で新疆や雲南と結ぶ物流プロジェクトだ。

拠点港を連ねる形状から「真珠の首飾り戦略」と呼ばれる。ただ例えばスリランカでは中国の巨額融資を返済できず、港湾の経営管理権を中国企業に渡す事態が起きた。米国は「融資の罠」と批判している。プロジェクトは順風満帆ではなく、マラッカ海峡の役割を簡単には代替できない。マラッカ・ジレンマは、軍事衝突を抑止する反射効果があるともいえる。

「自由で開かれたインド太平洋構想」

安倍首相は二〇一六年、ケニアでのアフリカ開発会議で「自由で開かれたインド太平洋（FOIP）戦略」を提起した。二〇一八年に響きがソフトな「構想」に改めた。ポイントは、①法の支配、航行の自由、自由貿易の定着、②経済的繁栄の追求、③平和と安定の確保。二〇一七年の日米首脳会談でトランプ大統領はFOIPの考え方を共有することに合意した。

FOIPは「一帯一路」と同様、基本は経済重視である。ただ両者とも安全保障の側面はある。防衛省・自衛隊は、「自由で開かれたインド太平洋というビジョンを踏まえ、地域の特性や相手国の実情を考慮しつつ、多角的・多層的な安全保障協力を戦略的に推進すること、その一環として、防衛力を積極的に活用し、共同訓練・演習、防衛装備・技術協力、能力構築支援、軍種間交流などを含む防衛協力・交流に取り組むこと、また、グローバルな安全保障上の課題への対応にも貢献することを明示した」（防衛白書『日本の防衛』令和元年版）としている。

また米国防総省は二〇一九年六月、『インド太平洋戦略報告』（IPSR）を公表した。IPSRは、①戦闘力の高い戦力をインド太平洋地域に配備、決定的な攻撃力の整備に優先投資、②同盟やパートナー国との関係をルールに基づく国際秩序を維持する構造に進化させる、などとした。トランプ政権は国家安全保障戦略（NSS）と国家防衛戦略（ＮＤＳ）で中国を修正主義勢力と定位した。ＩＰＳＲも中国への対抗が念頭にあるのは自明だ。

国際海峡制度と日本

話を日本の海に戻す。中国は、日本にある国際海峡を貿易航路に使う。大連・青島と北米は、対馬海峡↕日本海↕津軽海峡↕太平洋。上海・寧波は、東シナ海↕大隅海峡↕太平洋。オーストラリアや南米とは、東シナ海↕沖宮間↕太平洋などといった具合だ。

日本の領海幅は一二海里。だが宗谷海峡（幅二〇海里）、津軽海峡（一〇海里）、対馬海峡東水道（二五海里）、同西水道（二三海里）、大隅海峡（一六海里）の五海峡は「特定海域」と定めている。本来は海峡全域（対馬東水道は公海が一海里残る）が領海だが、領海幅を三海里に抑え、中間部分は公海としている（ＥＥＺが設定され漁業管轄権などは行使）。なお沖宮間は幅員が一六〇海里超あり、領海幅員を抑えなくても広い公海部分がある。

実は国連海洋法条約は、領海三海里の時代には自由通航できた海峡の多くが領海一二海里に含まれてしまう懸念から、国際海峡の「通過通航権」という新概念を創設した。

だが日本は、世界の海峡を「使う立場」から、五海峡は領海特定海域とし続けてきた。通過通航権の制度運用の様子見といった面もあった。

だが新制度から三〇年以上、日本はいま海峡を「使われる立場」にもなった。地政学で見ると、大陸と大洋、ランドパワーとシーパワーの接点にある日本列島の海峡の価値は高い。うまく管理すれば、マラッカ・ジレンマと同様に軍事対決へのエスカレートを抑止する効能もあるはずだ。

海のパワーゲームが続くなか、懸念されるのは、誤解や誤信による誤算や誤判である。その結果の不測事態の生起とエスカレーションだ。

日中の防衛当局者は一一年越しの断続的交渉をへて、二〇一八年に「日中防衛当局間の海空連絡メカニズム」に調印した。ホットラインの早期解決も目指している。二〇一九年には、シンガポールのシャングリラ会合で防衛相会談、また艦艇の相互訪問も復活させた。ポジティブな動きといえる。

危機管理と信頼醸成そして「せめぎあい」の克服につながっていくのだろうか。

コラム◉南シナ海に関する比中間の仲裁手続における仲裁判断の意義

西本健太郎

南シナ海における中国の主張と比中仲裁

南シナ海における中国と他国との間の近年の緊張関係の高まりは、国際社会の注目を集めてきた。中国の活動の背景には、「九段線」内の海域に対する歴史的権利の主張があると指摘されている（1）。この主張は、南シナ海を囲むように描かれた九つの破線内の海域について、中国が歴史的な権利を持っているというものである。その具体的な内容について、中国政府はこれまでに公式な立場を示したことはない。しかし、マレーシアとヴェトナムによる大陸棚限界委員会への共同申請（2）に対して中国が二〇〇九年に異議を申し立てた際、九段線が描かれた地図を口上書に添付したことで、九段線の存在は注目を集めるようになった。

国連海洋法条約は、条約規定の解釈・適用に関する紛争について、義務的な紛争解決の手続を備えている。中国との間の紛争が悪化する中、フィリピンはこの仕組みを利用して、二〇一三年一月に国連海洋法条約附属書Ⅶに基づく仲裁裁判所に一方的に提訴した。中国は一貫してこの手続を受け入れないとしてきたが、完全に無視することもせず、二〇一四年一二月には仲裁裁判所に事件を審理する管轄権がないとする「ポジション・ペーパー」を公開している（3）。仲裁裁判所はこの書面を裁判所の管轄権に対する正式な異議と同様に取り扱って、まずは管轄権の問題について検討を行うこととした。この点に関する判断は二〇一五年一〇月に下され、一部の中立については管轄権を認めたものの、多くの中立については本案と合わせて検討することとされた。

仲裁裁判所の判断の概要

仲裁手続におけるフィリピンの申立事項は多岐に渡るが、大きく分けて三つに分類できる。第一に、九段線内の、中国の歴史的権利の主張は国連海洋法条約に違反しているというもの。第二に、南シナ海における特定の地形について、その法的地位の判断を求めるも

の。第三に、人工島の建設やフィリピンの活動の妨害など中国の具体的な活動が違法であるとの判断を求めるもの、

図1　南シナ海におけるこの事件の仲裁手続（http://www.pcacases.com/）

である。この最終的な仲裁判断は、このいずれについてもほぼ全面的にフィリピンの主張を認めた。

中国の九段線について仲裁裁判所は、海域における権利は国連海洋法条約によって決まるのであり、それ以前に海域の資源に対する歴史的権利が存在したとしても、条約の発効によって消滅したと判断した。また歴史的に見ても、中国の漁民は南シナ海を公海として自由に使用していたに過ぎず、中国が排他的に支配を及ぼしたり、他国の資源利用を排除していたという証拠はないとしている。結論として、中国の歴史的権利の主張には法的な根拠がないと判断された。

地形の法的地位についても、ガベン礁の一部およびマケナン礁は高潮時に海面上にあるとした以外は、フィリピンの申立と同様の結論に達した。すなわち、スカボロー礁、ジョンソン礁、クアテロン礁、ファイアリー・クロス礁については高潮時には海面上にあり、スビ礁、ヒューズ礁、ミスチーフ礁およびセカンド・トーマス礁については自然の状態では高潮時には海面下にあるとされた。さらに裁判所は、これらの地形だけでなく、スプラトリー諸島には二〇〇海里の排他的経済水域（EEZ）および大陸棚を持つ地形が一切存在しないと判断した。国連海洋法条約一二一条三項は、「人間の居住又は独自の経済的生活を維持することのできない岩は、排他的経済水域又は大陸棚を有しない」としているが、仲裁判断はこの規定の解釈について詳しく検討し、いずれの地形もこの要件を充たさないと判断したのである。

中国の活動についても、フィリピンの主張はほぼ全面的に認められた。フ

図２　南シナ海における人工島（©Asia Maritime Transparency Initiative）

ィリピンによる資源開発・漁業を妨害したこと、自国漁民の活動を防止しなかったこと、ミスチーフ礁で構築物・人工島を建設したことなどは、フィリピンのＥＥＺおよび大陸棚における権利の侵害と認められている。また、スカボロー礁における伝統的漁業権を尊重する義務に違反したこと、大規模な埋立て活動と人工島の建設によって海洋環境を保護・保全する義務に違反したこと、絶滅危惧種であるウミガメ、サンゴ、オオシャコガイの大規模な捕獲・採集を認識しつつ防止しなかったこと、中国公船が法執行にあたり海上衝突に関する規則に違反したこと等も、中国による条約違反として認定された。

仲裁判断と南シナ海紛争の今後

今回の仲裁判断によって、南シナ海の大部分について、中国が何らかの権限を主張する根拠は完全になくなった。仲裁裁判所によって九段線に基づく主張が否定されても、スプラトリー諸島の比較的大きな島からのＥＥＺ・大陸棚が認められていれば、中国はなお、南シナ海の大半の海域が、中国の島とフィリピン本土からの二〇〇海里が重複する境界未画定海域であると主張することができた。しかし、仲裁裁判所はさらに踏み込んで、ＥＥＺおよび大陸棚を持つ島も一切存在しないとしたため、本土が遠く北に離れている中国は、南シナ海に対する法的な足がかりを失ったのである。

今回の仲裁手続は海域のみを取り扱うもので、南シナ海の島嶼の領有権の問題は残っている。しかし、逆に言えば、仲裁判断に従う限り、フィリピンと中国との間の紛争は、岩礁とその周辺一二海里の領海に限定されたということになる。その意味では、仲裁判断は紛争を大きく縮減し、その解決に向けた前進をもたらすものといえる。

もちろん、最大の問題は中国がこの判断を受け入れるか否かである。今回の判断は中国にとっては最悪のシナリオであり、判断前から一貫して仲裁裁判所の判断には従わないと公言している中国が、今後この判断を全面的に受け入れる可能性は低い。しかし、中国が仲裁判断に従うか否かは、中国が今後責任ある大国として、既存の法的枠組みの中で行動していく意思を有するのか否かに直結する問題である。中国がこの判断に従うよう、各国が一致して説得を続けていくべきである。

（1）坂元茂樹著「緊張高まる南シナ海─米軍の「航行の自由作戦」をめぐって」『Ocean Newsletter』第三七六号参照。

（2）大陸棚限界委員会に対する申請の制度については、谷伸著「大陸棚の延伸」『Ocean Newsletter』第二八七号参照。

（3）Position Paper of the Government of the People's Republic of China on the Matter of Jurisdiction in the South China Sea Arbitration Initiated by the Republic of the Philippines, http://www.fmprc.gov.cn/mfa_eng/zxxx_662805/t1217147.shtml

10 海底ケーブルのガバナンス――技術と制度の進化

戸所弘光・土屋大洋

はじめに

戦略的インフラとしての海底ケーブル

一九一四年八月四日、第一次世界大戦が勃発する中、イギリスはドイツに対して午後七時に宣戦布告し、午後一一時にそれは発効した。密かに命令を受けたイギリスの海底ケーブル船アラート号は、夜の英仏海峡に乗り出し、フランス、スペイン、そしてアゾレス諸島へとつながるドイツの海底ケーブル五本を朝までに切断した（1）（図1）。

当時、日本とイギリスは同盟関係にあった。八月一四日には東シナ海でも、イギリスの海底ケーブル敷設船パトロール号が、上海と芝罘（しふう）（現在の山東省煙台市）につながるドイツの海底ケーブルも切断した（Burdick 1976）。ドイツの情報網を切断することで、一一月の日英連合軍による、ドイツの東アジアの拠点・青島の陥落を容易にした。

図1 イギリスの海底ケーブル船アラート号（https://archive.org/details/submarinecablela02wilk/page/338）

当時の海底ケーブルは、通信用の銅線の周りに樹脂や鉄などを巻き付け絶縁・保護したものだった。電信のみ利用可能で、送信できる容量も限られていた。

しかし、飛行機がなかった当時、海底ケーブルがなければ、大海を越える通信は無線や船に頼る他になかった。海底ケーブルは通信スピードを劇的に速める革新的技術であった。

現代の海底ケーブルは、その中核に銅線ではなく光ファイバーを通している。アナログの電気信号ではなく、デジタルの光信号としてメッセージは伝えられ、圧倒的な大容量通信を可能にしている。利用者は政府や軍、経済力のある商人だけではなく、スマホ（スマートホン）を手にした老若男女にまで広がっている。しかし、今も昔も海底ケーブルは、いったん切断されてしまえば、その経路による通信が不可能になり、復旧には長期を要する戦略的なインフラストラクチャなのである。

オール・レッド・ライン―イギリスからアメリカへ

一〇〇年以上前、グローバルな海底ケーブルのネットワークを構築したのはイギリスであった。大英帝国は、ヴィクトリア女王の治世のヴィクトリア朝（一八三七―一九〇一）で最盛期を迎える。他国を圧倒する産業力を身につけ、文化が花開き、そして、さまざまな技術が生み出された。その一つが海底ケーブルであった。

電信技術は一八四〇年頃から陸上で使われるようになっていたが、海水中の長期の使用に耐える樹脂の発見により海底でも使えるようになり、一八五一年に初めて英仏間のドーバー海峡に敷設された。大西洋横断ケーブルは、五回にわたる試行錯誤の上、一八六六年にようやく持続的な運用が可能となった。その敷設技術、伝送技術を用い、海底ケーブルは大英帝国の植民地をつなぐ神経網として世界中に延長されていった（図2）。

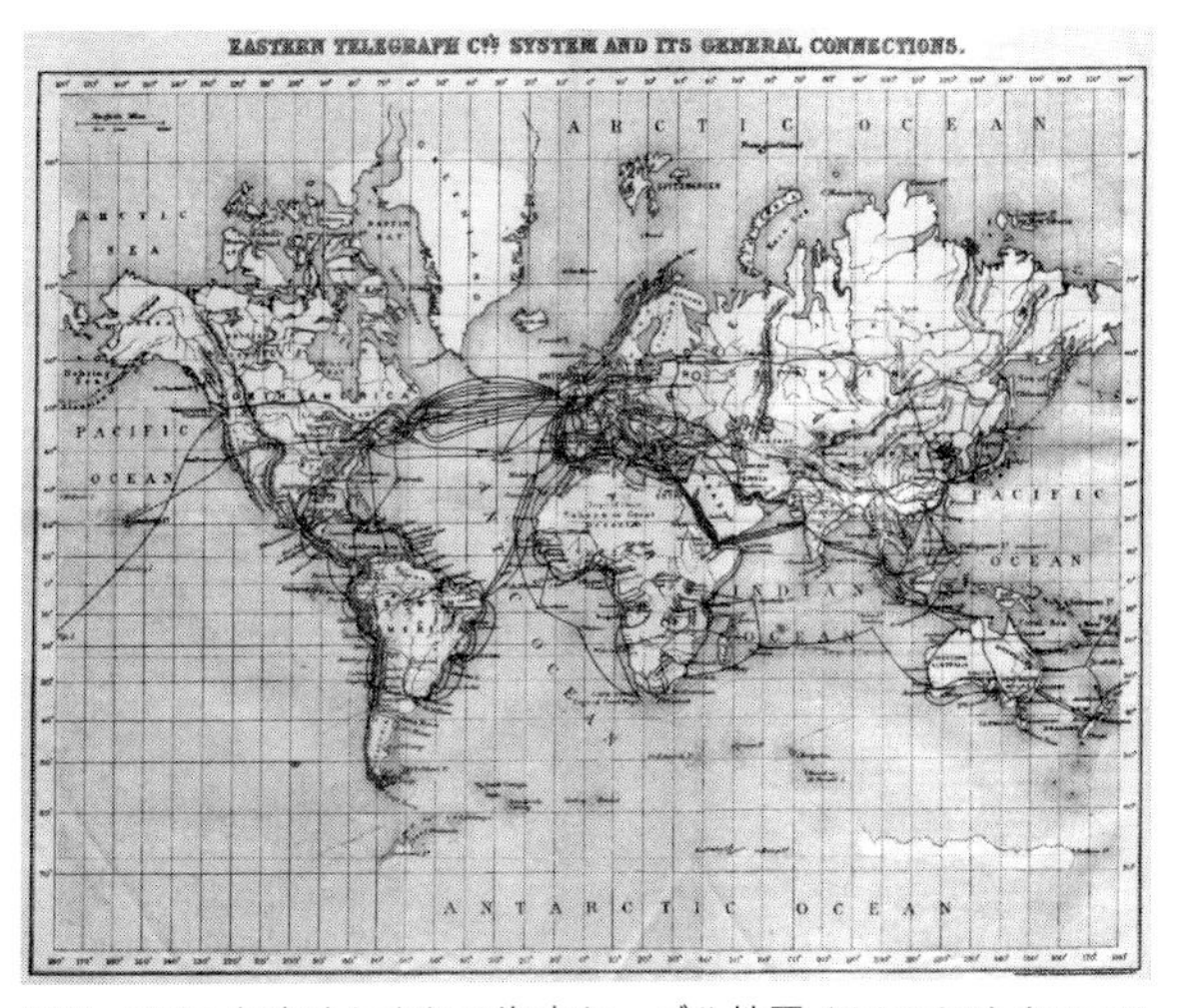

図2　1901 年当時とされる海底ケーブル地図（地上を含む）（https://atlantic-cable.com/Maps/1901EasternTelegraph.jpg）

二〇世紀以降、赤色は共産主義の象徴とされるようになったが、それ以前は英国王室が赤色を多用していた。イングランドの王室紋章は赤地に金色のライオンが描かれている。赤色の制服を着たイギリス近衛兵の姿は今でも観光客に人気である。そのため、二〇世紀初めまでの大英帝国の海底ケーブル・ネットワークは「オール・レッド・ライン」と呼ばれた。

大英帝国の植民地は、アイルランド、中東、インド、シンガポール、オーストラリア、ニュージーランド、香港、上海などに広がっていた。それらをつなぎ、植民地統治と自由貿易の拡大に電信の海底ケーブル・ネットワークは活用された。

転換点となったハワイ

その中で、イギリスが最後のリンクとしてつなぎたかったのがハワイである。ハワイは一八九三年まで独立王国であり、ハワイの王室はイギリスの王室に親近感を持っていた。そのため、ハワイ王国の国旗はイギリスのユニオン・ジャックをモチーフにしたものになっている（この旗は現在の米国ハワイ州に引き継がれている）。しかし、ハワイは一八九三年にアメリカ系移民によって王政が廃止され、ハワイ共和国になる。そして、一八九八年に米西戦争が起きたことを機に、ハワイ準州として併合されてしまう。

こうした過程で、ハワイに対するアメリカの影響力が強くなり、イギリスはハワイに海底ケーブルを陸揚げすることができず、カナダからハワイの南にあるファニング島にケーブルを陸揚げする。そのケーブルはフィジー、ノーフォークを通じてニュージーランドとオーストラリアにつながった。

一方、アメリカは米西戦争で獲得した植民地であるフィリピンおよびグアムとの接続のため、ハワイへの海底ケーブルを敷設し、ようやく一九〇二年に本土とハワイを接続、翌〇三年にハワイとグアムの接続に成功した。

同軸ケーブルの時代
—政府主導から通信事業者の共同事業へ

グローバルなオール・レッド・ラインを完成させた大英帝国だったが、一九〇一年にヴィクトリア朝が終わると、徐々に衰退フェーズに入る。そして、一九一四年に第一次世界大戦が始まると、イギリス自らが海底ケーブルの切断を始めてしまう。第一次世界大戦の開始（一九一四年）から第二次世界大戦の終結（一九四五年）までの三一年間は無線通信の普及もあり、海底ケーブルにとっては試練の時代だった。

第二次世界大戦が終わり、同軸ケーブルの開発が進むと、再度、海底ケーブルの普及が始まるが、それは植民地統治のためではなく、経済的な需要に基づくものであった。また、この時期は新しい海底ケーブルの開発時期であった。すなわち、同軸ケーブル方式の提案、ポリエチレンの適用、中継器（信号の増幅器）を含んだケーブル系の開発等である。

同軸ケーブルは、テレビのアンテナ線に用いられるのと同様、中心導体の周りに絶縁体、その周りにチューブまたは網組の導体が配置されたもので、高い周波数の電磁波の伝送に優れた特性を示す。これを巨大化したものが、海底ケーブル用同軸ケーブルである（図3）。

図３　海底同軸ケーブル
（資料提供：OCC）

これまでの大洋横断電信ケーブルでは、最大でも電信を八回線しか使用できなかったが、第二次世界大戦後実用化された中継器と同軸ケーブルを組み合わせたシステムでは、電話回線（一回線で電信回線の二〇倍程度の容量）を大陸間でも送れるようになり、大西洋で一九五六年に実用化された（第一大西洋ケーブル（TAT—1）：電話四八回線）。

この同軸ケーブルの時代は、海底ケーブルの建設および運用が各国の通信事業者の共同事業に移行した時代であることに注目する必要がある。一九六一年一一月に国際電信電話（株）（KDD）により発表された太平洋横断ケーブル計画においては、「注目されるべき点として、その所有および建設維持が関係国の共同で行われることが挙げられ」た。これは、TAT—1はアメリカ・イギリス・カナダの、またTAT—2はアメリカ・フランス・ドイツの、それぞれ共同事業として計画され、関係国はそれぞれのケーブル回線の使用割合に応じ建設費および維持費を負担し、ケーブル施設に対し共同で所有権または使用権を取得するという協定を締結したことに習ったものである。

この方式は、戦前の海底ケーブルが特定国のケーブル企業により単独で所有され、それを通じて行われる通信サービスの収入の大部分も当該企業に帰属したのに対して、関係国の企業が共同で出資し、建設保守を行うという画期的なものであった(2)。この方式はケーブルコンソーシアムと呼ばれ、ケーブル建設・運用の基本的な形となって現在も続いている。

第一太平洋横断ケーブル(TPC―1)と呼ばれるようになったこのケーブルは一九六四年六月に完成し、日本―ハワイ間で安定的に電話回線一三八回線を疎通することができた。その前年にケネディ暗殺の衝撃的なニュースが流れた衛星通信とともに、「広帯域通信」の時代の到来を示すものとなり、その後、三〇年にわたり現役として運用された。

同軸ケーブルから光海底ケーブルへ

一九五一年にはソビエト連邦が世界初の人工衛星スプートニク1号を打ち上げたことにより、宇宙時代が始まった。その結果、大洋を越える通信では海底同軸ケーブルと人工衛星が競合する時代が一九八〇年代の光海底ケーブルの登場まで続いた。

太平洋においては一九七〇年代に入り、より容量の大きいTPC―2(一九七五年運用開始、電話八四五回線)が沖縄―グアム―ハワイに敷設された。また、大西洋においては、一九七六年に電話四〇〇〇回線のTAT―6が導入されたが、外部導体径が四三ミリメートルとより太く、中継器間隔も一〇キロメートル以下で数多くの中継器を挿入しなければならない巨大なシステムとなり、長距離ではこれ以上の大容量化は望めなかった。

現在の海底ケーブルは、同軸ケーブルの代わりに、伝送媒体として髪の毛とほぼ同じ太さの光ファイバーを用いているが、この方式が大西洋で初めて実用化されたのは、わずか三〇年前、一九八八年(TAT―8)のことである。太平洋では、翌一九八九年に房総半島の先端の千倉町(現南房総市千倉町)とハワイの間で実用化された。このTPC―3は回線容量として電話三七八〇回線とTPC―2の三倍以上の伝送容量を有していた。一九九二年には、より帯域の広いTPC―4(七五六〇回線、五六〇Mbps×2FP:ファイバーペア、送信方向と受信方向で一ファイバーずつ使われるので、ファイバーペアと呼ばれる）が千倉―米国およびカナダ間に敷設されたが、この時代の方式は、数十～百数十キロメートルごとに設置される中継器において衰弱した光信号をいったん電気信号に換え、改めて光信号として、次の区間の光ケーブルに送り出すというものであった。光再生中継とも呼ばれる。

光増幅および波長多重技術のインパクト

これに対し、一九九五年に運用開始したTPC―5CN（CNはCable Networkの略、後述）は、初めて「光増幅」方式の中継器が用いられた。これは、エルビウムを添加したファイバーに衰弱した光信号と、特定の波長の光（励起光と呼ばれる）を入れると衰弱した光信号が増幅されるというものである。これが画期的だったのは、それまでは、一本のファイバーの中には、一種類の信号しか入れられなかったものが、違う二つの周波数の光（例えていうならば、赤い光と青い光）を同時に送信し、受信側でそれが弁別されれば新たにケーブルを敷設しなくとも回線容量が倍になるということである。

TPC―5CNは、5Gbps（電話約六〇〇〇回線）×2FPの設計であったが、運用開始から三年後、別の光を導入する「波長多重」方式が実用化され、一挙に回線容量が倍になった。これが、現在の光海底ケーブル躍進の大きな一歩である。

その後、光ファイバーそのものの品質改良、信号方式の改良、波長により伝送速度が異なることによる品質劣化の補償の技術等により、伝送できる速度、波長数は倍々ゲームで増えていき、わずか六年後の二〇〇一年に運用開始したJapan―US CNでは、当初の設計容量として10Gbps×16波×4FPという値まで到達した。

TPC―4の時代までは、ケーブルは一本ずつつなぎ、ケーブルのバックアップは衛星で行うというのが基本的なネットワークの設計であったが、TPC―5CNからは、ケーブルで伝送できる通信容量を衛星でバックアップすることはもはやできないということで、ケーブルのバックアップは別のケーブルで行わざるを得なくなった。このため、TPC―5CNでは、太平洋区間を二ルート設置し、それぞれの間を国内の渡り区間として設け、全体で、リング状の構成とし、太平洋区間のどちらかが障害になった場合、別のルートで迂回できるようにした。これが、名前に入っているＣＮ（ケーブル・ネットワーク）の由来である。

インターネットとケーブル所有者の変容

波長多重技術が使われ出した一九九〇年代後半は、奇しくもインターネットが商用化された時代にも重なる。ウインドウズ９５の狂騒の時期でもある。インターネットの普及により、大容量のケーブルを作れば売れるという観測が喧伝された。

投資会社が出資したケーブル敷設会社が海底ケーブルを敷設し、通信会社にその回線容量を卸売りするという「プライベート・ケーブル」の概念が持ち込まれたのは一九八九年のＰＴＡＴ―１からだった。一九九八年に運用を開始した大西洋のＡＣ―１（Atlantic Crossing-1）は爆発的需要増の時期と重なり、奇跡的な成功を収めた（高崎 二〇〇三）。この成功を受け、大西洋のみならず、太平洋（ＰＣ―１、ＴＧＮ―Ｐ）、東南アジア（Ｃ２Ｃ）にも当時の最新鋭の技術で大容量のプライベート・ケーブルが作られるようになった。

しかしながら、プライベート・ケーブル事業者が望んだほどには、ケーブル上の回線容量は売れず、二〇〇〇年代初頭のプライベート・ケーブル事業者は軒並み米国破産法一一章の破産手続きに入ることになった。しかしながら、敷設されたケーブルは別の運営事業者に安く買われ、その命を全うすることになる。

日米間に関しては、ＴＧＮ―Ｐから数年間、いろいろプロジェクトの試みはあったが、一つとして成立しなかった。原因の一つとして考えられるのは、そのころからトラフィック（通信量）の中心を占めるようになってきたインターネットにおいて、基幹となるネットワークに接続しようとするものはその接続点まで自分で回線を用意しなければならないというルールである。電話が中心だった時代には、回線設定は折半が原則であったため、米国事業者はその膨大な通信量をさばくため、自らも海底ケーブルに積極的に投資していた。Ｃｈｉｎａ―ＵＳ ＣＮ（二〇〇〇年運用開始）、Ｊａｐａｎ―ＵＳ ＣＮ（二〇〇一年運用開始）も日米アジアの通信事業者が中心となって建設したものである。

しかしながら、急速に伸びつつあったインターネットの世界においては、世界中の通信事業者がアメリカに接続しに来てくれることになった。アメリカの通信事業者にとって、積極的に海外へのケーブルに投資する意味が無くなってきていたわけである。これまで海底ケーブルの敷設、運営の核であったアメリカの通信事業者が投資意欲をなくしたのである。

このため、いくつもの新ケーブルプロジェクトが挫折したが、日米間の太平洋ケーブルの復活のきっかけとなったのが二〇一〇年に運用開始したユニティである。このユニティはプロジェクト名がそのままケーブル名になっているが、そのプロジェクトのコンセプトは、①おおよそほとんどの日米間ケーブルは同じようなルートを通っている、②光ファイバーはその性質上、端から端まで独立した動作をするため、ファイバー毎に所有者（のグループ）を分けることが可能である、③プロジェクト成立に向けて競っている複数のグループが結集（Unite）すれば大きな＝事業効率の良いケーブルができあがるのではないかというものであった。

このユニティには初めて主要メンバーとしてグーグル（Google）が参加している。グーグルのような企業は従来からの通信事業者（インカンバント）からすると、築き上げたネットワークを利用して事業を行うということで、ＯＴＴ（Over The Top）と呼ばれてきたが、そのＯＴＴの一角が海底ケーブルというインフラそのものに進出してきたわけなので、主客逆転である。では、なぜＯＴＴは海底ケーブルに進出しようとしたのか。一つ考えられる理由としては、ＯＴＴが利用しようとしている回線容量に対し、通信事業者側の「値付け」が高すぎると考えたことがあげられる。そのためＯＴＴが海底ケーブルに投資すれば「原価」で回線容量が手に入ると考えたのも無理はない。

しかし、海底ケーブルはポンとお金を投資するだけでできるものではない。その裏には、陸揚局の運用、ネットワークオペレーションセンター業務、保守点検作業等々、人手のかかる作業がある。これらについて十分な人材を提供しているか＝人的コストの負担をしているかという点については、従来の事業者の目から見ると不十分なところがある。また「それだけの負担ができない」と海底ケーブルへの出資を辞めていったＯＴＴもある。だが、資金面でみると、もはやＯＴＴ抜きでは大型のケーブルは成り立たないと言っても過言ではない。

狙われる海底ケーブル──セキュリティとガバナンス

二〇一三年にアメリカの情報監視活動を暴露したスノーデン事件は、アメリカをはじめとする国々で諜報活動が広範に行われている警告となり、また一方で、海底ケーブルが傍受されているという印象を与えることとなった。しかしながら、現在の光海底ケーブルシステムの構造からして、海中においての傍受という可能性は低い。

現代の通信用海底ケーブルは、伝送媒体としては、光ファイバーを用いている。内と外に屈折率の違うガラスを用い、それにより光がファイバー内を反射しながら伝送していくというものである。外側については、製造メーカにより構造に違いがあるが、引っ張り強さ（対張力）を増すための鋼線（ピアノ線）、中継器に電力を供給するための銅パイプ、絶縁および保護のためのポリエチレンというのが基本的構造で現在は直径一七ミリメートルのものが多くつかわれている。水深三〇〇〇メートル以上の深海底では、これをそのまま用いるが、より浅いところでは、その周りに鉄テープを巻き、さらにポリエチレン外被を施したり、鉄線で保護したりする（図4）。

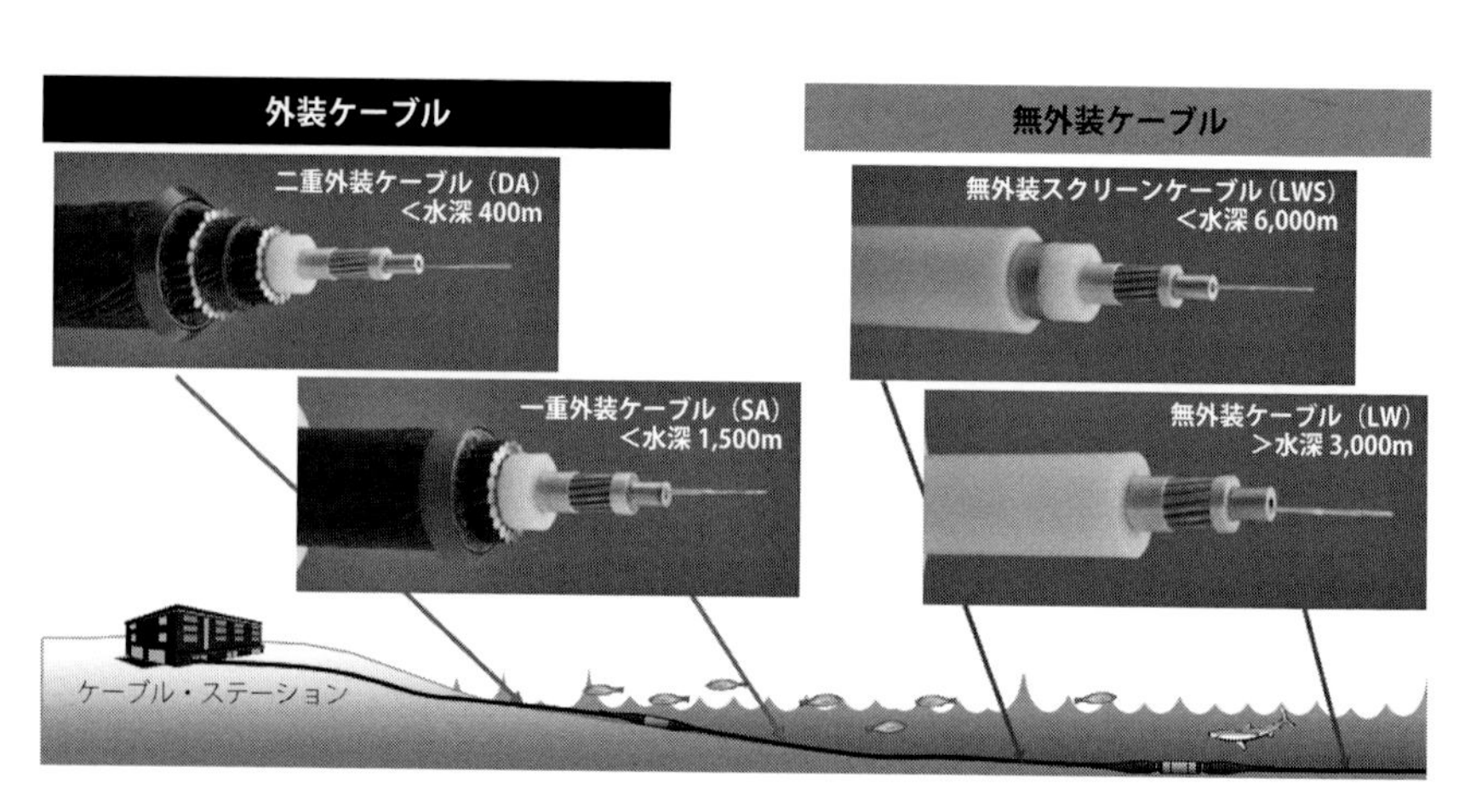

図4　光海底ケーブルを保護する構造（資料提供：KDDI）

これは、水深の浅いところでは、波の影響で摩耗したり、漁業活動、投錨等の人的影響も起こったりしやすいためで、外装を施した上、浅海部では海底面に埋設することによりケーブルを保護している。

二〇センチメートルくらいの長さに切ったケーブルの切れ端を持つと、一番細い無外装のものであってもその硬さに驚くであろう。力自慢に折ってもらおうとしてもほぼ曲がらない。これは、水深八〇〇〇メートルの深さにも耐えられ、かつ、敷設や修理の際にかかる引っ張り強さにも耐える（一番細いものでもおよそ六トンに耐える）ものとするためである。一方、硬すぎても敷設船に積み込むことができず、また、海底の地形に沿わせ、あらかじめ計算された余長をもって敷設できなくなるため、ある程度の半径（一・五メートル以上）ならば運用に耐えるようにできている。この矛盾した強さが海底ケーブルの構造の特徴となっている。

外被のないファイバーを小さな半径で曲げた場合、ファイバーの外に光が漏洩するという現象が知られているが、海底ケーブルとして作られたものでは、先にみたとおり、緩やかな弧でないと曲がらないようにできており、曲げの強さで光が漏洩することはない。また、ファイバーを保護するための管、張力を確保するための鋼線、銅パイプなどで何重にも覆われており、ここからも光が漏れだすことはない。光信号を伝送手段としている海底ケーブルから漏洩光を海中で検知して諜報活動をするということは不可能と言えよう。

誰が管理しているのか

海底ケーブルの保護

一八五一年にはじめて敷設された海底ケーブルだが、それを保護するための国際的な動きはすぐに始まった。二カ国ないし数カ国での協定や条約が結ばれた後、一八六五年には国際電信のルールを整備するため最古の国際機関である万国電信連合が設立され、一八八四年には、海底電信線保護万国連合条約が成立している。これは一六条からなる海底ケーブル保護のみを目的とした条約であり、既存ケーブル優先のルール等を定めている。

注目すべきは、第一五条にて戦時にはこのルールが適用されないと明記していることである。海底ケーブルが何かを知らない漁民が網に引っかけて引き上げてしまったり、錨によって破壊されたりする事故も多かった。敵対的な勢力によって切断されるリスクも当初から想定されていた。

万国電信連合は一九四七年に国際電気通信連合（ＩＴＵ）に生まれ変わり、国際的な通信を管轄した。そして、一九五八年の公海条約・大陸棚条約を経て、一九九四年に国連海洋法条約（ＵＮＣＬＯＳ）が発効した。一八八四年の条約からは、海底ケーブルの損壊は犯罪であること、既存ケーブルの優先、海底ケーブル保護のために被った被害の補償の項目が取り入れられた。

一方、公海条約、ＵＮＣＬＯＳ等では、公海における海底ケーブル敷設の自由及び敷設する権利を認めている。排他的経済水域（ＥＥＺ）内に敷設する場合には、沿岸国に相応の留意を払うことを規定しているが、原則敷設は自由とされている。では、海底ケーブルは勝手気ままに敷設できるのだろうか。日本の領海内においては、有線電気通信法、国有財産法等の規制を受け、有線電気通信法施行令により海底ケーブル同士の間隔は五〇〇メートル以上と規定されている。領海外の海洋法の規定は同軸ケーブル時代に起草されたものであり、現在のように膨大なデータ量を疎通するために、何重にもケーブルが敷設されている時代のものではない。そこでは、敷設の自由あるいは、敷設の権利は明記されているが、他の海底ケーブルとの離隔等の具体的な規制はない。

だが、実際の海底では、世界でも一番混みあっている台湾とフィリピンの間のバシー海峡でも、一定の離隔をもって敷設されている。これにはどのようなルールがあるのだろうか。

ここでは、民間の業界団体である国際ケーブル保護委員会（ＩＣＰＣ）という組織が作成している勧告が広く用いられている。ＩＣＰＣは、大西洋に同軸ケーブルが敷設されて間もない一九五八年に六か国の代表が集まっていかにケーブルへのダメージを軽減するかということを協議したのが始まりである。現在は六〇か国以上一七〇もの海底ケーブルに関係する組織が参加している。通信用や電力用の海底ケーブルの所有者に加え、二〇一〇年からは、ＮＥＣやサブコム（SubCom）等のケーブルシステム供給者、海洋調査会社、政府にも門戸が開かれた。ＩＣＰＣでは、公的な規制の及ばない部分についても具体的な勧告にまとめている。

例えば勧告2では、ケーブルとケーブルの間の離隔は水深の三倍以上取ること、やむを得ず既存のケーブルの上に別のケーブルを敷設する（交差する）場合には、直角を原則とし、最低でも四五度以上の角度で交差すること。交差の協議を行い、記録に残すこと等の指針を出している。これは、敷設時の事故を防ぐとともに、何らかの障害が起こり修理する場合にも、他のケーブルに影響を与えずに修理ができるようにしているものである。

この勧告は海底ケーブル関係者によく知られ、交差協議の際にもICPCの勧告に基づき、交差を認める、認めないというようなことが日常的に行われている。また、実際にも三本以上が同時に交差するようなやむを得ない場合を除き、非常によく順守されている。これは、国際間において民間でガバナンスが保たれているプライベート・ガバナンスの好例と言えるであろう。

他の海底利用者とのせめぎあい

このように、海底ケーブル関係者内では比較的「お互い様」意識により、お互いに譲歩できるところはしていくという慣習があるが、それが他の関係者との間では、同じようなプラクティスが行われるとは限らない。

古くは、ドーバー海峡で初めて海底ケーブルが敷設されたとき、新種の海藻と間違われて漁民に切られた話をはじめとし、漁労によるケーブル障害は今でもケーブル障害の三—四割を占める大きな要因である。あらかじめ漁業関係者にケーブルの敷設状況を説明し、敷設や修理にあたり、近隣での漁業活動を控えるように協力をお願いするというのは、ケーブル運用者にとって重要な活動になっている。

近年、ICPCが通常の活動に加え、力を入れている活動としては、国家管轄権外区域の海洋生物多様性（BBNJ）の問題に対する対処と国際海底機構（ISA）との協議の二点がある。

BBNJは、二〇一五年六月、国連総会において、国家管轄権外の地域における生物多様性の保全と持続可能な利用に関する法的拘束力のある条約を締結すべきであるという決議がなされ、これに基づき、二〇一九年九月現在、条約案の政府間協議が行われている。今まで、国家管轄権外の地域（一般に言う公海）においては、UNCLOSのもと、海底ケーブルについては、敷設の自由、敷設の権利が認められてきた。ICPCをはじめとする海底ケーブル業界側からすると、このような枠組みが設けられること自体に反対するものではないが、海底ケーブル自体は環境に与える影響が全くないか無視できるレベルであり、特に深海底においては、海底ケーブルは敷設にあたり、海底面に静かに設置するだけなので、敷設や修理にあたって、改めて環境影響調査はする必要がないことを訴えている。

もう一つの新しい問題は、やはり国家管轄権外の区域をめぐるもので、深海底の鉱物資源の探査、開発に関するものである。UNCLOSにおいては、ISAが深海底の鉱物資源の探査、開発の許諾を与える唯一の機関と定められている。

これまで、深海底の鉱物資源（マンガン団塊、海底熱水鉱床、コバルトリッチクラスト等）の探査は行われてきたが、いよいよ「開発」が現実的になってきたこと、また、探査・開発の許諾が非公開で審議されており、海底ケーブル側から事前に異議を申し入れることができない状態であることから、大きな問題をはらんでいる。現実に、中国の企業に与えられた探査区域に日─豪間や米国─グアム、フィリピン、インドネシアへのケーブルが入っていることなどが事後に判明し、当該ケーブルの所有者の脅威となっている。

ICPCとISAは覚書に基づき、相互の総会に代表を送るなどの情報交換を試みているが、ケーブル側からすると既に運用を開始しているケーブルもあるにも関わらず、事前の打診等がなく、必要な配慮がなされていないとの不満があるし、ISA側からすると深海における海底ケーブルの位置情報が不足しているとの指摘がある。

大陸間通信の九九％が海底ケーブルによって疎通されている現在、国際通信の安定的な運用のためには、この二つの機関の密な交流は欠かせないものになってきている。

おわりに

海底ケーブルは国際的な通信を担う基幹網であり、今日の情報社会を底辺で支えている。広大な海の中で占有する面積は小さいものの、一つの国への海底ケーブルが一度に失われた場合の損失は計り知れない。我々の情報が断絶することのないよう、なるべく多くのルートが確保されるよう、今後も検討していく必要があろう。

他方、海底ケーブルが海底・海中の環境に与える影響は極小化されているとはいえ、人工物を置くことには変わりない。環境との調和、そして開発との調整も、今後はいっそう必要になっていく。

海底ケーブルはITUやUNCLOSという公的な枠組みによって保護・運用されているが、ICPCのようなプライベート・ガバナンスの役割も無視することはできない。海底ケーブルの需要は今後も増えることが予想されるため、パブリック・ガバナンスとプライベート・ガバナンスの接点が議論されるようになるだろう。本章では論じることができなかったが、電力供給用・軍事用・海底観測用など、海底ケーブルの多様な活用も今後の課題となるだろう。

（1）バーバラ・W・タックマンの著作によって、この作戦は英国のケーブル船テルコニア号によって行われたと信じられてきたが(Tuchman 1966)、ジョナサン・リード・ウィンクラーはアラート号によるものだとしている(Winkler 2008)。

（2）国際電信電話、一九六一年一一月一八日発表資料。

参考文献

高崎晴夫 二〇〇三「国際海底ケーブルの建設形態の変遷と将来展望(上・中・下)」『オプトコム』一六七、一六八、一六九

Burdick, Charles B. 1976, *The Japanese Siege of Tsingtau: World War I*, Asia, Archon Books.

Tuchman, Barbara W. 1966, *The Zimmermann Telegram*, Macmillan.

Winkler, Jonathan Reed 2008, *Nexus: Strategic Communications and American Security in World War I*, Harvard University Press.

海洋境界の争いは解決できるか

坂元茂樹

なぜ海洋境界の争いが起こるのか

地上の国境であればともかく、海は世界に広がりつながっています。それなのに、国の間で海洋境界についてなぜ争いが起きるのか不思議だと思う方が多いと思います。その背景には、海洋資源の獲得をめぐる国同士の争いがあります。海洋には、海底石油、天然ガス、マンガン団塊、コバルトリッチクラスト、メタンハイドレード、熱水鉱床、レアアース泥などさまざまな海洋資源が存在します。

海に関する各国の権利と義務を定めたものとして、一九八二年の国連海洋法条約（以下、海洋法条約）が存在します。人類が作成した最も長い条約で、本文だけで三二〇カ条あります。これにマグロなどの高度回遊性の種を定めた附属書Iにはじまって、海洋法条約に関する争いを解決するために設立されたドイツのハンブルグにある国際海洋法裁判所（ＩＴＬＯＳ）に関する附属書Ⅵや仲裁に関する附属書Ⅶなど九つの附属書があります。海洋法条約は、「海の憲法」と呼ばれたりします。

一九六〇年代にエネルギーの需要が石炭から石油へ転換するエネルギー革命が生じ、石油の需要が大幅に伸びた結果、各国はみずからの沿岸の大陸棚における海底石油資源や天然ガスの開発に乗り出しました。一九五八年に採択された大陸棚に関するジュネーブ条約は、大陸棚に対する資源について、沿岸国の「主権的権利」を認めていました。その意味は、沿岸国が他の国を排除して独占的に資源を開発できるというものです。そのため、大陸棚の石油や天然ガスの開発という海洋資源の獲得競争は次第に熱を帯び、その結果、大陸棚の海洋境界画定紛争が多発するようになりました。

一九四六年に活動を開始した国連の主要な司法機関であ

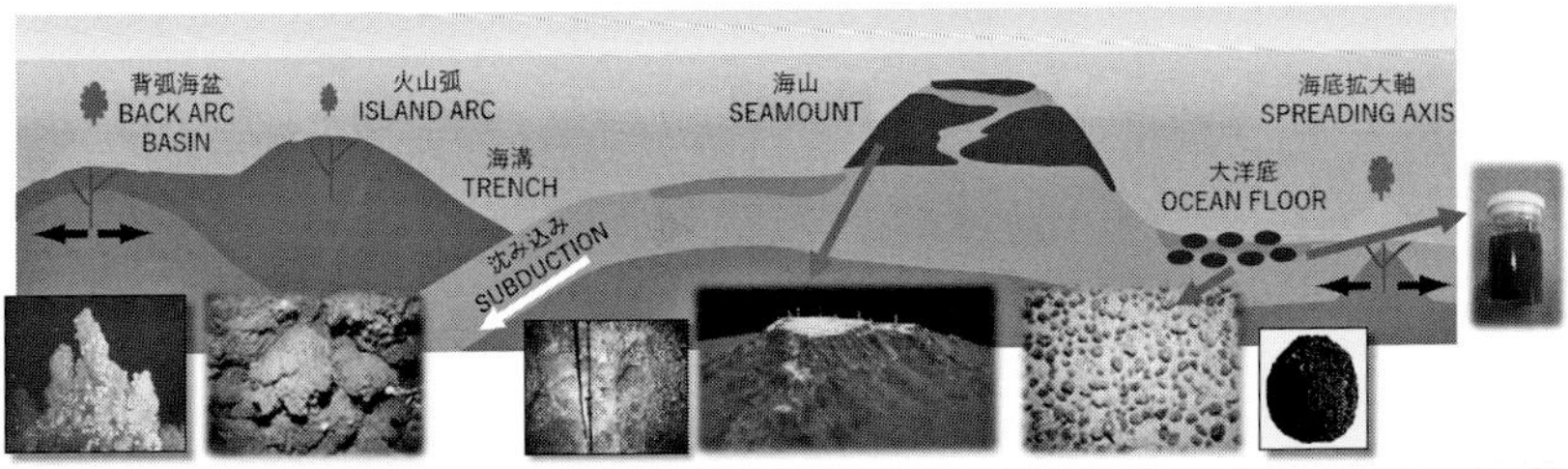

背弧海盆 BACK ARC BASIN
火山弧 ISLAND ARC
海溝 TRENCH
沈み込み SUBDUCTION
海山 SEAMOUNT
海底拡大軸 SPREADING AXIS
大洋底 OCEAN FLOOR

	海底熱水鉱床	コバルトリッチクラスト	マンガン団塊	レアアース泥
特徴	海底から噴出する熱水に含まれる金属成分が沈殿してできたもの	海山斜面から山頂部の岩盤を皮殻状に覆う、厚さ数cm～10数cmの鉄・マンガン酸化物	直径2～15cmの楕円体の鉄・マンガン酸化物で、海底面上に分布	海底下に粘土状の堆積物として広く分布
賦存海域	沖縄、伊豆・小笠原(EEZ)	南鳥島等(EEZ, 公海)	太平洋(公海)	南鳥島海域 (EEZ)
含有金属	銅、鉛、亜鉛等(金、銀も含む)	コバルト、ニッケル、銅、白金、マンガン等	銅、ニッケル、コバルト、マンガン等	レアアース(重希土を含む)
開発対象の水深	700m～2,000m	800m～2,400m	4,000m～6,000m	5,000m～6,000m

図１　海洋鉱物資源の種類（出典：資源エネルギー庁ウェブサイト：https://www.enecho.meti.go.jp/about/special/johoteikyo/kaiteinessuikosho.html）

る国際司法裁判所（ＩＣＪ）は、一九六九年の北海大陸棚事件判決（西ドイツ対デンマーク・西ドイツ対オランダ）において、沿岸国が大陸棚に対して主権的権利を持つのは、大陸棚が陸地領土の海中への自然の延長をなす事実によると述べました。「陸が海を支配する」という考え方です。

一九六〇年代の中ごろになると、水深五〇〇〇メートル前後の海底に、ニッケル、コバルト、銅、マンガンを含有するマンガン団塊資源が大量に存在することが明らかとなりました。しかも、先進国による開発の独占が現実のものとなっていました。一九六七年の国連総会でマルタのパルドー大使が、世界中の海底が先進国沿岸国の間で分割されるおそれがあると警告し、大陸棚の範囲を明確にし、それ以遠の海底には大陸棚とは異なる深海底制度を樹立し、そこにある資源を人類の共同の財産とすべきであるとの演説を行いました。この演説を契機に、海洋法条約が生まれました。今では、対象がレアアースやメタンハイドレードに変化しているものの、海洋資源開発の各国の意欲に変わりはありません。

海洋法の仕組み

海洋法条約は、海洋の秩序を形成する基本的考え方として、二つの考え方を採用しています。一つは、それぞれの海域に対する沿岸国とその他の国の権利義務を定める海域区分の考え方です。みなさんも二〇〇海里という言葉を聞いたことがあると思います。海洋法条約は、沿岸国の主権が及ぶ領海は一二海里と定めると同時に、新たに沿岸から二〇〇海里までを沿岸国の排他的経済水域（以下、ＥＥＺ）と定め、二〇〇海里までの海域と海底及びその下の天然資源の探査、開発及び管理のための主権的権利を定めました。もう一つの考え方は、航行、漁業、資源開発、海洋環境の保護、海洋の科学的調査という事項別規制の考え方です。そうすると、沿岸国が他国を排除して独占的に資源の探査や開発を行える範囲はどこまでかということが重要な問題となります。四〇〇海里未満で向かい合っている国同士や隣接している国同士では、こうして大陸棚やＥＥＺをめぐる海洋境界の争いが生じることになります。

海洋境界画定に関するルールはあるのか

海洋境界の争いが生じた場合、その争いを解決するためのルールが必要です。国同士が、外交交渉で解決しようとするときに、準拠できるルールが必要です。海洋法条約は、大陸棚に関する境界画定とＥＥＺに関する境界画定について、同一のルールを定めています。第七四条一項と第八三条一項です。具体的には、「向かい合っているか又は隣接している海岸を有する国の間における排他的経済水域（あるいは、大陸棚）の境界画定は、衡平な解決を達するために、国際司法裁判所規程第三八条に規定する国際法に基づいて合意により行う」との規定です。

海洋法条約の起草にあたった第三次国連海洋法会議では、海洋境界画定の基準について二つの考えが対立していました。一つは、「等距離中間線＋特別事情」原則であり、もう一つは「衡平原則＋関連事情」原則という考え方の対立です。しかし、採択された海洋法条約はこのような特定の基準を採用せず、衡平な解決に達するために、国際法に基づいて合意により行うことを定めました。海洋境界画定の争いを抱える国は、国際法に準拠しながら合意に基づいて解決しなさいといっているわけです。実際、日本は中国との間で東シナ海における大陸棚とEEZの境界画定について争いを抱えていますし、日本海では韓国との間でEEZの境界画定を抱えています。韓国との間では、一九七四年に日韓大陸棚協定（北部協定と南部協定という二つの条約から成ります）が締結されています。中国も韓国も、日本と同様に、海洋法条約の締約国です。海洋法条約では、海洋境界画定のルールが定められているのだから、そのルールに従って交渉し、合意をすればいいのではないかと考える方が多いと思いますが、ことはそれほど単純ではありません。そこで、紛争を抱えるそれぞれの国について考えてみましょう。

中国とは何がもめているのか

中国との間には大陸棚もEEZの境界画定も行われていません。そもそも大陸棚の境界画定について、両国の間でその基準について対立があるからです。日本は、境界画定に関する最近の国際判例に照らして、大陸棚及びEEZの境界画定は、ともに等距離中間線に基づき境界を画定すべきだと主張します。しかし、中国は境界画定の際に等距離中間線を用いることは適当ではないと主張します。特に、大陸棚については大陸棚の自然延長として沖縄トラフ（舟状海盆）までの主権的権利を主張します。先の北海大陸棚事件でICJが使用していたいわゆる自然延長論です。こうした考え方の相違もあり、日中がお互いにもめている水域、いわゆる係争水域について、日本が、東シナ海全体におけるお互いの二〇〇海里の主張が重複する海域であると

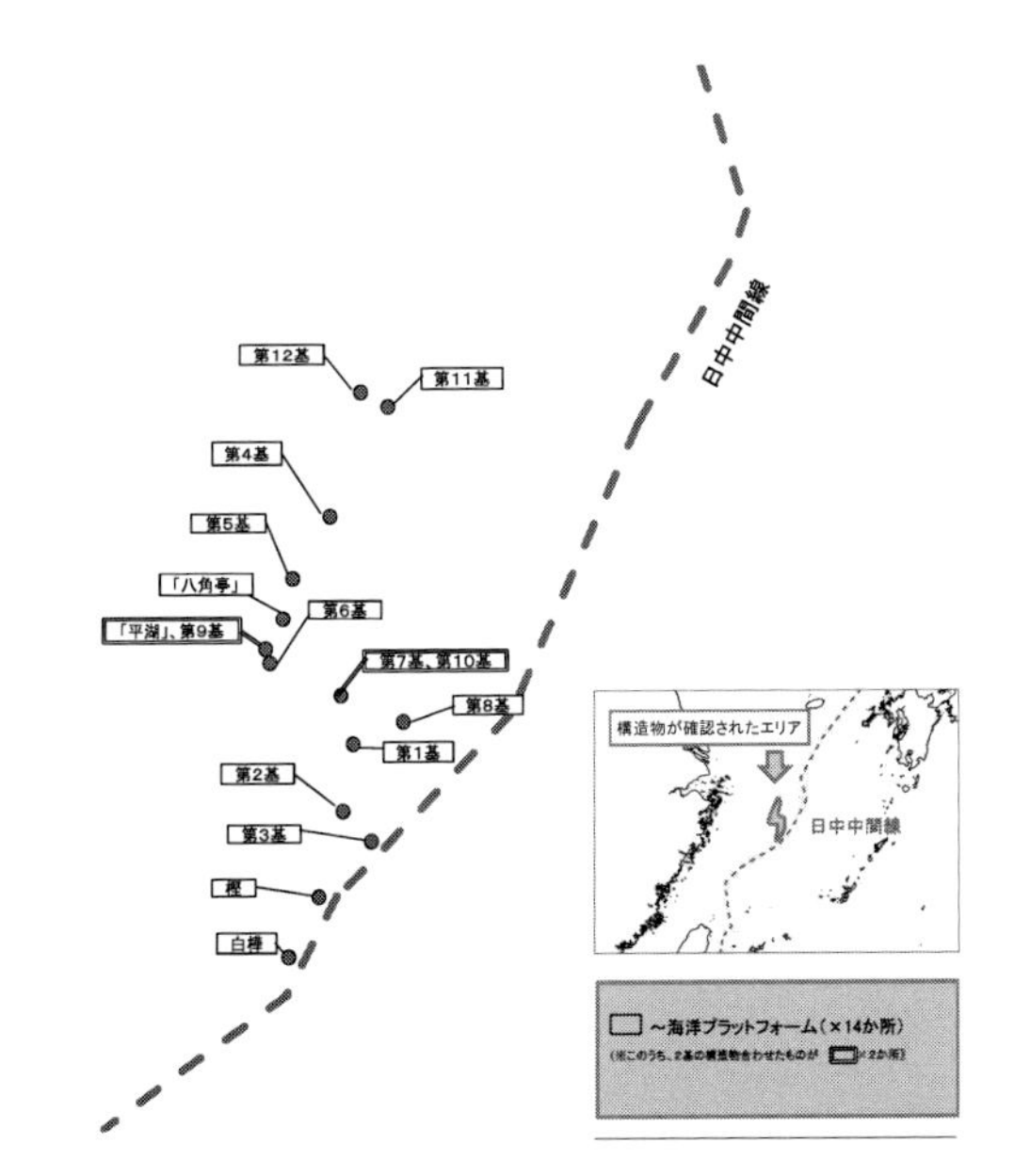

図2　東シナ海の14基の位置図（出典：外務省ウェブサイト:https://www.mofa.go.jp/mofaj/area/china/higashi_shina/tachiba.html）

主張するのに対し、中国は、係争海域は日中中間線と沖縄トラフの間であると主張します。

大陸棚の境界画定の基準は、海洋法条約のルールであらかじめ特定されているわけではありませんが、向かい合っている国同士の間では、等距離中間線が一つの基準とされる傾向にあります。中国が主張する大陸棚の境界画定基準としての自然延長論は決定的なものではなくなりつつあります。たしかに、自然延長論は一九七四年に日韓で大陸棚協定を締結した当時は優勢でしたが、海洋法条約の採択以来、ＥＥＺの概念が定着するにつれ、大陸棚が二〇〇海里の距離基準に包摂され、大陸棚の概念がＥＥＺの制度の中に吸収されています。実際、海洋法条約は、大陸棚を次のように定義します。

「沿岸国の大陸棚とは、当該沿岸国の領海を越える海面下の区域の海底及びその下であってその領土の自然の延長をたどって大陸棚縁辺部の外縁に至るまでのもの又は、大陸縁辺部の外縁が領海の幅を測定するための基線から二〇〇海里の距離まで延びていない場合には、当該沿岸国の領海を超える海面下の区域の海底及びその下であって当該基線から二〇〇海里の距離までのものをいう」。

たしかに、ＩＣＪは、北海大陸棚事件判決（一九六九年）において、一九五八年の大陸棚に関するジュネーブ条約第六条二項の等距離原則を排除し、境界画定は衡平の原則に従い、自然の延長を構成する大陸棚の部分をその国に帰属させるように考慮して、関係国間の合意に基づいて行わなければならないと判示しました。しかし、海洋法条約で二〇〇海里のＥＥＺの制度が採用されて以後、ＩＣＪの判例には大きな変化がみられます。

一九八二年のチュニジア・リビア大陸棚事件判決において、ＩＣＪは、「領土の自然な延長という観念は、それ自体、近隣国の権利に対する関係で一国の権利の及ぶ正確な範囲を決定するのに必ずしも十分ではなく、また適当でさえないであろう」とし、「沿岸国の自然な延長が大陸棚に対するその法的権原の基礎であるという原則は、本件において、隣接する国に属する区域の境界画定に適用される基準を必ずしも提供するものではない」と判決しました。つまり、自然延長の基準によって大陸棚の範囲を定めることはできても、境界画定の基準としてはそのまま用いることはできないというのです。なお、権原とはある行為や主張を行える法律上の根拠という意味です。

また、一九八五年のリビア・マルタ大陸棚事件判決において、ICJは、EEZと大陸棚との関係について、「EEZと同様に、大陸棚にはいまや距離基準が適用されなければならない」とし、「とりわけ、権原の証明のときはそうであって、二〇〇海里以内では沿岸からの距離に依存し、地質学的特性はまったく無関係である」とした上で、「裁判所としては、国家実行は等距離方法又は他のいかなるものも義務的にしていないと考える。ただ『印象的な証拠』として、等距離方法はさまざまな場合に衡平な結果を生み出すことが考えられる」と判決しました。

さらに、二〇〇九年二月三日の黒海海洋境界画定事件判決（ルーマニア対ウクライナ）は、海洋境界画定におけるICJの集大成と呼ばれる判決ですが、この判決は紛争当事国双方の裁判官を含む裁判官全員一致の判決であることが注目されます。ICJは、まず関連する海岸線や関連する海域の設定を行い、境界画定プロセスにおいて暫定等距離線を出発点とする境界画定の方法を採用するなど、過去の判例の蓄積に倣った方式を採用しました。本事件において、裁判所は、まず第一段階として、関連する海岸線と関連する海域を設定した上で、暫定等距離線を引き、次に第二段階として、この暫定線を修正する要因として、関連事情を検討し、最後に第三段階として、両者間に著しい不均衡が存在しているか否かを、比例性概念を用いて検証した上で、最終的な境界線を画定するという方法を採用しました。

ICJが、海洋法条約採択後、これまでの判例で一貫して衡平な結果を達成するために暫定等距離線を用いていることからすれば、裁判所は、みずからの判例法の中で（ニカラグア／ホンジュラス海洋画定事件判決では関連する海岸線の不安定を理由に暫定等距離線を用いていないが、それを例外とすれば）、等距離線という特定の基準が第七四条一項及び第八三条一項の規定に含まれているという解釈を採用していると言わざるを得ないと考えます。

つまり、日中両国のように、東シナ海をはさんで向かい合っている国同士の間では、中間線・等距離線が一つの基準とされているといえましょう。換言すれば、大陸棚の境界画定基準としての自然延長論は決定的なものではなく国際判例の中では次第にその比重を低下しつつあるといえます。言い換えると、東シナ海のように向かい合う国の間における四〇〇海里未満の海域の境界画定にあたっては、衡平な解決を図るために、自然延長論が認められる余地はなく、中間線を暫定的に引いた上で個々の関連事情を具体的に考慮してその暫定線を修正するという方式が国際裁判では採用される傾向にあるといえます。

日中両国のようにEEZ及び大陸棚の境界画定が未だ定まっていない場合に、大陸棚の境界画定に関する海洋法条約第七四条二項及び第八三条二項では、「関係国は、合理的な期間内に合意に達することができない場合には、第一五部に定める手続〔紛争解決手続〕」に付すると規定しています。しかし、中国は東シナ海の樫（中国名：天外天）や白樺（中国名：春暁）で一方的開発に踏み切る直前の二〇〇六年八月二五日に、国連事務総長に対して、第二九八条一項（a）の海洋の境界画定に関する紛争、（b）の軍事的活動に関する紛争及び（c）の国連安全保障理事会が国連憲章によって与えられた任務を遂行している場合の紛争につき、第一五部第二節（拘束力を有する決定を伴う義務的手続）から除外する旨の宣言を寄託しました。つまり、日本がこの海洋境界画定問題を義務的な仲裁裁判に付託する道は閉ざされています。

それでは、ICJに紛争を付託する可能性があるかといえば、その可能性は少ないといえます。なぜなら、ICJには強制管轄権がなく、紛争当事国の一方が相手国の同意なしに紛争を付託することはできないからです。ICJの管轄権を認める選択条項についても、日本は選択条項の受諾宣言を行っていますが、中国はこれを行っていません。ICJにこの問題を付託するためには、日中両国の間で特別合意を結ぶ以外に方法はありません。しかし、日本はともかく、海洋法条約上の義務的紛争解決手続を回避しようとする中国が特別合意の締結に同意するとは考えにくいのが現状です。ということは、外交交渉による解決以外には、この問題を解決する方法はないといえます。

それでは、日中の外交交渉を振り返ってみましょう。温家宝元国務院総理の二〇〇七年四月の訪日の際に、日中両国首脳は、境界画定問題を棚上げにし、東シナ海の問題につき、「互恵の原則に基づき共同開発を行うこと」とし、共同開発については「双方が受入れ可能な比較的広い海域で共同開発を行う」ことに合意しました。共同開発区域設定のための交渉それ自体容易ではありませんが、日中両

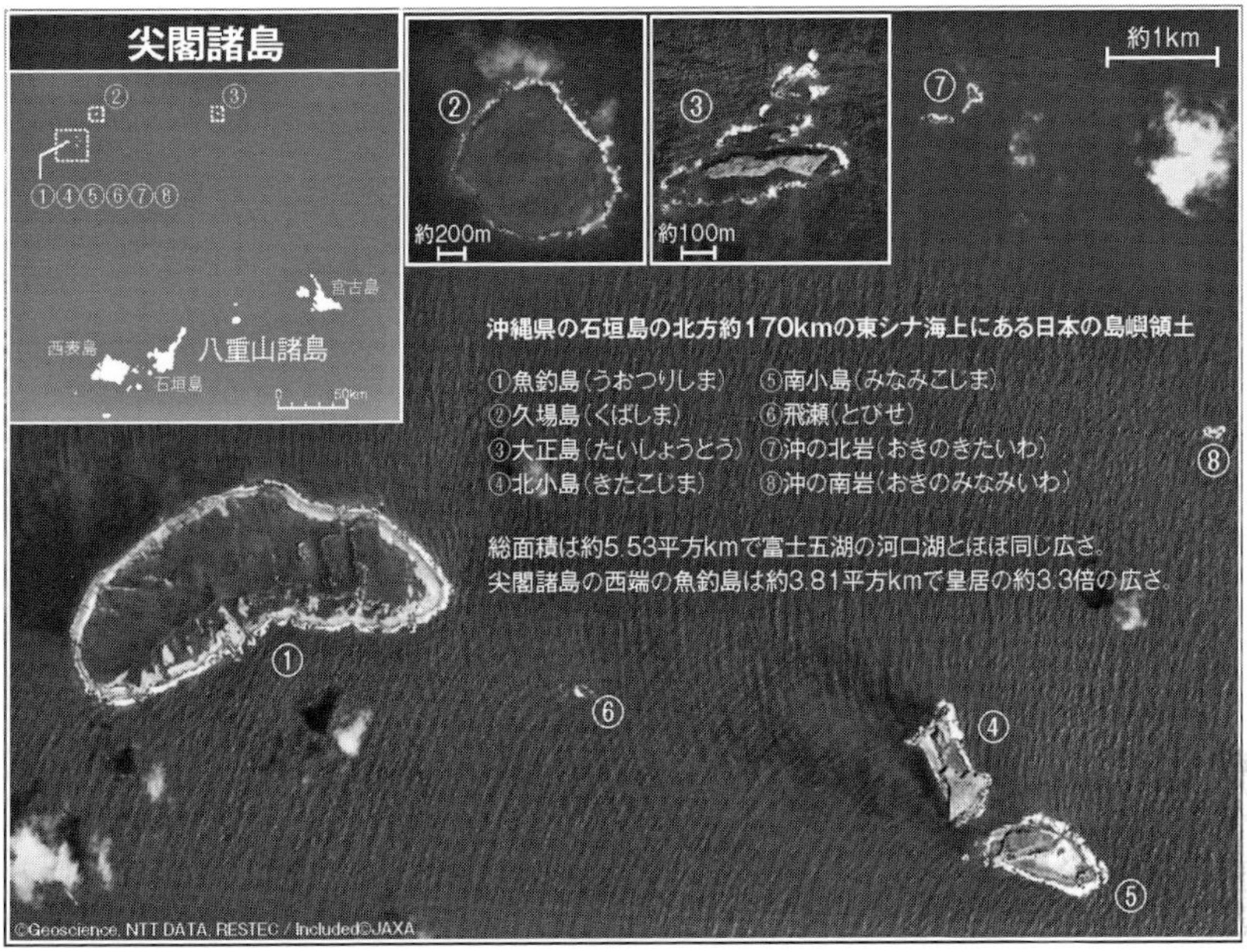

図３　尖閣諸島（提供：笹川平和財団海洋政策研究所島嶼資料センター）

国が日中友好という大きな枠組みの中でこれに取り組むことは大きな意義がありました。二〇〇七年一二月、福田康夫総理訪中の際に、日中両国首脳は、東シナ海を「平和・協力・友好の海」とすることで合意しました。さらに、胡錦濤前国家主席が来日された二〇〇八年五月、日中両国首脳は、「東シナ海を『平和・協力・友好の海』とするため、境界画定が実現するまでの過渡的期間において双方の法的立場を損なうことなく協力することにつき一致し、そして、その第一歩を踏み出した」と声明しました。そして、二〇〇八年六月一八日の日中共同プレス発表で、共同開発の合意を発表しました。

　この東シナ海北部の共同開発に関する日中間の合意の法的性格は、海洋法条約第七四条三項及び第八三条三項でいう「暫定的な取極」です。この共同開発合意には次のようなメリットがあります。（一）境界画定に関するお互いの立場を害するものでないことが確認されており、無用な非難合戦を避けることができます。（二）境界の未画定の大陸棚の開発に躊躇していた民間会社を、共同開発という新たな安定的な枠組みの中で呼び込むことができます。（三）一つの鉱床をいかに経済的に効率よく採掘するかという観点からも、共同開発は有意義です。なぜなら、もっとも効率的に採掘できる箇所に共同で杭を打ち込んで生産物を分配することができるからです。残念ながら、両国の間には尖閣諸島（中国名：釣魚島）の領有権をめぐる問題など困難な課題があり、共同開発の合意の実現のための協議も、中断を余儀なくされていますが、両国は日中友好という大きな枠組みの中で、協議の再開に向けて努力する必要があります。

韓国とはなぜもめているのか

韓国とは、中国とは違い、適用されるルールでもめてはいません。なぜなら、両国とも、EEZの境界画定の基準として中間線を主張しており、その意味では等距離中間線原則の適用に同意しているからです。日本は竹島（韓国名：独島）を基点とした「竹島・鬱陵島中間線」を、韓国はこれまで「鬱陵島・隠岐中間線」を主張していました。ところが、二〇〇六年四月以来くすぶっていた竹島周辺海域における海洋調査をめぐる緊張が思わぬ波紋を呼びました。二〇〇六年七月五日、日本の再三にわたる中止ないし延期要請にもかかわらず、韓国は竹島周辺海域で海流調査を実施しました。その際、日本の主張する中間線の日本側海域に韓国の調査船が入域したとされます。これに対して、日本は竹島周辺海域で放射能汚染調査を実施することを通告しました。韓国は当初、調査にあたる日本公船の拿捕も辞さないという強行策を表明しましたが、結局、同年一〇月七日に両国で共同調査（相手方調査船への調査員の乗込みとデータ交換等）を行うことで妥協が成立しました。

紛争の背景には、両国がともに竹島の領有権の主張を根拠に、海洋調査には沿岸国の事前の同意が必要だとの態度をとったことにあります。そこで日本は、尖閣諸島周辺海域の場合と同様に、相互事前通報制度の枠組み作りを提案しましたが、韓国はこれを拒否しました。日本は、二〇〇一年に中国との間で口上書を交わし、尖閣周辺海域で海洋調査を行う場合には、事前に相互に通報するとの制度を作りました。残念ながら、最近では、東シナ海における中国による事前通報枠組みに反した行動がみられますが、この制度の導入を韓国側に提起したわけです。

しかし、仮に韓国が、日本の反対にもかかわらず、今後海洋調査を強行する事態が生じたとしても、海洋法条約第二四一条が「海洋の科学的調査の活動は、海洋環境又はその資源のいずれの部分に対するいかなる権利の主張の法的根拠も構成するものではない」と規定するように、海洋調査の強行が竹島の領有権の帰趨に影響を与えることはありません。

ところが、こうした緊張関係のあおりを受けて、韓国は、突如、これまでの姿勢を転換し、中間線の基点となる島を鬱陵島から竹島に変更しました。この通告は、二〇〇〇年六月以来、六年振りに再開された二〇〇六年六月の第五回目の日韓両国のEEZ境界画定交渉で行われました。こうして、竹島の領有をめぐる紛争が両国のEEZの境界画定交渉に大きな影を投げかけることとなりました。すなわち、EEZの基点を鬱陵島としていた韓国（竹島はEEZを有しない岩であるとの理解と思われます）は、竹島を基点とした「竹島・隠岐中間線」の立場を採用したのです。これに対して、日本は従来から竹島を基点とした「竹島・鬱陵島中間線」を主張しており、このため境界画定の交渉は暗礁に乗り上げています。その結果、竹島の領土紛争の解決なしに、EEZの境界画定は困難な事態となりました。

ただ、EEZの境界画定に関する韓国の方針転換は、見方を変えれば、両国が、竹島がEEZを有する島であることに合意したことを意味します。海洋法条約第一二一条は島の定義を行い、「島とは、自然に形成された陸地であって、水に囲まれ、高潮時においても水面上にあるものをいう」（二項）と規定する一方、「人間の居住又は独自の経済的生活を維持することのできない岩は、排他的経済水域又は大陸棚を有しない」（三項）と規定しています。日比谷公

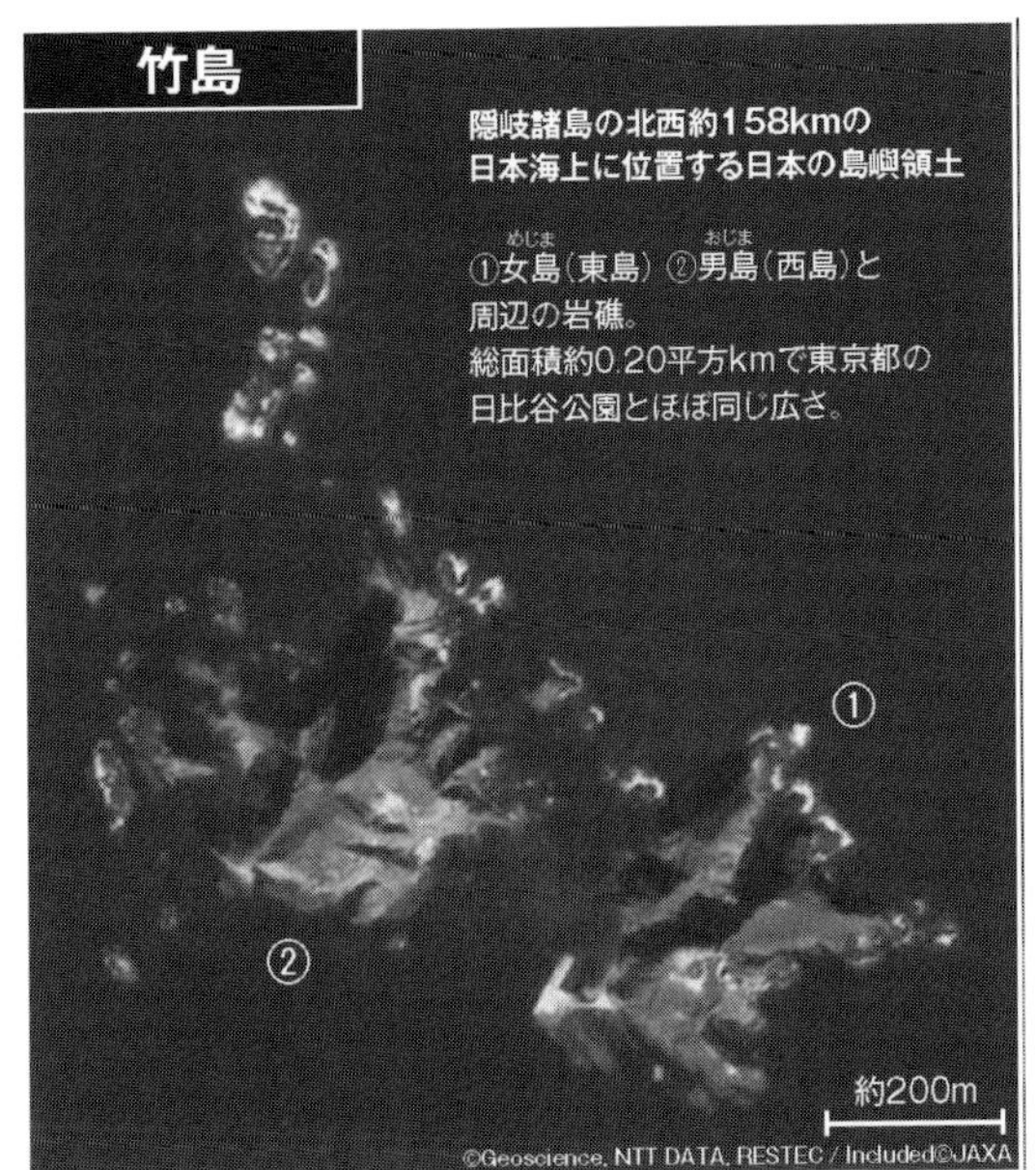

図４　竹島（提供：笹川平和財団海洋政策研究所島嶼資料センター）

園ほどの広さの岩礁である竹島は、ＥＥＺを有しない島であるとの主張を韓国は放棄したように見えます。高潮時にわずかに北小島及び東小島の二つの岩礁が海抜約六センチと一六センチ海上にでるにすぎない沖ノ鳥島の周囲にＥＥＺを設定している日本にとっては、この韓国の方針転換は歓迎すべき点もあるといえましょう。

もっとも、フィリピンが、中国が実効支配している南沙諸島の礁や低潮高地は領海やＥＥＺ、さらには大陸棚をもたず、スカボロー礁などは岩なので、領海しか持ちえないと中国を訴えた事件では、これらの海洋地形はＥＥＺを有する島とみなしえないとの判決を出しています。海洋法条約附属書Ⅶに基づき設置された仲裁裁判所は、二〇一六年七月一二日、中国が実効支配する南シナ海の岩礁の法的地位について、いずれも海洋法条約第一三条にいう低潮高地及び第一二一条三項にいう「人間の居住又は独自の経済的生活を維持することのできない岩」と認定しました。この南シナ海仲裁事件判決は、第一二一条三項の「人間の居住又は独自の経済的生活を維持することのできない岩は、排他的経済水域又は大陸棚を有しない」との規定の解釈について、「人間の居住」の要件として、安定的な共同体の存在とその海洋地形に居住する人々にとって海洋地形が「故郷(home)」になっていることを要求し、軍人や気象観測要員など公務員のみが居住している海洋地形は、ＥＥＺを有しない岩と判決しました。この判決に従えば、韓国の警備隊員、灯台管理者及び管理事務所職員といった公務員のみが居住している竹島は、岩ということになってしまいます。

ところで、仮にこの膠着状態を打破するために、日本が、「竹島は領有権を争っている島なのでお互いにＥＥＺの基点として用いることをやめよう」と提案しても、韓国がこれを受け入れることはないでしょう。なぜなら、韓国は竹島紛争そのものが存在しないという立場をとっており、この日本提案は到底受け入れられるものではないからです。実効支配している国は、往々にして、こうした言い方をします。その意味で、両国の交渉は、しばらく膠着状態が続くと思われます。実際、二〇〇七年三月に開催された第七回の交渉では、両国は、境界画定は「国際法に基づいて合意により行う」という海洋法条約の条文を確認したにとどまりました。

万一、外交交渉で島の領有権の帰属が決定したとしても、海洋境界画定にあたって、竹島を島と考えて、この島にどのような効果を与えるかという問題が次に生じます。基点として完全な効果を認めるのか、又は竹島の存在を無視して境界画定を行うのか（無効果）、あるいは一九七七年の英仏大陸棚境界画定事件判決がシリー諸島に対して認めたような半分効果（最初に、島を基点として用いることなく二つの沿岸の間に等距離線を引く。次に、島を基点として用いて等距離線を引く。そして、島に半分効果を与える線は、これらの二つの等距離線の中間に引かれた線ということになります）を与えるのかという問題が残ります。

韓国との間で日本が抱えている紛争と同様に、島の領有権の帰属と海洋境界画定が請求主題となったのが、ＩＣＪのカタールとバーレーンの海洋境界画定及び領土問題事件判決（二〇〇一年）です。本事件は、その事件名からも明らかなように、カタール半島の一部といくつかの島や礁の帰属の決定と、両国間の海洋境界画定問題がその争点でした。さらに本事件では、かつて被保護国（カタールとバーレーンはともに一九七一年まで英国の被保護国）であった国の島の領有権が争われたという意味でも類似性を見出すことができます。裁判所は、最初の段階で領土問題を、次の段階で海洋の境界画定の問題を扱うという二段階アプローチを採用しました。その意味では、最初の裁定が一九九八年一〇月九日に、二番目の裁定が一九九九年一二月一七日に下されたエリトリア・イエメン仲裁裁判に類似しています。

裁判所は、領有権の帰属の決定にあたって、宗主国の英国がどのような態度をとっていたかを重視しました。裁判所は、争点となっている島などの権原に関する複雑な問題を考察する代わりに、島などの帰属の裁定を行った一九三九年の英国の決定に焦点を当て、その性質や法的効果にもっぱら依拠したのです。すなわち、両国が保護国から独立する以前の宗主国である英国による一九三九年決定は、国際法上、「国家間の紛議を、当該国家自らの選択により、かつ法の尊重に基づいて裁判官が解決することである」仲裁とは異なるとしながらも、そのことは当該決定に法的効果がないということを意味しないとして、その決定は両国を拘束すると判決しました。こうした手法が竹島問題に適用されるならば、日本に有利な判決を期待できるかもしれません。

しかし、韓国についても国際裁判で解決される見込みはありません。韓国もまた、中国と同様に、二〇〇六年四月一八日に、国連事務総長に対して、第二九八条一項（ａ）、 （b）及び（c）に定めるすべてのカテゴリーの紛争につき、第一五部第三節（拘束力を有する決定を伴う義務的手続）に規定するいかなる手続も受け入れない旨の宣言を寄託しました。そして、同宣言は直ちに効力を有すると付け加えました。韓国は、中国と同様に、ＩＣＪの管轄権を認める選択条項受諾宣言を行っていません。

このように、竹島問題及びＥＥＺの海洋境界画定問題を海洋法条約が定める紛争解決手続である仲裁裁判で解決する途は閉ざされているといえましょう。ＩＣＪについても同様です。日本は、一九五四年と一九六二年に竹島問題をＩＣＪに提訴することを提案しましたが、韓国により拒否されました。日本は、二〇一二年にも竹島問題をＩＣＪに共同提訴する提案を行いましたが、日本提案は「一顧の価値もない」として、韓国はこれを拒否しました。

竹島紛争は存在しないという立場の韓国が、ＩＣＪに紛争を付託するための特別合意を締結する可能性はほとんどないといわざるをえないでしょう。

東アジアの海洋境界画定の争いの解決は、なぜむずかしいのか

ＩＣＪで解決された海洋境界画定紛争は、すでに一九六九年の北海大陸棚事件判決から二〇一八年のカリブ海及び太平洋における海洋境界画定事件まで一五件の判決が出され、国際裁判になじむ主題ともいえます。しかし、東アジアの日中、日韓の海洋境界画定紛争は解決のめどが立たない重要な政治問題となっています。その背景には、島の領有をめぐる紛争の存在があります。中国との間では尖閣諸島が、韓国との間では竹島の領有権紛争の解決がなされないと、海洋境界画定の基点が決まらないので境界画定の合意に至ることができないという問題があります。

中国は共産党一党支配の体制であり、主権にかかわる問題を国際裁判に委ねる考えをもっていません。先の南シナ海仲裁判決は、中国による仲裁裁判の管轄権否定の選択的除外の宣言をうまくかいくぐって、管轄権を設定でき、本案まで進み、中国敗訴の結果がもたらされました。しかし、中国は一貫して裁判を欠席しこれを無視する態度に出ました。判決後も、中国は、判決は無効で国際法違反であるとして、これに

従っていません。その背景には、中国共産党の無謬性の考え方があります。党の指導は常に正しく、間違いはないというのです。国際裁判で敗訴となれば、中国共産党は間違っていたということになるので、そうした判決は受け入れられないということになります。

韓国は、中国とは異なり民主主義体制の国ですが、保革の対立が激しく、国際裁判で敗訴すればその政権は持たないといわれています。それに加えて、最近の日韓関係の悪化がこの問題の解決の見込みをいっそう遠ざけています。二〇一八年一〇月三〇日の韓国大法院による元徴用工をめぐる判決は、これまで日韓両国政府がとってきた一九六五年の日韓請求権協定（日韓国交正常化の際に日韓基本関係条約とセットで締結されました）で徴用工の問題は解決済みとの結論を覆しました。日本企業に賠償を命じたこの判決により、日韓関係は緊張の一途をたどっています。二〇一九年八月二日に、日本が輸出管理における優遇対象となるホワイト国から韓国を除外する措置を決定したことに対抗して、韓国は同月一二日、日本を輸出管理におけるホワイト国から除外しました。また、同月二七日には、竹島で大規模な軍事演習を強行しました。さらに、同年九月二日、日本と締結していた軍事情報包括保護協定（ＧＳＯＭＩＡ）を破棄しました。これにより、日韓関係は国交正常化以来最悪の状況を迎えています。中国との比較でいえば、韓国との場合には、今のところ解決の糸口すらみえない状況です。

それでも、法の支配の尊重を主張する日本としては、海洋境界画定紛争を力ではなく国際法に基づいて平和的に解決するために、直接交渉や調停など第三者の紛争解決機関に委ねる道を模索すべきでしょう。なぜなら、日本も中国も韓国も、ともに国連の加盟国であり、国連憲章第二条三項は、加盟国に紛争の平和的解決の義務を課しているからです。

参考文献

薬師寺公夫・坂元茂樹・浅田正彦・酒井啓亘　二〇一九『判例国際法[第三版]』東信堂

坂元茂樹　二〇一八『日本の海洋政策と海洋法』信山社

村瀬信也・江藤淳一編　二〇〇八『海洋境界画定の国際法』東信堂

芹田健太郎　一九九九『島の領有と経済水域の境界画定』有信堂高文社

小田滋　一九八五『注解国連海洋法条約上巻』有斐閣

コラム◉大陸棚の延伸

谷 伸

大陸棚とは何か

大陸棚とは、陸に引き続き水深一四〇メートル程度まで続くなだらかな海底地形をいう。この海域における海底資源については一九五八年の大陸棚条約があったが、一九八二年の国連海洋法条約（以下「条約」）では、二〇〇海里までまたは領土の自然の延長を辿って大陸縁辺部（棚・大陸斜面等、大洋底以外の海底）の一番外側まで（上限あり）を大陸棚とし、沿岸国の排他的権利を認めた。条約は、二〇〇海里を越えて大陸棚を設定する場合には、大陸棚限界委員会（以下「委員会」）に科学的資料を提出し（以下「申請」）、委員会の勧告に基づくことを求めた。

わが国の申請と委員会の勧告

海上保安庁（以下「海保」）は、条約採択直後の一九八三年から大陸棚調査を開始した。四つのプレートがせめぎ合い、世界で最も複雑な海底地形・地質と言われているわが国周辺海域において、大陸棚を最大限に拡張するため、二〇〇四年からは政府一丸、官民一体となった調査を内閣官房の総合調整の下に開始し、その成果に基づき、七海域についての申請を二〇〇八年に行った。これに対し委員会は、申請を詳細に審査し勧告案を作成する小委員会の委員七人のうち五人に小委員会委員長経験者を据えるという空前の超豪華布陣でわが国の高度な申請に応え、二〇一二年四月に勧告を発出した（図1）。

勧告では四海域（約三一万平方キロ）について委員会の同意を得た。一海域（約二五万平方キロ）については勧告の発出が先送りされ、二海域については同意を得ることができなかった。四海域についても申請どおりの同意ではなく、その理由はほぼすべて、わが国が大陸縁辺部とした部分に大洋底が含まれる、というものである。わが国周辺海域では大洋底にも複雑な起伏があり、海底が大陸縁辺部なのか大洋底なのかを判断することがきわめて難しい。このことがわれわれの申請に対し、一〇〇％の同意が得られなかった主因であり、

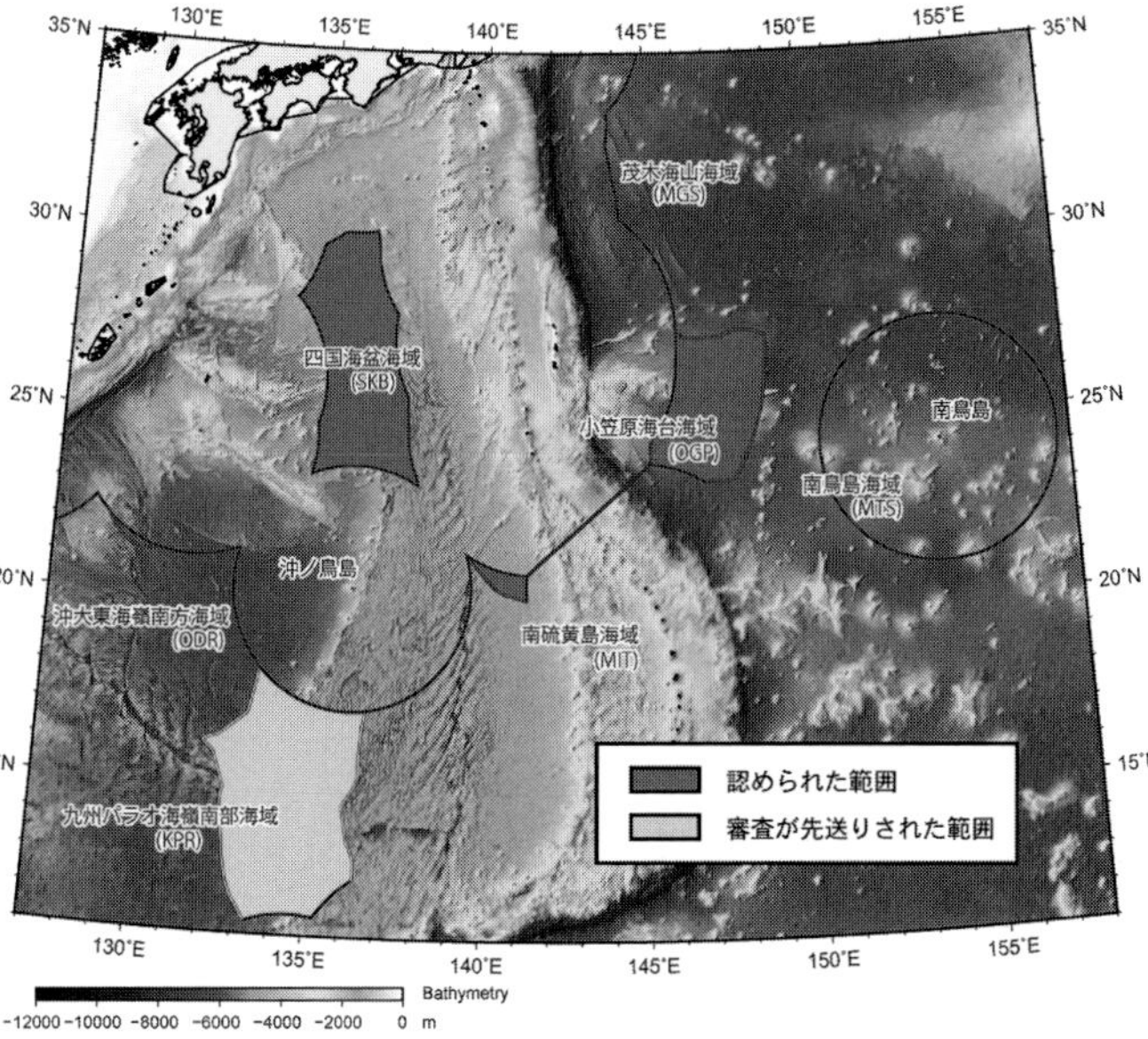

図1　200海里を越える大陸棚（総合海洋政策本部ホームページより）

これまでに勧告を得た他国とは事情が大きく異なる点である。このような状況下での三一万平方キロ（当時勧告を得た一八の申請中第六位）は意義深いものである。同意を得られなかった海域については、条約上、再申請を行うことが可能であり、勧告の詳細な解析を行って再申請の可否を見極めていきたい。一海域で勧告の発出が先送りとなったのは「沖ノ鳥島は排他的経済水域や大陸棚を条約上持てない『岩』に過ぎず沖ノ鳥島関連海域を委員会は審査すべきでない」という中国および韓国の主張が背景にあるが、委員会は四国海盆海域については沖ノ鳥島を起点とした大陸棚延伸申請に同意して勧告を発出しており、先送りされた九州パラオ海嶺南部海域の審査が再開されるようわが国は全力を挙げていく。

大陸棚延伸の過程で起きたこと

時間的制約がある中で国家主権がかかった課題を解決するため、火事場の馬鹿力が発揮された。ふだんだったら起きなかったこと、と私が感じていることを申し上げる。

海洋への認識の向上＝委員会の行った最初の勧告がロシアに厳しいもので

あったことから、大陸棚延伸問題に注目が集まった。この問題が政治の世界で知られるにつれ、そもそもわが国には海洋政策というものが存在しないことが指摘され、海洋基本法制定への大きなうねりに結びついていった。

政府一丸となる体験＝政府・民間一丸となった大陸棚延伸は、省庁の縦割りを破った好事例とされている。その背景には政治の力があった。扇千景参議院議員（当時）が大陸棚延伸問題の重要性に着目されて大陸棚調査推進議員連盟を二〇〇四年に立ち上げられ、参議院議長就任時に福田康夫衆議院議員（当時）へ会長の任を引き継がれ、渡辺喜美衆議院議員（当時）を幹事長として極めて精力的に勉強され、役所を叱咤激励された。それぞれいろいろな思いがある役所側としても、議連が一致団結して長期にわたりいつも見張っておられる中で、いつの間にか溶け合っていった。

継続の価値の体験＝海保および地学関連の三独立行政法人並びに外務省から計二六人の専門家を得て、地学・法学の権威からなる助言会議の指導の下、調査結果を解析し、時には調査計画を変更して、わが国の延伸大陸棚の面積を最大にすべく熱気に溢れた日々を送った。四年にわたり調査・解析・申請書作成を担当した専門家集団は、引き続き三年間の審査対応にも力を発揮した。優秀な専門家の人事異動が長期間凍結されたことは、今回の成功を導いた大きな要因である。

大陸棚延伸がもたらすもの

海底資源＝二〇〇海里以内に延伸部分を加えたわが国の大陸棚は、将来にわたり排他的に海底資源を利用できる海域である。海底資源として現在脚光を浴びているメタン・ハイドレートも熱水鉱床も、またその遺伝子や酵素に注目が集まる深海底の見慣れない生物も、大陸棚調査が始まった三〇年前には存在が知られていなかった。これから三〇年後、どのような資源が見つかっているか、次世代を担う人達に託す夢である。

科学が築く未来＝調査で得られたデータは、地球科学に新たな展開をもたらし、今後も科学や産業の発展に貢献していくだろう。大規模な延伸調査をシステマティックに行った経験は、今後、海洋における諸活動を行う際の大きな自信となる。データやノウハウも大陸棚延伸がもたらす宝である。

謝辞

大規模で危険を伴う調査だが、二〇〇八年に成功裡に完了できた。船上作業に従事された延べ三二万人日の方々のご尽力に真っ先に御礼申し上げる。

主権範囲の拡大という担当官庁が存在しない業務に対し、多くの組織の好意的な協力を得てきた。中でも一調査官庁に過ぎない海保が業務、予算、人事面で大変な無理をして勧告に至るまで全面的に尽力されたことは特筆したい。海保の貢献なしには今回の成功はなかった。

12 「海のジパング」に向けて

浦辺徹郎

チャレンジャー号が開いた深海の扉

明治政府が樹立されてまだ七年目の一八七五年四月一一日、一隻の英国軍艦が横浜港に入港した。三本マストの木造帆船で、一二〇〇馬力の補助蒸気エンジンを持つコルベット艦である。しかしその様子は普通の軍艦と少し異なっていた。ほとんどの大砲が取り外されており、代わりにデッキ上に大量の麻縄を積んでいる。船の名はチャレンジャー号、その麻縄は世界中の深海底をドレッジ（海底地質・生物試料の採集）するための装備であった。チャレンジャー号は、その三年五ヶ月にわたる科学調査航海の途中に、日本に立ち寄ったのである。二ヶ月余りを横浜、神戸、瀬戸内海などで過ごした後日本を発ち、サンドウィッチ諸島（現在のハワイ諸島）を経て、タヒチ島に向かったと記録されている（図1）(1)。

図1　H.M.S. チャレンジャー号（航海報告書より）

ハワイを発ったチャレンジャー号がいつものように深海底をドレッジしたところ、一回で半トンもの大量のマンガン団塊が採集された。実はそこは現在でも世界一のマンガン団塊の富鉱帯として知られているところで、日本で「マンガン銀座」と呼ばれているクラリオン・クリッパートン断裂帯（CCZ）付近であった。深海生物の研究で不朽の成果を上げたチャレンジャー号航海であるが、実はその報告書は、マンガン団塊のほか、浅海部におけるリン鉱石の産出など海底鉱物に関しても多くのページを割いている（2）。

マンガン団塊の発見

ただし、海底からマンガン団塊が発見されたのはその時が初めてではなかった。チャレンジャー号がポーツマス港を出港した一八七二年の四年前、同号が北極海に面したシベリアのカラ海での事前航海でそれを発見していた。本番のチャレンジャー号航海が明らかにした海洋学的成果は、深海生物以外の分野に拡がっており、その一つにマンガン団塊が世界中の深海底に大量に存在することの発見がある（図2）。

その後、航海に参加したジョン・マレーも加わって、マンガン団塊の成因について盛んに議論が戦わされた。団塊が堆積物に埋まっていないこと、団塊にサメの歯を核とするものがあること、海底上のサメの歯にマンガン酸化物のコーティングがないものがあることなどから、団塊は比較的最近に生成したものであることが推定された。

図2　マンガン団塊の産状（高知大学臼井教授による：http://sc1.cc.kochi-u.ac.jp/~usui2/deepcam.htm）

チャレンジャー号航海の採取試料は生物・非生物を問わず、世界中の専門家に配布され解析された。マンガン団塊についても化学分析が行われ、主成分として鉄とマンガンの酸化物・水酸化物よりなることがわかった。さらに、銅、ニッケル、コバルトなどが微量に含まれることも判明した。しかし当時、マンガン団塊を資源として考えた人は皆無であった。

それが資源として注目されることになったのは、一九六〇年代になってからであった。米国スクリップス海洋研究所の若き研究者ジョン・メロは、米国政府の海洋調査予算削減の動きに対抗するため、海底には無限ともいうべき金属資源があるとする本を出版し、マンガン団塊に関して、社会への広報と周知に努めた（3）。この小さな本は、壮大な資源量推定の数値もあって産業界に受けとめられ、深海底からどのように団塊を採取するかの技術的検討が米国を中心に開始された。

メロの本の影響はそれに留まらなかった。本の出版から三年後、小国マルタの大使パルドは国連総会で四時間に及ぶ演説を行い、先進国側の開発の動きに対抗し、開発途上国の声を代弁して、深海底の資源を「人類共同の財産」とすべきと主張したのである。さまざまな紆余曲折があったものの、国連海洋法条約（UNCLOS）はパルドの主張を反映し制定された。沿岸国の排他的経済水域（EEZ）の外側の公海域の海底資源については、UNCLOSの下に設立される国際海底機構（ISA）が管理すると規定された。マンガン団塊分布域のほとんどはこの枠組みに含まれることになり、その採鉱により生じた利益の一部は、開発途上国にも配分されることになったのである。この内容を不満とする米国は、いまだにUNCLOSに加入することを拒否している（4）。

海底熱水鉱床の発見

紅海の深部に濃厚塩水の層があることは一九世紀末から知られていた。一九六五年に初めてその詳細な調査を行った米国の調査船アトランティス二世号は、濃厚塩水に満たされた二二〇〇メートル以深の凹地に亜鉛や銅を含む大量の重金属泥を発見した。紅海は大陸が引き裂かれ、海洋底が生成されるごく初期の段階にある。その際のマグマ活動に伴って海水が熱せられて周辺の大陸地殻中を循環し、岩塩層から塩を、岩石から金属を抽出したと考えられている。紅海の濃厚塩水からの重金属泥の沈殿は、還元的環境の下で起こった特異な例とされ、その後注目されなくなった。

一九七〇年代になると、さまざまな手段を使ってプレートテクトニクス説を検証する研究が進んだ。この説によれば、中央海嶺とよばれる海底拡大軸では、マグマ活動により新たに溶岩が噴出して海底が生成しているはずである。噴出の現場を直接発見することは難しいとしても、海底下の地温勾配を系統的に測ってみれば、溶岩の冷却状況から海底がいつ生成したのか逆算できるはずである。この方法を熱流量測定という。スクレーターたち（一九七三）がガラパゴス海嶺でこの測定を行ってみると、予想に反してその値がばらつくだけでなく、海底拡大軸直上の海水温が周囲より〇・〇四度ほど高いことが分かった。つまり、溶岩は噴出後、伝導的に冷却されるだけでなく、海底下に循環した海水によっても熱を奪われているらしい。

引き続いて同海域を精査した研究では、循環海水が熱せられて熱水となって海底面上に噴出し、それが海水中にプルームと呼ばれる異常な水塊を作っていることが発見された。そのプルーム水は紅海の濃厚塩水と異なって比重が軽いため、海水中をたなびいている。しかもプルーム水には海底下のマグマ活動とのつながりを示す強力な証拠があった。ヘリウム３（^{3}He）という同位体が濃集していたのである。ヘリウム３は地球創生期に地球内部に閉じ込められた星間ガス成分で、徐々に地球内部から脱ガスするが、それが熱水に含まれていたのである。

その後、有人潜水艇アルビン号を用いた潜航が行われ、一〇度ほどの低温熱水活動と、さらにそれとは別の場所に亜鉛・銅などに富む硫化物チムニー群が発見された。理論的考察から、これらの硫化物は、三〇〇度前後の高温熱水活動により沈殿してできたものと推定され、探索が進んだ。実際の高温熱水活動は一九八〇年に東太平洋海膨（かいぼう）（海嶺よりも起伏が少ない海底地形）の北緯二一度付近で初めて発見され、ブラックスモーカーと名付けられた。もくもくと黒い熱水を噴出する活動のカラー映像は、周囲に棲息する熱水生態系の動物群の新規さとともに、人々を興奮の渦に巻き込んだ。

海底熱水鉱床の特徴

ブラックスモーカーの発見により、海底熱水活動研究が世界の海洋研究の中心に躍り出た。それもあって、フランスでは一九八五年に有人潜水艇ノチール号を建造し、最初の科学航海を日本付近の海溝で実施した。日本も一九八九年にしんかい六五〇〇を完成させたし、アメリカもアルビ

図３　ブラックスモーカー（上）とそれが崩れ海底面上に多量に集積したもの（下）（マリアナトラフにおいて筆者撮影）

チムニーの先端より噴出した300℃前後の高温熱水が海水に触れて急冷され、溶けていた銅、亜鉛、鉄などの金属が硫化物として析出し、黒煙のように見える。正式には下のような鉱量の多いもののみを海底熱水鉱床と呼ぶべきだが、小規模なものも慣習的に含めることがある。

ン号の潜航能力を増加させた。筆者も一九八五年にアルビン号に乗船してガラパゴス海嶺の熱水調査に参加したのを皮切りに、合計二〇回ほど潜航して調査を行うことができた。世界中の研究者が国際海嶺研究計画（インターリッジ計画）などで協力して深海底調査が進められた結果、現在、世界中に四〇〇カ所ほどの海底熱水活動域が知られている。最終的には、その総数は最終的に一〇〇〇カ所程度に達するだろうと推定されている（図３）。

では中央海嶺における海底熱水活動域の何％が資源的に有望なのだろうか？　それを考える上で、中央海嶺つまり海底拡大軸の拡大速度がキーとなる。高速拡大軸では次々にマグマが生成され、海底に溶岩の噴出が起こると共に新たに海底が生成され、ひんぱんに熱水活動が起こる。いっぽう、低速拡大軸ではそのような現象はめったに起こらないはずである。そこで筆者らのグループは超高速拡大軸（一五センチ／年）であるチリ沖の東太平洋海膨で熱水プルーム調査と引き続く潜航調査を行った（５）。その結果、海底熱水活動による熱量と金属など物質の放出量は拡大速度に比例して増大することが明らかになった。しかし、超高速拡大軸では個々のブラックスモーカーの寿命が数年以下と短く、できる場所もあちこち移動し、しかもできあがったチムニー（熱水噴出孔）は次に噴出した溶岩で覆われるため、結果として海底拡大軸上には点々としか残っていない。つまり資源としての価値はほとんど無いのである。逆に、金属資源として注目される海底熱水活動域は、拡大速度が二センチ／年前後の低速拡大軸に見られる。拡大速度が遅いとマグマの発生頻度は低いものの、海底地殻の温度が低いため、拡大軸に直交する深い割れ目ができやすい。そのため か、低速拡大軸上の熱水活動は寿命が長く、好条件が重なった小数の地点に、資源量が多い海底熱水鉱床があることがわかってきた。つまり海底熱水活動域に海底熱水鉱床が形成されるためには、数千年〜一〇万年の期間にわたって熱水活動が継続されることが必要らしい。しかも鉱床を覆ってしまう溶岩の噴出がまれなことも低速拡大海嶺における海底熱水鉱床の存在頻度を高めているのだろう。

その後、海底熱水活動は西太平洋の海底の島弧（弓なりの火山島の列）においても数多く発見されることになった。最初の発見は中央海嶺での発見から五年遅れた一九八五年のことで、日本周辺では一九八七年にゾンネ号航海により沖縄トラフの伊是名海穴で見つかったのが最初である。日本の排他的経済水域（ＥＥＺ）内には伊豆・小笠原海嶺と沖縄トラフという二つの主要な海底島弧があり、しんかい二〇〇〇やしんかい六五〇〇などによる科学調査が進んだ結果、現在では合わせて三〇カ所程度の海底熱水活動域が知られている。

これらはいずれも海底の島弧火山に伴って生成している。火山活動と熱水活動の密接な連関から、熱水循環系を維持するために最も重要な要素が、熱源・物質源としてのマグマ溜まりであると推定される。特にマグマ溜まりのサイズは熱水活動の寿命に関連することから、鉱床の生成にはマグマ溜まりが大きいことが望ましい。その意味で、日本周辺の島弧火山マグマは中央海嶺に比べてマグマ溜まりが圧倒的に大きく、一つ一つの火山の寿命が数十万年〜数百万年と長いことが分かっている。それもあって、日本周辺の海底熱水鉱床は中央海嶺のそれに比して規模が大きいだけでなく、水深が浅く、金や銀などの貴金属含有量が高いなど、経済的に有利な要素を持っている（次頁表1）。それらの探査・開発を所掌している（独法）石油天然ガス・金属鉱物資源機構（ＪＯＧＭＥＣ）によると、その内最大のものは予測鉱物資源量が七四〇万トンに達する海底熱水鉱床である。

資源開発とフロンティア

陸上でもフロンティアつまり辺境地域の開発・発展には鉱物資源が絡んでいることが多かった。大航海時代、発見された大陸や島の奥地に初めて足を踏み入れるのは宣教師か山師に決まっていた。時代が下って、一八四八年にメキシコから割譲を受けたばかりの米国カリフォルニア州で起こったゴールドラッシュは、四九ｓ（フォーティーナイナーズ）

表1　主要な海底資源の比較(Petersen ほか, 2016 を簡略化)

	マンガン団塊	コバルトリッチクラスト	海底熱水鉱床
地質環境	堆積物に覆われた深海底	古い海山の上面と斜面	大洋中央海嶺および島弧海底火山(日本はこれ)
形状	ゴルフボール〜野球ボールサイズの球形	岩石表面を厚さ数〜10センチ程度でアスファルト状に被覆	硫化物マウンド、チムニー、および海底下の潜頭性鉱床。日本の最大は740万トン。
水深(メートル)	3,000 - 6,000 メートル	1,000 - 3,000 メートル	1,000- 4,000 メートル(日本周辺は2000以浅)
海域区分(公海底、EEZ、延長大陸棚)	38億平方キロ(81%, 14%, 5%)	1.7億平方キロ(46%, 44%, 10%)	3.2億平方キロ(58%, 36%, 6%)
主要金属資源	銅、ニッケル、マンガン	コバルト、ニッケル、マンガン、銅	銅、亜鉛、鉛、金、銀(日本周辺は金銀に富む)
随伴金属資源	コバルト、モリブデン、リチウム、チタン、リン	チタン、レアアース、白金、モリブデン、ビスマス、リン	ガリウム、ゲルマニウム、インジウム、アンチモン、カドミウム
推定総資源量	211億トン(ハワイ南方CCZ海域のみ)	75.3億トン(北西太平洋富鉱帯のみ)	6.0億トン(中央海嶺軸分のみ。島弧の資源量は未推定)
代表的品位	銅、ニッケル:2.4%	銅、ニッケル:0.5%、コバルト0.7%	銅3%、亜鉛9%、金2ppm、銀100ppm
環境フットプリント	150平方キロ	25平方キロ	<0.2平方キロ

と呼ばれる多くのヨーロッパからの移民を呼び寄せ、一八六〇年代の米国の西部開拓を引き起こした。また一八五一年にオーストラリアのビクトリア州で発見された金も、同国に急激な自由移民の波をもたらし、一八五三年の囚人移民制度の終了につながった。歴史の単純化のそしりを恐れずにいえば、いずれのケースでも、金の魅力は地域の新たな社会的価値創生に繋がったといえるだろう。

その後、人工衛星からのリモートセンシング技術や物理探査法の開発が進んだ結果、多くの資源専門家が指摘するように、もはや地表近くで主要な鉱床が発見される可能性はきわめて低くなりつつある。世界の資源産業はさらなる金、銅、鉄などの金属資源を求めて、この十年、年平均二兆円もの探査費用をかけているが、鉱床発見数は急激に低下している(6)。しかも発見された鉱床の多くが岩石に上部を覆われた潜頭鉱床(地表に露出していない鉱床)で、鉱床発見深度、つまり地表から鉱床の最上部までの距離は二〇〇〇年頃には一五〇〇メートルを超えている。さらに詳しく見ると、発見された潜頭鉱床は、そのほとんどが既知の鉱床の周辺に発見されたもので、鉱床が知られていなかった処女地での発見深度が一〇〇〇メートルを越える鉱床の発見は一九八六年以来なされていないなどの危惧すべき兆候も顕れている。

陸上資源開発のフロンティアが消滅しつつあることから、資源の将来について最近さまざまな議論がなされている。やや理屈っぽくなるが、以下がまんして読んで頂きたい。というのも、資源問題はわれわれの社会の将来を大きく規定するからである。

来たるべき社会の姿と資源

この問題を語る上で避けて通れない本がある。一九七二年にローマクラブが出版した『成長の限界』である。著者のメドウズらは、非線形システムのダイナミクスを調べる当時最新の手法を、「人口」、「工業化」、「公害」、「資源の枯渇」、および「食糧生産のための土地」の五項目の将来予測に適用した。その結果、これらの中で「資源の枯渇」により社会は永遠に成長することはできないという結果が導かれた。著者らは具体的に何年後ということを示すのを避けたが、彼らの標準シナリオの計算では二〇一五年に資源の不足が工業生産を阻害して成長の低下が始まるという結果であった。

それまで誰も考えもしなかったこの結論に対し、当然のことながら激しい議論が巻き起こった。しかもその多くが反論であった。その代表例が、ロンボルグが引用した経済学者間のカケで、一九八〇年～一九九〇年の一〇年間にコモディティー価格が上昇するかどうかがカケの対象であった(7)。つまり、資源不足が起これば価格上昇が起こるはずなので、それを尺度にメドウズらの結論を試そうという話である。結果から考えてみると、この期間は先進国の高度成長が終わった時期で、結果はすべての価格が下落を示した。それもあり、次第に『成長の限界』を顧みる人は少なくなっていった。

ところが、最近になって、現実の世界がまるで予測されたシナリオを追従するかのように変化してきたことが、メルボルン大の研究者により指摘された。経済学者の予測で、こんなに長期にわたって当たっている例は他にない。英国超党派国会議員連盟が経済学者に依託して、『成長の限界』を再検証した報告書（二〇一六）でもその見解が取られており、次のように結論されている(8)。

「地球の容量（プラネタリー・バウンダリー）の限界が近づいているという証拠が幾つもあきらかになっている。最も重要な結論の一つは、社会の崩壊が資源の絶対的な枯渇からではなく、資源の質の低下から生じうるということである。質の低下が多くの資源ですでに見られていることを考えると、今後オーバーシュートと崩壊というダイナミクスが起こりうるという指摘を真剣に受け止め、経済停滞が起こる前に長期的視野を持って対処しなければならない」。

これとほぼ同時に、国連環境計画（UNEP）から『資源効率化』（リソース・エフィシエンシー）と題した体系的な報告書がだされた(9)。これは二〇一五年にドイツで開催されたG7サミット会合からの要請を受け、UNEPの国際資源パネルが執筆したものである。後で述べるように、EU諸国は現在この資源効率化をキーワードとした「循環型経済」の確立に力点を置いている。報告書では、再生可能エネルギーは化石燃料ベースのシステムより多くの金属を使用する傾向があること、金属のリサイクルに物理的限界があること、資源効率を向上させて経済的に節約したことがかえって資源消費を増加させるケースもあるなどとしつつも、資源効率化により経済成長と省資源、および環境影響の低下が可能であると具体例を挙げて力説している(10)。

では、資源効率化が実現できれば資源の枯渇の問題は当面解決されるのだろうか？　さらに、国連のSDGs（持続可能な開発目標）にもエネルギー・鉱物資源の課題はほとんど登場しないが、資源問題はもはやそれほど重要ではないのだろうか？(11)

この問いに対する明解な答えはない、というのが妥当なところだろう。そもそも「持続可能な開発・発展」という言葉自体が「宗教」か「神話」にすぎないとする過激な意見まである(12)。それは論外としても、環境、さまざまな資源、社会システム等の選択肢の中で、何を最優先で持続させたいのかについても、意見の分かれるところである。

資源と環境に関する人類の危機認識がどのように変遷してきたかについて、ごく単純化した例を挙げよう。人と荷物を載せて奥地に向かう自動車があったとしよう。その走行により周辺環境には何らかの影響があるはずであるが、自動車に乗っている人も自動車を作った人も、それを自分の問題としない。これを、環境問題が「内在化」されていないと呼ぶ。資源の採掘や利用時には必ずこの問題がつきまとうが、それを続けていくと、いつか「環境の稀少化」

が起こるおそれがある(13)。この点が最初に指摘されたのは一九六五年のことであったが、現在では地球環境の悪化は誰の目にも明らかである。それが、環境負荷という不経済の内在化を通じて、環境の「市場化」を進めるべきとするインセンティブにつながっているのである。

環境に対するEUの特殊事情についても留意しておく必要がある。EUの「環境統合原則」と呼ばれるものである。EU統合の際、それまでばらばらだった各国の環境政策の中で、もっとも厳格な規定をEUの基準とすることが同意された。これにより、歴史的に政策目標の階層のもっとも下に置かれる傾向にあった環境保護が、EUの本質的目標の一つとして位置づけられることになったのである(14)。さまざまな場でEUが環境問題を政策の中心課題に挙げている理由の一つには、このような背景がある。

欧州の資源効率政策

その後、EUでは、欧州成長戦略(ヨーロッパ二〇二〇)のイニシアチブの一つとして、前記の資源効率政策を強く推進している。日本の経済産業省も注目しているので、その資料(二〇一九)を借りて、まとめてみよう(15)。「人類の人口増加による経済活動の発展と、地球上の資源の使用量には深い因果関係がある。地球上の資源が有限であるという条件下で今後も人類が発展していくには、経済活動と

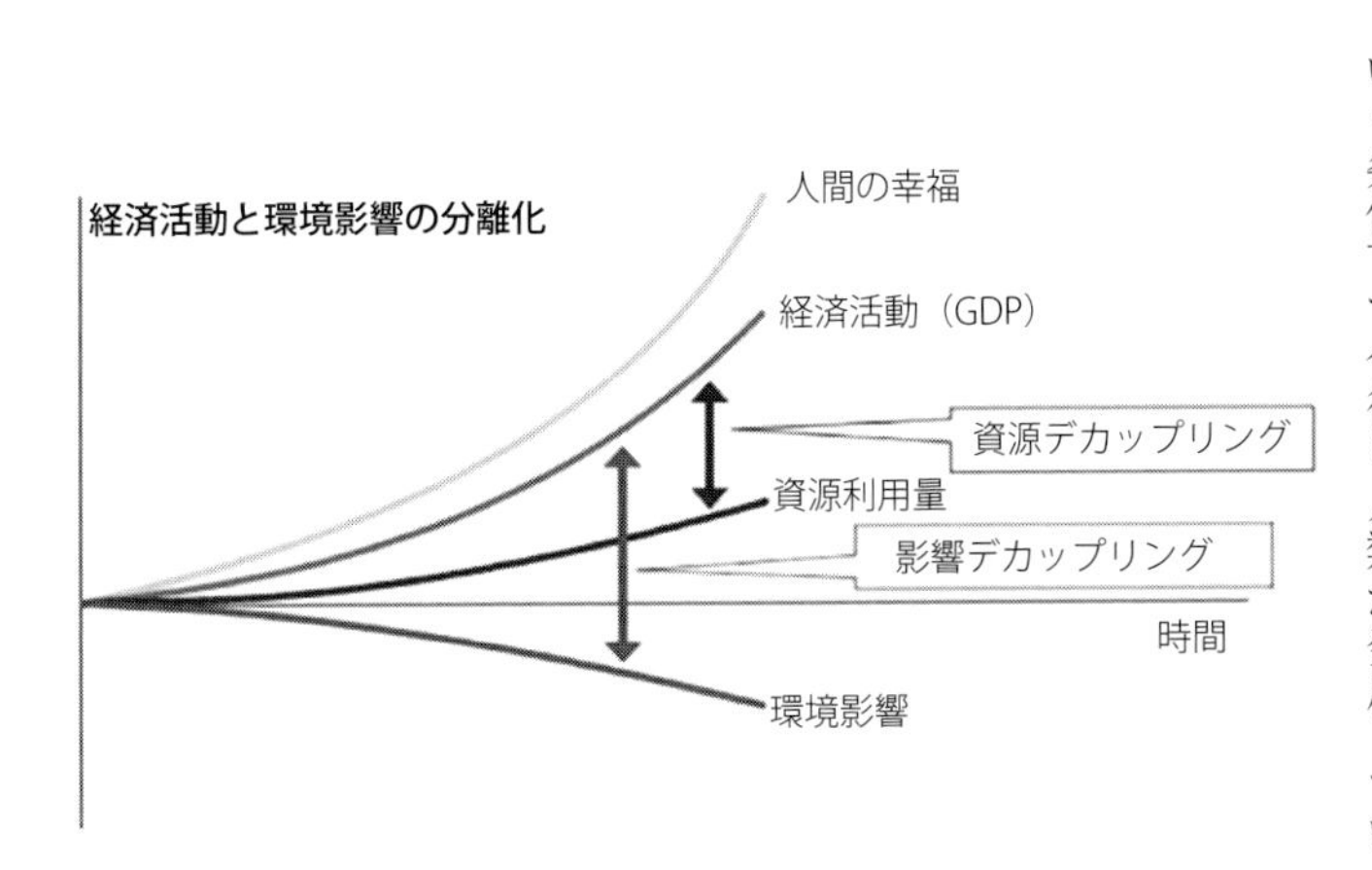

図４　資源効率化の中心概念であるデカップリング(出典：経済産業省)

「GDP(経済活動)や福利(人間の幸福)を向上させつつ、資源利用(資源利用量)の増加をより緩やかな速度とする「資源のデカップリング」と、環境影響を減少させる「影響のデカップリング」(経済産業省資料より引用)がある。この図の原典は国連環境計画(UNEP)(2011)。資源の使用と環境への影響がGDPよりもゆっくりと増加する場合は相対的デカップリング、経済成長が続いているのに資源の使用と環境への影響が低下する場合は絶対的デカップリングという。

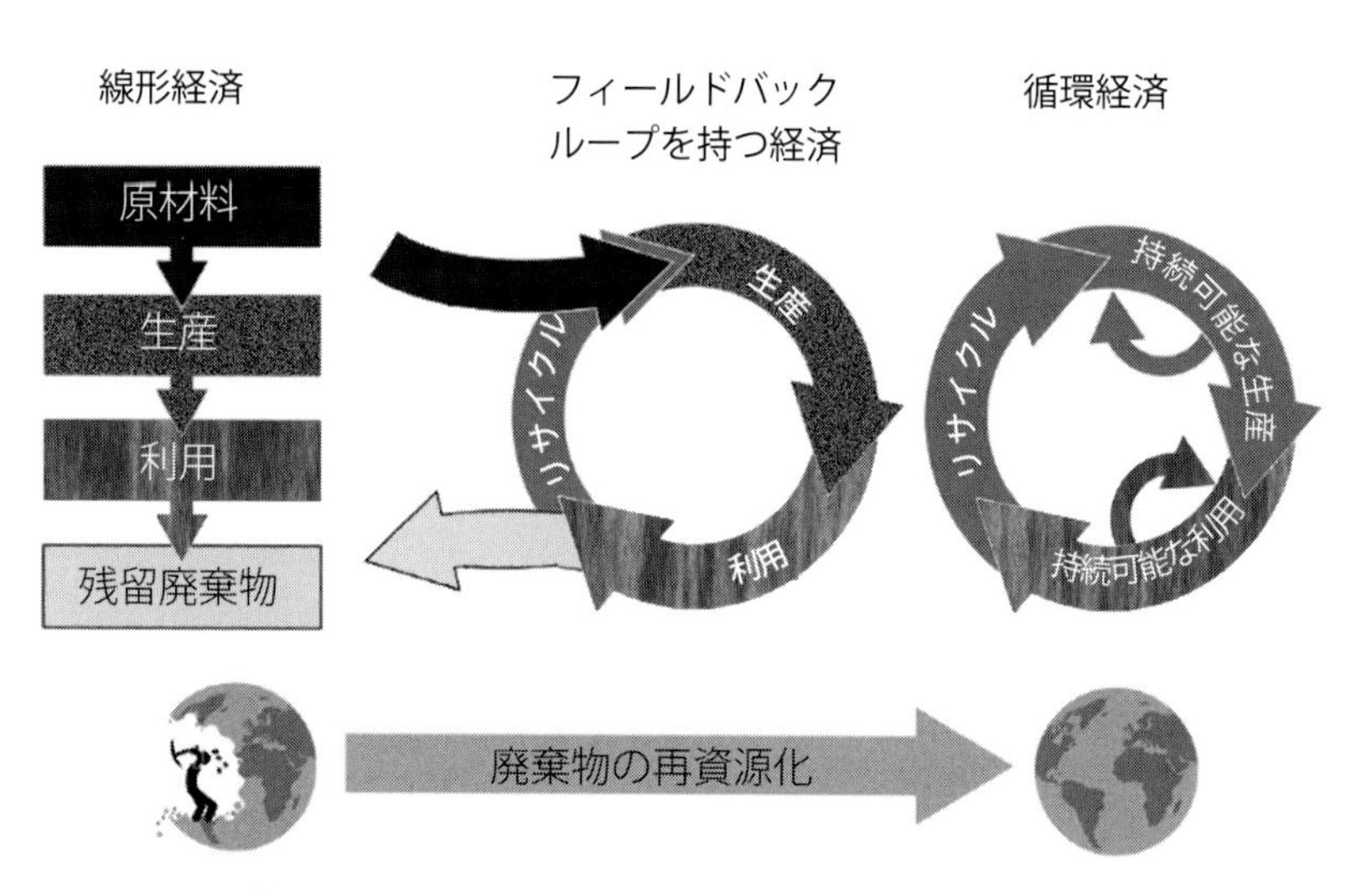

図5　オランダの「廃棄物の再資源化」プログラム（2014）の模式図（https://www.government.nl/documents/parliamentary-documents/2014/01/28/waste-to-resource-elaboration-of-eight-operational-objectives/ を改編）

環境影響の分離化（デカップリング）が必要である」（図4）。これをパッケージ化したのが循環経済（サーキュラーエコノミー）政策で、「サプライチェーン別に取り組みが掲げられ、欧州における資源確保（リサイクル向上）、雇用創出を狙った環境＋経済政策」となっている。実際、EU各国および多くの企業はそれぞれ具体的な取り組みを開始しており、関連するドキュメントの数も膨大なものがある。とてもここで紹介できるものではないが、その一つを図5に示す。この図は概念図であるが、実際には各国の各セクターにおいて、廃棄物の減量に向けて、誰が、いつまでに、何を、どこまでやるかといった資源効率化のルールが決められている。前記経産省資料でも、EUは「リサイクルプラスチックの使用拡大」や「製品の修理可能性の向上」などの規制と標準化などの「ルール作りを通じて、グローバルレベルに及ぶ経済と資源の循環フローに変化をもたらそうとしている」と日本の産業に対し注意喚起を呼びかけている。今後、わが国の産業も、資源効率化に向けてさまざまな資源のライフサイクル解析やマテリアル・フロー解析を実施することが求められるだろう。

別の資源戦略を取る国

　このような「高邁」な議論をよそに、ひたすらエネルギー・鉱物資源の鉱山権益確保に熱心な国がある。中国である。そのやり方は合法的なものばかりとは言えず、強引な例はT・バージェスの衝撃的な著作『喰い尽くされるアフリカ』に詳しい(16)。最近では成長率の低下もいわれているが、中国にとって急成長を支えるためには、資源効率より資源の絶対量の獲得が何より必要なのだろう。資源開発部門だけでなく、下流側の製錬の分野の躍進も著しい。中国の製錬業は急速に発展しており、銅の一次生産は二〇〇一年から二〇一六年にかけて年率一一%の成長を示し、年間生産量は一三二万トンから六五〇万トンに急増した。日本は過去、世界の銅カスタム選鉱の七〇%以上を支配し、世界の銅精鉱マーケットにおいて強力な力を発揮していたが、二〇一八年には一六%に低下し、逆に中国が五九%を占めている。そのため製錬業を主体に生きてきた日本の金属資源会社は、輸入精鉱の価格設定などの場で中国に完全に主導権を奪われている状態が続いている(17)。また、中国独自の銅製錬技術である底吹法や横吹法の技術レベルが格段に高まり、コストも安くなり、日本を脅かしつつあるとの指摘もなされている(18)。日本の製錬業は、鉱石からの一次生産のみならず、国内の廃棄物処理やリサイクルによる資源の二次生産に不可欠の役割を果たしており、止めるわけにいかない。つまり、日本の資源安全保障には、資源産業の上流から下流までを維持していくことが不可欠なのである。

　日本のような資源消費国の資源政策の目標は大きく三つある。それは、資源の安定供給を確保し（資源価格の変動を最小限に抑え）、将来の価格高騰を起こす原因（資源供給元の減少、資源の質の低下など）を取り除き、資源の採掘・製錬・使用による環境影響を低減するというものである。いっぽうで、資源輸出国側は別の見方を持っている。資源採掘に伴う環境負荷を自国のみで負っているのではないか、それに見合う資源価格を受け取られているのか、資源の輸出が将来の自国産業発展の阻害になるのでないか、資源価格のボラティリティーによる深刻な経済的影響を避ける方法はないか、などである。つまり資源問題は、新規大規模鉱山の発見数の急速な減少、および金属を抽出するのに必要な鉱石の品位の長期的低下など資源の物理的な供給のみではなく、資源を採査・生産するために必要な投資を決める市場のダイナミクス、資源国の資源ナショナリズムの台頭など複雑な問題を抱えている。このようなリスクを避けるために資源効率化は不可欠だが、長期的に見れば資源消費国が取りうるオプションは少なくなりつつあるのではないだろうか。

再び海へ！

上にも述べたように、公海の下の海底資源はISAが管理している。ISAに探査鉱区の申請を行っている国は二〇〇五年にはロシア（二つ申請）、韓国、中国、フランスおよび日本の六ヶ国であったが、二〇一八年現在では二九ヶ国（重複を含む）に急増している(19)。国際鉱区において実際の採掘に至るにはまだまだ多くの関門があるが、各国の関心の急速な高まりが伺える。

いっぽうで、マンガン団塊の節で述べたように、先進国と開発途上国の対立の構図は残されたままである。さらに、多くの環境保護団体が深海底環境の保護と開発反対を訴えるためにISAのオブザーバーとなって活動している。今後開発が近づくにつれ、このような対立の構図はさらに複雑化すると考えられている。

ところで、三・六億平方キロの総面積をもつ世界の海を国際法的に区分すると、六四％が公海、三六％が沿岸国の排他的経済水域（EEZ）となる。EEZは領海を決める基線から二〇〇海里以内にある、海底面より上かつ海面上までを含む部分を指す。いっぽう、同じエリアでも、海底およびその下は大陸棚と呼ばれて区別される。大陸棚にはEEZにはない「主権的権利」が認められており、そこから採掘される資源は、環境影響に注意を払う条件で、沿岸国に属するとされている。さらに地質条件が整えば、二〇〇海里を越えて大陸棚の延長を申請することができる。そのため、海底資源をめぐって世界的に大陸棚の延長申請が熱を帯びている。たとえば北極海では、ロシア、ノルウェー、デンマーク（グリーンランド）、カナダ、および、国連海洋法会議の加盟国ではないがアメリカの五ヶ国が、お互いに大幅に重複する大陸棚延長申請（計画を含む）を行っている。

各国の大陸棚延長申請の審査がすべて終わった時点で、延長大陸棚の総計は世界の海の八％程度に達すると推定されている。つまり、約四五％の海がいずれかの国の大陸棚となる可能性がある。そして、国際的な場における合意形成の困難さもあって、大陸棚における資源開発が、公海下の深海底におけるそれより早く起こるのではないかと考える専門家が多い。

日本の方針—結論に変えて

ところで日本には、延長大陸棚を含めると国土の一二倍を超える約五〇〇万平方キロメートルの大陸棚がある。仮に陸上と比較すると、オーストラリアより狭く、インドより広い大きさである。しかも日本の大陸棚には世界的に見ても第一級の豊かな海底資源があることが知られている（表1）。ここを「日本のフロンティア」と呼ぶことに誰も異論はないであろうが、このように広大なエリアの開発はわが国にとって未経験である。この大陸棚をどのような計画の下、「海洋の開発及び利用と海洋環境の保全との調和」（海洋基本法第一条）を図るのかの議論は進んでいない。海洋資源開発による海洋環境への影響は、陸上での資源開発による環境影響に比して大きくならないような配慮が求められるが、そのためには、環境モニタリング技術を開発し、科学的エビデンスに基づいた環境ガバナンスを行うことが必要となる。幸い日本では、JOGMECにより採鉱技術が(20)、SIP次世代海洋資源調査技術「海のジパング計画」により環境モニタリング技術が開発されていて(21)、いずれも世界に例を見ないものとなっている。この優位性を活かして、環境ガイドラインの制定、関連する法的整備等を進めて、わが国の大陸棚において海洋環境に配慮した海底資源開発を進める必要がある。

一三世紀末、ベネツィアの商人マルコ・ポーロにより、黄金の国ジパングと呼ばれた日本列島弧には、かつて豊かな鉱物資源があった。長年の鉱山開発によりそれらはほぼ掘り尽くされたが、わが国のEEZ内に存在する海底島弧（沖縄トラフおよび伊豆・小笠原島弧）には多くの鉱物資源ポテンシャルが知られている。別子鉱山、日立鉱山、小坂鉱山など、明治の文明開化を支えた鉱山はいずれも陸化した海底熱水鉱床であったことからも、それが伺える。現世の海底熱水鉱床の開発にはまだ時間がかかるが、着実に前に向かって進む必要があるだろう。陸のゴールドラッシュの例を思い起こすまでもなく、海のジパングにおける資源開発は海の新たな価値の発見に繋がるものと期待される。

（1）詳しくは名著、西村三郎（一九九二）『チャレンジャー号探検—近代海洋学の幕明け』（中公新書）を参照のこと。
（2）John Murray and A. F. Renard (1891) *Report on the Deep-Sea deposits Based on the Specimens Collected During the Voyage.* : http://www.19thcenturyscience.org/HMSC/HMSC-Reports/1891-DeepSeaDeposits/htm/doc.html
（3）John Mero (1964) The Mineral Resources of the Sea, Elsevier Publ. Co. Ltd., 312（邦訳は『海洋鉱物資源』が日本鉱業会から一九七二年に出されたが、現在絶版）
（4）これらの詳しい経緯およびその後の展開については、葉室和親（二〇一三）「日米の深海鉱物資源に関する取り組みの推移」海洋産業研究会会報、第三六二号、四四巻四（配布限定資料）参照のこと。
（5）Urabe, T., Baker, E.T., Ishibashi, J., Feely, R.A., *et al.* (1995), *Science*, 269, 1092-1095.
（6）詳しくは浦辺徹郎（二〇一九）『海洋調査技術』三一（一）五参照。
（7）B・ロンボルグ（二〇〇三）「環境危機をあおってはいけない」（文藝春秋社）
（8）Jackson, T. and Webster, R. (2016) *Limits Revisited, All-Party Parliamentary Group* (APPG). : http://limits2growth.org.uk/wp-content/uploads/2016/04/Jackson-and-Webster-2016-Limits-Revisited.
（9）UNEP (2017) *Resource Efficiency: Potential and Economic Implications.* A report of the International Resource Panel. Ekins, P., Hughes, N., *et al.* : https://www.resourcepanel.org/sites/default/files/documents/document/media/resource_efficiency_report_march_2017_web_res.pdf
（10）脚注6参照。
（11）SDGｓの「目標一二　持続可能な生産消費」のターゲット一二・二に「二〇三〇年までに天然資源の持続可能な管理及び効率的な利用を達成する」がある。ただしそれは、「そして空気、土地、河川、湖、帯水層、海洋といったすべての天然資源の利用が持続可能で」（前文九節）という広い定義で、他のターゲット群でも廃棄物の発生に重点が置かれている。
（12）セルジュ・ラトゥーシュ（二〇一三）『〈脱成長〉は、世界を変えられるか？ 贈与・幸福・自律の新たな社会へ』（中野佳裕訳、作品社）。現実的な対案かどうかは議論があるとして、この本の第二章には、経済成長への辛らつな批判や皮肉がちりばめられている。
（13）Barnett, H. and Morse, C. (1965) *Scarcity and Growth: The Economics of Natural Resource Availability.* Washington, D.C.: RFF Press
（14）EU機能条約一九一条二項に「環境法の原則（高水準の保護の原則、予防原則、防止行動原則、発生源是正優先原則、汚染者負担原則）」が定められている。
（15）デロイト・トーマツ（二〇一九年一月）「欧州のサーキュラー・エコノミー政策について - 経済産業省」。: https://

www.meti.go.jp/shingikai/energy_environment/junkai_keizai/pdf/005_04_01.pdf

（16）トム・バージェス（二〇一六）『喰い尽くされるアフリカ　欧米の資源略奪システムを中国が乗っ取る日』（集英社）。ペーパーカンパニーを通じた裏取引、賄賂などの手段を駆使して、インフラ建設の代償に資源権益を獲得する様子がドキュメンタリー風に描かれている。この本の原著は英フィナンシャル・タイムズ紙の Best Book of the Year を獲得した。

（17）ＪＯＧＭＥＣのＨＰより要約。

（18）山﨑信男（二〇一九）「中国銅製錬業の真の実力　その技術力と競争力の考察」（日本メタル経済研究所レポート二四七：一六六）

（19）内訳は、マンガン団塊が一七ヶ国、海底熱水鉱床が七ヶ国、およびコバルトリッチ・クラストが五ヶ国。ＩＳＡのＨＰ (https://www.isa.org.jm/deep-seabed-minerals-contractors) による。

（20）ＪＯＧＭＥＣ（二〇一八）「海底熱水鉱床開発計画　総合評価報告書」: http://www.jogmec.go.jp/content/300359550.pdf

（21）SIP（2017）SIP Protocol Series No.1: Application of Environmental Metagenomic Analyses for Environmental. Impact Assessments. : https://www.jamstec.go.jp/sip/pdf/resultList2017_01.pdf

コラム◉日本固有の領土と発信力

高井 晉

日本固有の領土と国際法

国際法は、ヨーロッパキリスト教国に共通するルールにその端を発し、三〇年戦争後のウエストファリア条約（一六四八年）以降、主権国家間の共通ルールとして今日に至っている。日本は、明治維新を契機として近代国民国家の建設を目指し、当時の世界列強国の共通法であった国際法を受容した。明治維新後の日本は、諸外国と締結した条約を遵守し、不平等な条約であっても、時間をかけて交渉し相手国との合意の下にこれを改正してきた。

日本は、国際法を基本に国際社会との関係を維持し、主権国家としての地位を確立してきたのであった。領土や主権に関わる問題は極めて国際的であり外交問題に発展しやすい傾向にあるため、日本は、この問題を国際法上の瑕疵がないよう慎重に取り扱ってきた。外国に対して日本領土であることを主張するためには、国際法上の領有権原を有していることが必要だったからである。今日問題となっている尖閣諸島および竹島については、日本が、尖閣については一八九五年、竹島は一九〇五年に閣議決定したのは、当時自国領土であることを確信していたが、国民から開発申請があったことにより、改めて国際法に基づく措置を採ったのであった。

竹島と尖閣諸島

韓国は、第二次世界大戦の敗戦国となった日本の意表を衝き、突如、竹島は古くから独島と呼ばれていた韓国領土であると主張してきた。これに対して日本は、竹島の領有主張は国際法上の根拠がないと反論し、外交交渉で問題解決を図るよう申し入れたが、韓国は武力によって竹島を奪取し現在に至っている。日韓漁業協議会の調べでは、一九六五年に日韓基本条約と漁業協定が締結されるまでの間、竹島周辺海域で三二八隻の日本漁船が拿捕され、三九二九人の漁船員が抑留され、四四人の死傷者が生じた。

中国は、日本が国際法に基づいて領

有権原を取得して以来、七五年間も尖閣諸島に対する領有権を主張してこなかったにもかかわらず、東シナ海海底に大量の石油埋蔵の可能性があると知るやいなや、突如、尖閣諸島は歴史的に中国固有の領土であると主張してきた。中国の領有主張は古い漢籍の記述を根拠としており、これは国際法上の領有権原と程遠いものであった。それにもかかわらず中国は、尖閣諸島を国内法で自国領土と規定した上で、周辺の海域を自国の接続海域と領海であると主張し、日本の外交ルートを通じた抗議を無視して、政府公船による国内法の執行活動を実施し今日に至っている。

図１　韓国警備艇から日本漁船を保護する巡視船（海上保安レポート 2006）

韓国と中国の発信力

韓国は、竹島の領有権問題を歴史認識の問題と絡めて内外に発信している。韓国政府は、二〇〇六年に慰安婦、歴史教科書、靖国参拝、日本

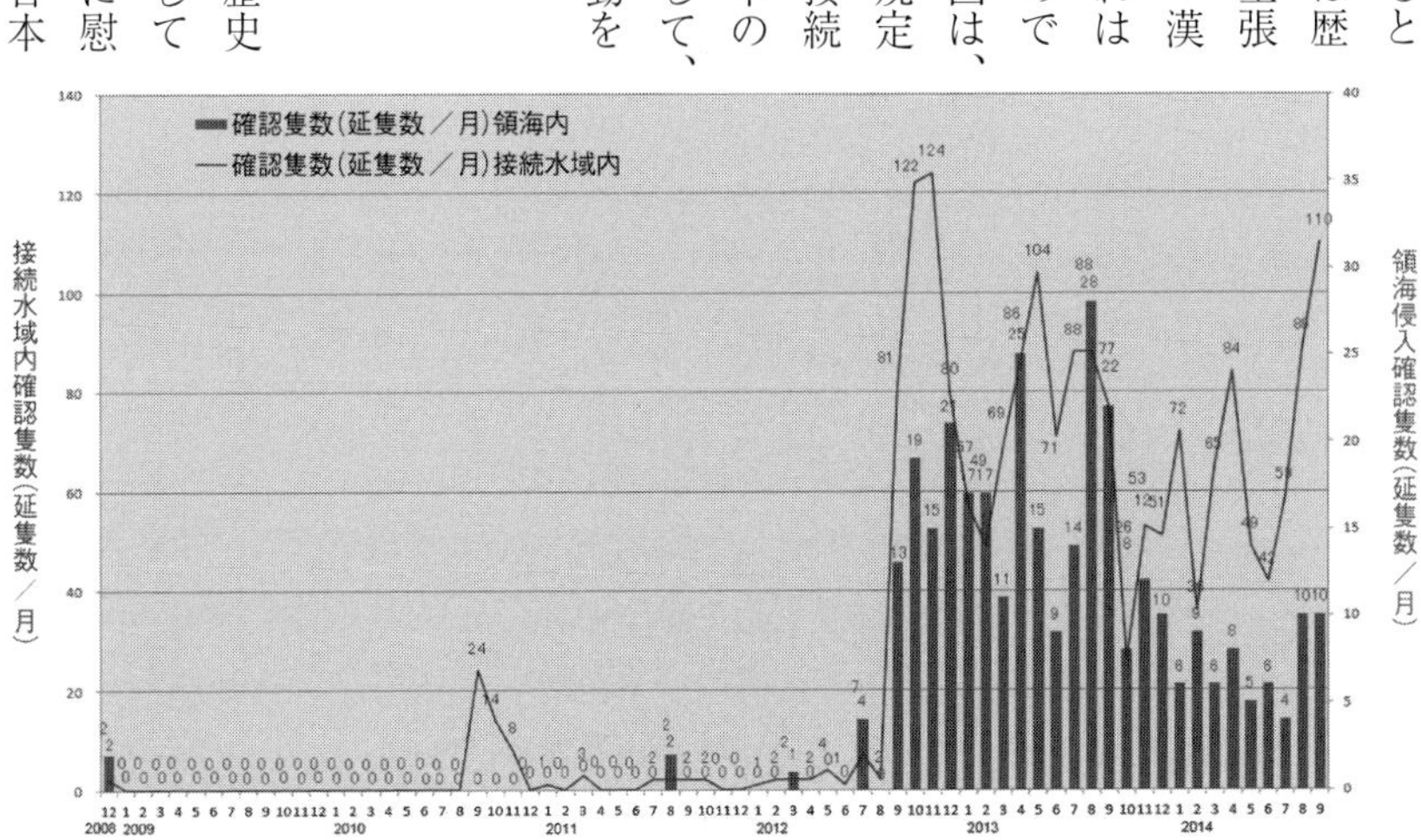

図２　中国公船等による尖閣諸島周辺の接続水域内入域及び領海侵入隻数（月別：海上保安庁ＨＰより）

図3　中国政府公船を監視警戒する巡視船（海上保安レポート2013）

海名称変更等の問題を取り扱う「東北アジア歴史財団」を設立して、海外におけるセミナー開催や日本人を含む外国人の研究者の支援を行ってきた。二〇〇八年には同財団に竹島問題の研究と発信に特化した「独島研究所」、および児童、生徒、観光客向けの「竹島体験館」を併設し、多額の資金援助を行って国の内外への発信力を強化している。

中国は、共産党の一党独裁国家であり、尖閣諸島の領有権主張を人民日報やCCTV等の政府メディアを通じて、政府自ら内外へ強力な発信を続けている。中国の経済発展は共産党の正統性を担保する重要な政策であり、東シナ海と南シナ海の経済資源や自由行動の確保は、政府の核心的な政策課題でもある。中国は、かつては尖閣諸島周辺の海底に石油埋蔵の可能性が報告されるや間髪を入れず同諸島の領有権を主張し、今日では東シナ海と南シナ海を「中国の海」にするために近海防御戦略（A2/AD：接近阻止・領域拒否）を遂行している。尖閣諸島の問題は、中国の長期的な国家戦略と密接不可分の関係にあるといえよう。

日本の発信力の課題

聖徳太子が六〇四年に制定したとされる十七条憲法の第一条は、「以和為貴。無忤為宗。」と規定する。これは、「和を何よりも大切なものとし、諍いをおこさないことを根本としなさい」と解されてきた。また、「至誠通天」という成句がある。この成句は、「真心をもって事に当たればいつか必ず相手に理解される」と解釈され、十七条憲法第一条の規定とともに、多くの日本人の琴線に触れる言葉として実生活の面で行動の原理とされてきた。

現行憲法前文は「……平和を愛する諸国民の公正と信義に信頼して……」と規定する。竹島や尖閣諸島の問題について、日本は、風俗習慣や価値観が異なる韓国や中国に対しても、誠意を尽くせばおのずから相手国が理解し、解決に向けての努力を行うとの思い込みはなかっただろうか。しかし韓国と中国は、これとは裏腹に、この問題を国家戦略に基づいて長期的かつ総合的に取り扱ってきたのである。

これまで日本国固有の領土の問題に関わる資料収集と発信は、もっぱら外務省が担当してきたが、韓国や中国のそれと比較してかなり控えめであったといえよう。笹川平和財団海洋政策研究所島嶼資料センター（https://www.spf.org/islandstudies/jp/）、島根県の竹島資料室および沖縄県の尖閣諸島文献資料編纂会は、それぞれ資料を発掘し国の内外への発信を続けているが、これらはあくまで国の機関ではないため、発信力は限られている。島嶼の領有権問題はきわめて主権的な課題であることから、国家戦略との関連で総合的に取り扱うことが求められていた。

安倍内閣誕生とともに領土・主権にかかわる発信の重要性が謳われ、内閣官房に領土・主権対策企画調整室が設置された二〇一三年から領土・主権に関する啓発活動が開始され、二〇一四年年度は、情報収集と発信等に必要な事業として国の予算化が実現した。

竹島および尖閣諸島は、国際法で確立されている日本固有の領土であるということを、国家戦略に基づいて強力に発信されていくことを期待したい。

おわりに

海はだれのものか

秋道智彌・角南篤

二〇一九年一〇月七日、日本海の能登半島沖にある大和堆周辺で北朝鮮の漁船と水産庁の取締船「おおくに」が衝突した。浸水し沈没した木造船から投げ出された北朝鮮の漁船乗組員は日本側の救命ボートで救助されたが、そのまま連行されることなく北朝鮮側の別の船で日本のEEZを退去した。この件で違法操業の有無や身柄確保の是非など、いろいろな議論がある。

少なくとも、今回の問題は北朝鮮の漁船によるイリーガル・エントリー（Illegal Entry）の案件に相違ない。日本海だけでなく、世界各地で多発している違法操業を含めて、本書のおわりに「海はだれのものか」についての議論を集約しておこう。

入漁となわばり・特権

入漁権をどう獲得するか

海を越える短距離・長距離の移動で最大の関心事は、渡海先での海や土地への権利の主張、つまりクレイム（claim）である。たとえば、J・クックは太平洋への第一回航海（一七六八～七一年）でタヒチからニュージーランドを経て一七七〇年四月二九日、オーストラリアのシドニー南方にあるボタニー湾に上陸した。そして、国王ジョージ三世の名においてこの土地の領有を宣言し、「ニュー・サウス・ウェールズ」と命名した。クックはその土地がだれのものでもない無主の大地と考え、早いもの勝ちで領有権を宣言した。クックは当時より数万年前からアボリジニがオーストラリアに居住してきたことにまったく無知であった。クックは、オーストラリアの海もやはり無主の世界と考えたに相違ない。

民族誌の報告や歴史をひも解くと、海面を所有する慣行がまれなことではないことがわかる。王権や国家から特権を得て、採捕した収穫物の収益を全納、ないし一定額納める例がインドネシア東部のケイ諸島にある。ケイ諸島にはイスラム教の王であるラジャを戴く小王国群があった。そのなかのケイ・ブサール島には七つの王国があった。王国の版図はラジャの所有物とされ、住民はラジャから土地と海面の利用権を一～三年の契約で借用し、王はプクマムと呼ばれる上納物を受け取った。また、この契約はファムへと呼ばれた。

日本でも権力者が特定の集団に漁業特権を与えた例がある。慶長年間、徳川家康が摂津国の多田神社に参拝の折、河口部にある佃村と大和田村の漁民が神崎川の渡し役を務めた。その功により、のち両村は江戸城への魚献上を命ぜられ、一一～三月の冬季間、佃・大和田の漁民は江戸住いで漁に従事した。一六三〇（寛永七）年には宅地を拝領し、両村の漁民三四軒が移住し佃島と名付けた。かれらは家康から江戸湾近海の漁業権をもつことを許され、のちに全国での漁業権を得た（田島　一九八七、津田　一九八七）。かれらは特権をもちながら、運上金を納めることは免除されていた。

明治期になり、一八七五（明治八）年、「雑税廃止」にともない、明治政府は海面を漁民に貸付け、その料金を税金として徴収する海面借区制を導入しようとした。しかし、漁民側は従来から入会慣行を通じた海面利用をおこなってきたこともあり、これを否定する制度に猛反対した。結局、海面借区制案は翌年の一八七六（明治九）年に廃案となった（二野瓶　一九八二）。代わって、漁業権を「物権」として漁民の利用権を登録・免許制とする明治漁業法が一九一〇（明治四三）年に成立した。この間の問題点は第1章で八木信行がふれたとおりである。

食べる権利と商業的漁業

自分が属する村落内の海域に入漁することは基本的に自由である。しかし、他地域の漁民が入漁する場合、さまざまな問題が起こる。前述したインドネシア東部のケイ・ブサール島の郡政府で得た情報では、隣接する村の漁民が自分の村に入漁した場合、オカズ取りが目的であれば、タバコ一本とか獲れた魚一〜二尾をわたせば何の問題もないという。食べるための入漁であり、ケイ諸島ではこの権利をハクラ・アン、インドネシア語でハック・マカンと称する。ハクラ、ハックは「権利」、アン、マカンは「食べる」ことを指す。

アラフラ海のアルー諸島マエコル島マイジュリンでも、これと類する話を村人から聞いた。それがカマレア・カマラウである。カマはインドネシア語のハック（権利）、レアは「森」、ラウは「海」のことで、地元民が森や海の資源を食べるために採捕する権利を指す。

しかし、商業的な漁業を目的とした船がジャカルタから到来し、その地域で入漁をおこなう場合、インドネシアではあらかじめ州政府、郡政府への入漁申請が必要である。通常、インドネシア国内では漁業操業許可証（SIUP：Surat Izin Usaha Perikanan）を水産事務所から交付され、その地域の海岸から二〇〇メートル以上の沖で操業することができる。移動漁業ではなく、定置網やキリンサイなどの海藻養殖筏を設置して漁業を営む場合も、操業地許可証（SITU：Surat Izin Tempat Usaha）を申請する必要がある。入漁にさいしてはあらかじめ相手先との間で合意に達していることが多く、合法的かつ、根回しをしたうえでの場合がふつうである。これらの手続きを経て入漁がおこなわれる。いきなり他の地域から商業的漁業の船が村の前浜に忽然とあらわれるわけではない（秋道 一九九六）。

最終的に外からの入漁を村で認可するか、条件提示をどうするかは、村の判断による。これまでに得た情報では、村からは高額の入漁料が要求されている。儲けるための漁業で自分たちの海が荒らされることに人びとは危機感をもっているからだ。商業目的でアルー諸島にエビ、ナマコ、真珠貝などの資源の獲得を目的として入漁するのは、マレーシア、香港などの外国籍の船舶だけではない。インドネシア国内からもブギス人、ブトン人、スラヤール人などの潜水漁民が真珠貝採取に数十人規模で入漁したようなさいは、船単位ではなく個人単位で入漁金が請求される。このように、自給的な漁業と商業的な漁業への対応の違いは明白である。入漁に対する対応の違いを「二重のなわばり」と、秋道は称している（秋道　一九九五）。

アシュモア・リーフへの入漁

オーストラリア北西部とインドネシア・ティモール島との間のティモール海にアシュモア・リーフがある（図1）。この無人サンゴ礁島でインドネシア漁民による違法操業の問題が一九八〇年代、大きく取り上げられるようになった。一九七四年以前、この海域にインドネシア漁民がタカセガイやナマコの採集を目的として入漁していたが、大きな政治課題とはされなかった。もっとも第一～二回の国連海洋法会議（一九五八年、六〇年）を受けて、インドネシアは一九六〇年に、豪州は一九六八年に領海一二マイルを宣言した。この時点以降、インドネシアからの入漁について、両国は一九七五年に二国間協定を締結する。このなかで、アシュモア・リーフと周辺のサンゴ礁において、海域一二マイル内での漁業・採集が認められた。しかし、その後、協定に違反する漁業行為が頻発した。豪州政府は一九七九年に、インドネシアは翌一九八〇年に二〇〇海里排他的経済水域を宣言した。ただし、このことで一九七五年協定が大きく変更されることはなかった。

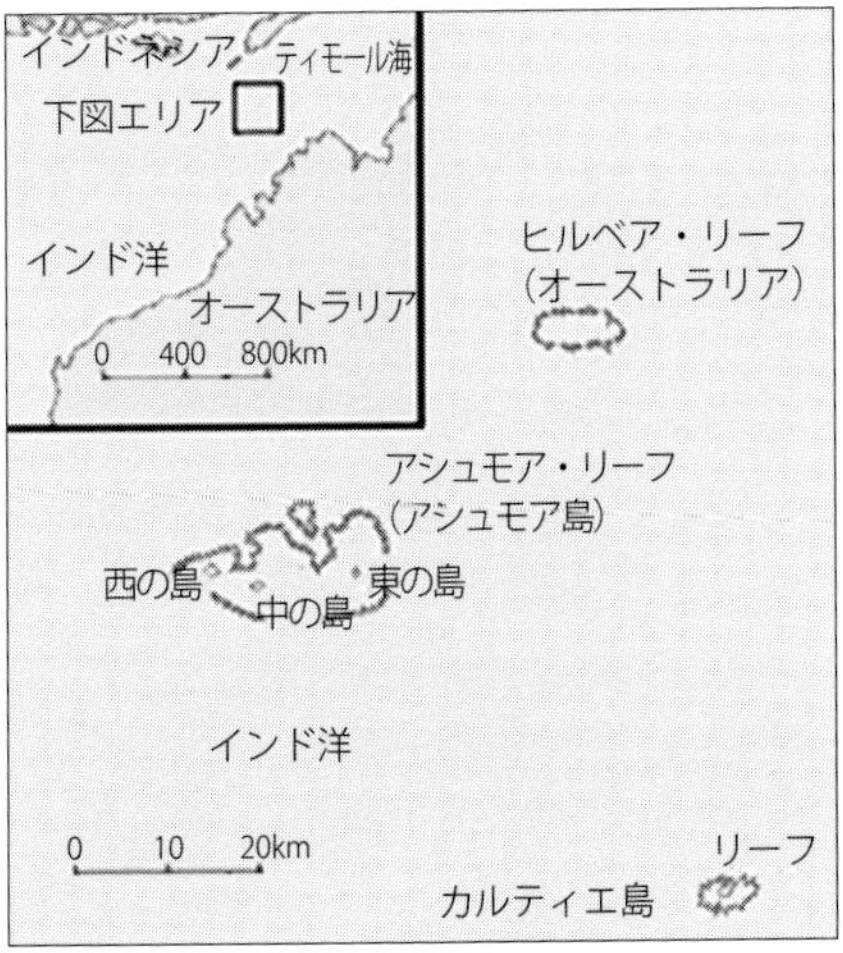

しかし、豪州政府は一九八三年にアシュモア・リーフを国立公園として自然保護区とする議案を可決した。それまでのインドネシア漁民による漁業行為が野生生物の個体数にいちじるし

図1　アシュモア・リーフの位置

い悪影響を与えてきたことを明るみにしたうえで海洋保護区の政策を前面に打ち出した。豪州政府は日本と中国との間でワシントン条約（CITES）に関わる協定を結び、この海域に営巣する渡り鳥の保護に関する合意を得ていた。アシュモア・リーフの自然保護区設定が豪州とインドネシア両国だけの協議事項ではないことを示した。

以上の背景から、アシュモア・リーフにおけるインドネシア漁民による違法行為の事実を八五項目にわたって挙げ、その実態を実地で検査する手段をとった。こうしてアシュモア・リーフでの漁業は実質上、一九八八年以降は全面的に禁止され、アシュモア・リーフにある三つの小島嶼のうち、西の島に上陸して水を補給し、水道部で投錨する以外に一切の漁業行為は禁じられた。このように、入漁についての当事者間での位置づけや国際関係の歴史的変化に着目して検討する必要がある（Fox 1992; 秋道　二〇一三）。

地球の海のフロンティア

公海における海の権益についてはこれまで取り上げてきたが、残された問題が二つある。一つ目は領海とEEZともからむ大陸棚延伸と海底ケーブルの運用と管理に関する議論である。二つ目は、地球上で最後のフロンティアとなる北極海の所有と利用に関する将来像についてである。

大陸棚と海底資源の権益

大陸棚は本来、海底の自然地形を指す用語で、ふつうは大陸や大きな島周辺の深さ約二〇〇メートルまでのゆるやかな傾斜の海底を指す。その外縁にある大陸棚斜面は大陸棚に含まれない。それより深い海が深海である（図2）。

大陸棚の領有に関しては、自然地形論とは異なった議論がこれまでなされてきた。その契機が、一九四五年九

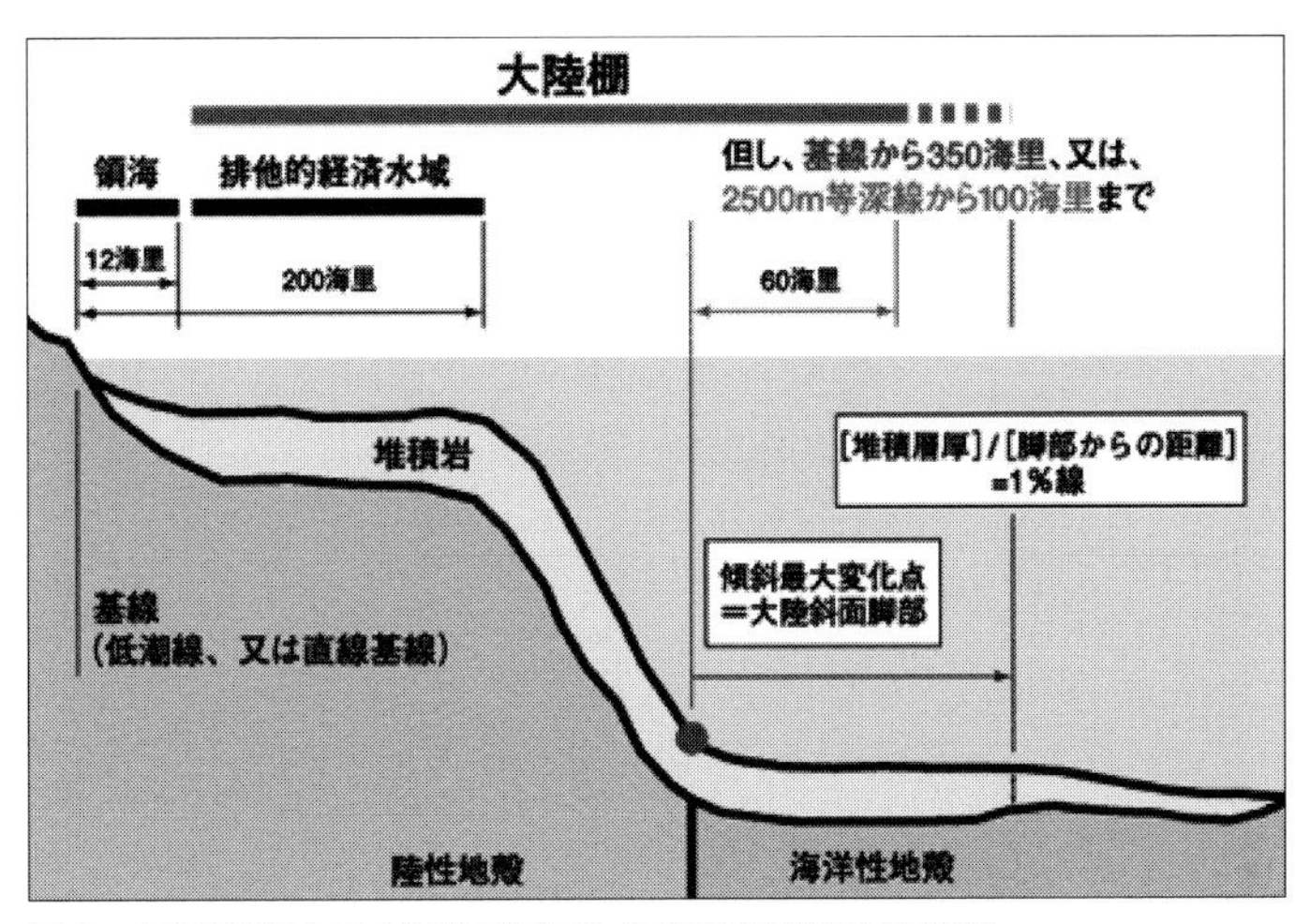

図２　大陸棚延伸を示す海洋の断面図（笹川平和財団海洋政策研究所）

月二八日、米国のトルーマン大統領による宣言である。これには、二つの内容が含まれている。一つ目は、米国沿岸沖の公海の海底にある大陸棚の天然資源は米国の管轄権と管理にしたがうこと、他国間との大陸棚の境界は衡平の原則にしたがって決められること、大陸棚の上部海域は公海であることを示した。二つ目は、米国沿岸に接続する公海において米国が一方的ないし他国間の協定により、水産資源の保存水域を公海としての性格を変更することなく設定することを示した。

トルーマン宣言は、沿岸国が周辺海域の管轄権を拡大する契機となった。それとともに、大陸棚の海底を自国の延長と位置づけ、上部海域は公海と見なす判断が示された。海は三次元構造をもつので、トルーマン宣言は、海を三次元的に海底（大陸棚）と平面上の海面に三分割した点で画期的といえる。

大陸棚の議論では、海岸からの距離を目安とする領海やＥＥＺとは異なり、ＥＥＺ内だけでなく、その外側に大陸棚の延伸を設定する主張にある通り、拡大主義（エクスパンショニズム）が特徴である。典型例が現代の中国による南シナ海の「九段線」による領有論である（次頁図３）。

本書の第３章では、大陸棚延伸に関する詳細な過程が谷伸により報告されている。大陸棚の延伸については大陸斜面脚部（大陸

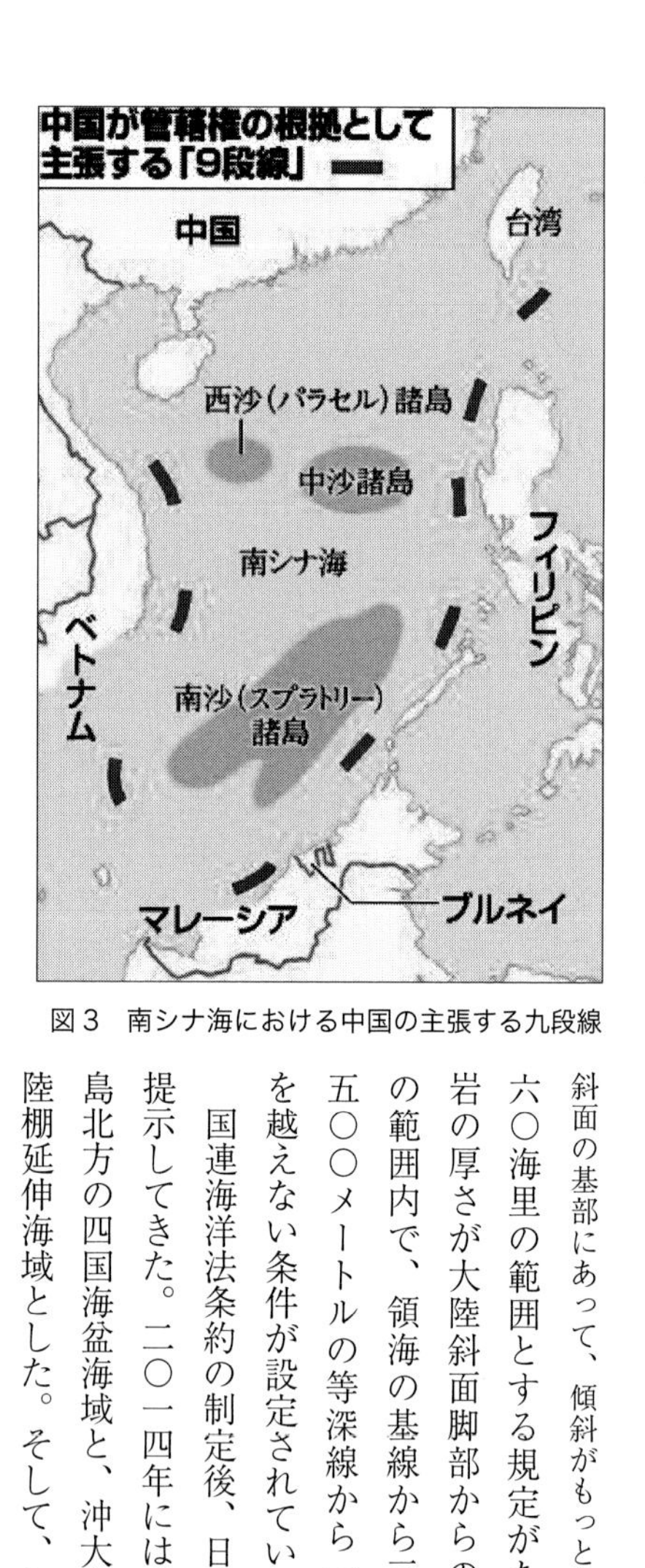

図３　南シナ海における中国の主張する九段線

斜面の基部にあって、傾斜がもっとも変化する地点）から六〇海里の範囲とする規定がある。しかも、堆積岩の厚さが大陸斜面脚部からの距離に対して一%の範囲内で、領海の基線から三五〇海里、水深二五〇〇メートルの等深線から一〇〇海里沖合の線を越えない条件が設定されている。

国連海洋法条約の制定後、日本は大陸棚延伸案を提示してきた。二〇一四年には、南方にある沖ノ鳥島北方の四国海盆海域と、沖大東海嶺南方海域を大陸棚延伸海域とした。そして、この海域の海底にある天然ガスやレアメタルを採掘する権利を得た。

海底ケーブル問題

海底ケーブルは世界の海に網の目のように張り巡らされている。現代では、地上波や衛星を通じた情報伝達があるなかで、大陸間の情報の伝達・通信のほとんどが海底ケーブルに依存している。

国連海洋法条約では、ＥＥＺ、大陸棚、公海におけるケーブル敷設の自由が世界中の国で認められている。海底ケーブルが領海やＥＥＺを越えて世界中でつながっているとしても、その管理について国際的な法制があるわけではない。船舶による投錨や底曳網漁業、海底探査活動などで海底ケーブルが破損されたさいの賠償責任について国際的な合意はない。環境負荷への影響についてもまとまった意見があるわけではない。また、沿岸国の領海外における海底ケーブルの管理や損壊時の処罰規定、制限条項などの法的整備は国によりまちまちであり、今後早急に枠組みを提案する必要がある。
海はだれのものかの問いかけは、海底ケーブルを例とすれば、多様な問題群があり、異なった様相を垣間見ることができる。

最後のフロンティア①北極海

地球上には、通航する船舶や洋上基地を別として、広大な無人の海域が存在する。それが北極海である。北極海は、ユーラシア大陸、北米大陸、グリーンランドに囲まれた海域で、アメリカ、ロシア、カナダ、デンマーク、ノルウェーの五カ国に囲まれる。北極海は、さらにユーラシア大陸側の白海、バレンツ海、カラ海、ラプテフ海、東シベリア海、チュクチ海に、北米大陸側のバフィン湾、ボーフォート海、グリーンランド海、ハドソン湾、ハドソン海峡にわかれる。北極海の沿岸域に先住民のイヌイットが生活しているが、ほぼ無人の海域といってよい。しかし、この海はだれのものでもないとされてきたのではない。とくに二〇世紀末から今世紀にかけて、注目度が一気に増している。

国際的には、一九九六年九月、オタワ宣言に基づき、アメリカ、アイスランド、カナダ、スウェーデン、デンマーク、ノルウェー、フィンランド、ロシアの環北極海八カ国による北極評議会（Arctic Council）が設立され、北極圏全域（北緯六〇度以北）の問題が討議されてきた。この評議会には前記の国ぐにだけでなく、北極圏に居住する先住民団体（アリュート国際協会・北極圏アサバスカ評議会・グイッチン国際評議会・イヌイット極域評議会・ロシア北方民族協会・サーミ評議会）と、日本、中国、韓国、インド、EU諸国など北極圏以外の地域の一三カ国やNGO団体が参加している。また、二〇〇八年五月、アメリカ、カナダ、デンマーク、ノルウェー、ロシアの五カ国により北極海会議（Arctic Ocean Conference）が開催されている。

海洋政策研究財団（当時）はいち早く北極海への取組みの重要性を指摘し、これまで多様な事業を展開してきた（日本財団　二〇〇〇）。たとえば、海洋政策研究財団は、ノルウェーのフリチョフ・ナンセン研究所、ロシアの中央船舶海洋設計研究所とによる民間プロジェクトの国際北極海航路計画（INSROP）と同国内プロジェクト（JANSROP）を一九九三〜二〇〇六年実施した。

　北極海について注目すべき点が二つある。第一は、地球温暖化の影響による海氷の減少が顕著となり、北極海が氷の海から通年、航行できる海へと変化する可能性が大きく浮上してきた点である。北極海航路は大きく、ユーラシア大陸北岸沖を通る北東航路と北米大陸の北岸沖を通る北西航路に分かれる。いずれの航路にせよ、航行時間や燃費面で大幅な縮小が可能となる。たとえば、ロンドン－大阪間の航路はパナマ運河経由で二万三三〇〇キロ、スエズ運河経由で二万一二〇〇キロであるが、北極海北西航路の場合は一万五七〇〇キロとなる。しかも、北極海航路周辺はロシア、カナダ、米国、デンマーク、ノルウェーなど先進国の領土であり、マラッカ海峡・ソマリア沖におけるような海賊活動はみられず、航路上の航行安全性が確保されている。また、スエズ・パナマ運河を通過するさいのような船舶の大きさ制限もない。

　第二は、北極海の海底に埋蔵されている豊かな石油・天然ガスなどのエネルギー資源や鉱物資源、海砂（コンクリート用）の存在がある。北極海には地球上で未開発の石油・天然ガス資源の二五％が埋蔵されているとの試算がある。こうした背景のなかで、北極海の周辺諸国はさまざまな権利主張や取組みをおこなってきた。

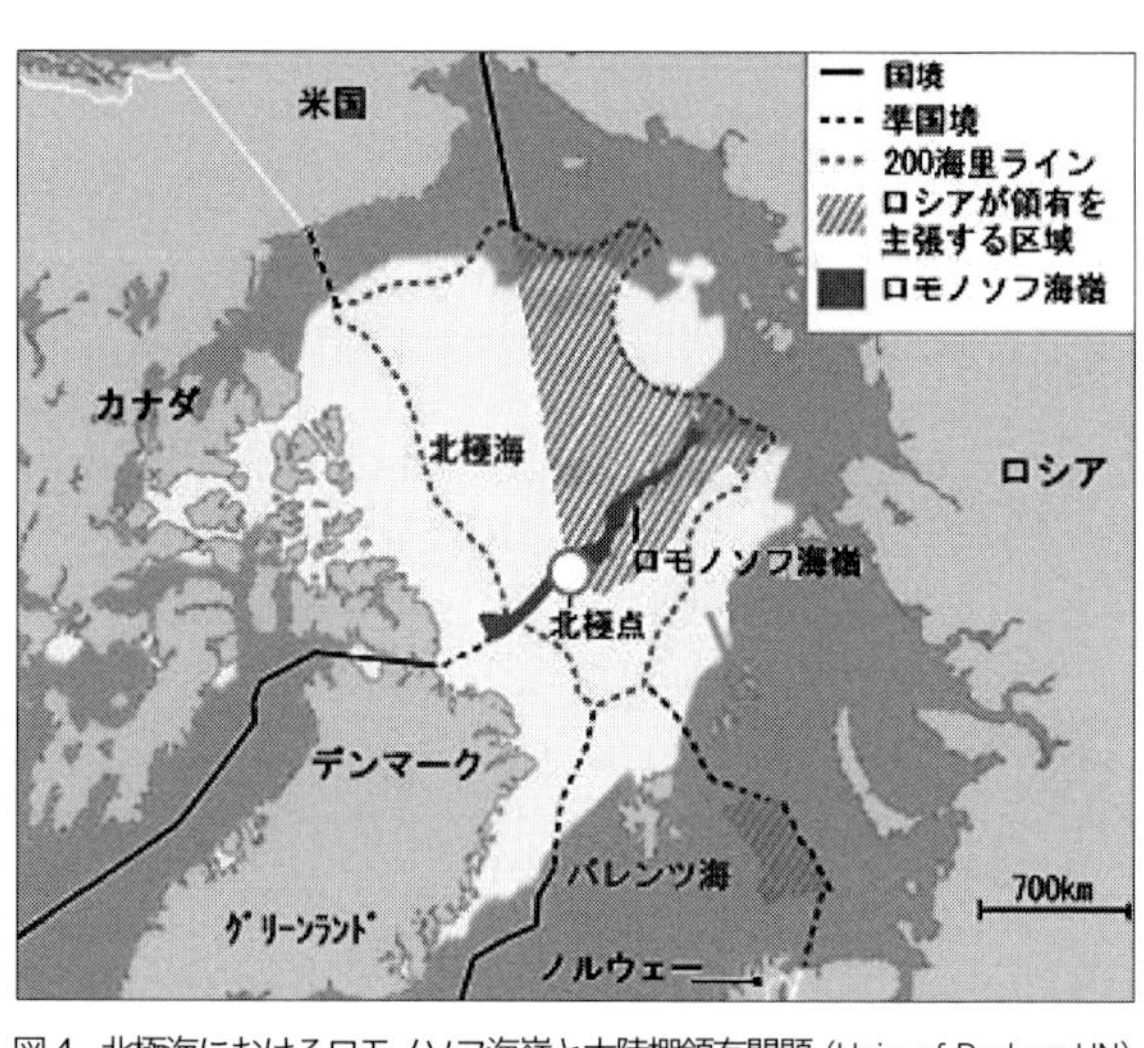

図4　北極海におけるロモノソフ海嶺と大陸棚領有問題（Univ. of Durham,UN）

ている。二〇〇海里を越えて三五〇海里までと、二五〇〇メートル等深線から一〇〇海里まで、自国のEEZを延伸できる条項があり、ロシアは率先して北極海での権益確保の根拠としてロモノソフ海嶺が東シベリア大陸棚の延長上にあることを主張している（図4）。二〇〇七年一〇月二日にロシアは潜水艇を用いて北極点の海底にロシア国旗を立てる示威活動をおこなった。ロモノソフ海嶺については、カナダ、デンマーク（グリーンランド）も自国の大陸棚の延伸部に相当するとの主張をおこなっている。

国際的な枠組みとして、一九九四年に発効した国連海洋法条約を受け、大陸棚延伸問題が争点のひとつとなっている。

北極評議会は令和元（二〇一九）年五月に開催された第一一回閣僚会議で、議長国をフィンランドからアイスランドに指名した。アイスランドは北極圏における持続可能な連携を提唱し、とくにプラスチック汚染対策、気候変動に対応したグリーン・エネルギー政策の推進、北極圏に居住する人々の福利促進などを強力に進める方針を提案している。その一環として、二〇二〇年一一月には議長国のアイスランドと我が国との共催で第三回北極科学大臣会合（ASM）が東京で開催されることが決まった。折しも、「第三期海洋基本計画」（二〇一八年より二〇二二年）の中間年に当たり、北極政策に関する今後のあり方を方向づける転換期にあり注目すべきだろう。

最後のフロンティア②深海底の資源

北極海とともに、深海底の資源をめぐり熱い視線が注がれている。「はじめに」でふれたように、地球の海底には熱水鉱床、メタン・ハイドレート、マンガン塊、熱水鉱床、コバルトリッチクラストなどの資源が深海底に豊かに埋蔵されている。

世界の国々はこれらの海底エネルギー・鉱物資源の権益をめぐり、しのぎを削っている。こうした海底資源は、国のEEZ内にある場合と、公海に埋蔵されている場合がある。本書で浦辺徹郎が指摘する通り、後者は「人類の共有財産」としての意義をもつといってよい。実際、国連海洋法条約の下にある国際海底機構（ISA）が海底資源を管理すると定められている。最後のフロンティアにある海底資源の利用は、強力な国際的合意の下で進められるべきであろう。

日本のＥＥＺ内の海底には世界でも第一級の豊かな海底資源が存在し、最近では、海底のレアアースにも注目が集まっている。レアアースは、レアメタルのうちネオジム、セリウム、ジスプロシウム、イットリウム等の希土類一七元素の総称である。自動車、ＩＴ製品、再生可能エネルギー等の製造産業に不可欠な素材で、産業のビタミンとも呼ばれる。世界的に生産量の多くを中国に依存していたため、二〇一〇年の輸出枠削減に際して価格が高騰したことは記憶に新しい。これに対して二〇一二年から二〇一三年にかけて行われた調査で、南鳥島周辺海域において高い濃度のレアアースを含む泥（レアアース泥）が発見されている。

レアアースは、供給や価格の安定性に不安を抱えている戦略的元素であり、二〇一九年の米中貿易摩擦に際しても再び注目されている。海底鉱物資源が利用できるようになるためには長期間の技術開発や環境影響に関する調査研究が必要となり、今すぐに南鳥島周辺海域のレアアース泥を資源として活用できるわけではないが、熱水鉱床などの他の海底鉱物資源と同様に、戦略的に研究開発を進めていくことが期待される。

海はだれのものかに関する諸論考を通覧し、地域共同体から地球全体の次元まできわめて多様な問題群が複雑にからみあっていることがわかった。資源の利用権に注目すると、海洋資源の存在様式（ベントスから高度回遊性の水産資源まで）や地域・文化・国家の条件に応じて、採捕する権利の法的枠組みは慣習法から国内法、国際法まで重層的である。国連海洋法条約の発効後でも、領海、ＥＥＺなどの制定による国際秩序は確立されてきたが、新たな問題も露呈してきた。

ＥＥＺを越える大陸棚延伸論、海底ケーブルの運用と管理をめぐる国際的な合意などはいまだに未整理の段階にある。地球温暖化にともなう海水面上昇と北極海の開発と航行可能性が注目され、新たな海の権益問題が顕在化している。

海洋環境の劣化、海洋資源の乱獲などの防止は喫緊の課題であり、とくに違法漁業は日常的にも我が国周辺で頻繁に起こっており、「海はだれのものか」に関するさまざまな分野での実効的な法整備と強力な指導性が望まれる。令和二年に至り、追随的な政策対応から決別し、アジアの海域世界と世界の中で日本が果たすべきミッションを提起するべき段階になったというべきだろう。

最後に、本書に収録した論文・コラムは笹川平和財団海洋政策研究所が二〇〇〇年から発行する『Ocean Newsletter』に既発表の執筆原稿を元にしたものである。海洋に関する諸問題を総合的に議論するこのオピニオン誌のうち、本書のテーマにそって論文・コラムを選定した。さらに、必要に応じて新規に執筆を依頼したものもあることを明記しておきたい。本書の執筆にご尽力いただいた各位に衷心よりお礼申し上げる次第である。

参考文献

秋道智彌　一九九五『海洋民族学—海のナチュラリストたち』東京大学出版会

———　一九九六「インドネシア東部における入漁問題に関する若干の考察」『龍谷大学経済学論集』三五(四)：二一—四〇

———　二〇一三『漁撈民族誌—東南アジアからオセアニアへ』昭和堂

———　二〇一七「海洋資源へのアクセス権とコモンズ論—海洋保護区に注目して」『日本海洋政策学会誌』七：四—二二

———　二〇一八「海のエスノ・ネットワーク論と海民」小野林太郎・長津一史・印東道子編『海民の移動誌—西太平洋のネットワーク社会』昭和堂：三八—六五

———　二〇一九「人はなぜ海を渡ったか—航海・漂流・途中下船」（オセアニア　考古学の挑戦—篠遠喜彦の足跡から）『季刊民族学』一六九：四四—五一

エンゲルス・F　一九六五『家族・私有財産・国家の起源』岩波書店

河野通博　一九六二a『漁場用益形態の研究』未来社

――――　一九六二b「専用漁業権漁場における共同用益の諸形態－瀬戸内海水域を中心に」『史林』四五（四）：五九〇―六一三
――――　一九六三「漁場用益形態の研究―明治期における瀬戸内海漁民の漁業用益形態と漁業制度との矛盾に関する実証的研究」『漁業経済研究』一一（三）：五七―六一
シップ・アンド・オーシャン財団　二〇〇〇『北極海航路―東アジアとヨーロッパを結ぶ最短の海の道』シップ・アンド・オーシャン財団
田島佳也　一九八七「関東方面への進出」『大阪府漁業史』大阪府漁業史編さん協議会、一三二―一三三
津田正幸　一九八七「摂津国西成郡諸村の場合」『大阪府漁業史』大阪府漁業史編さん協議会、一三五―一三八
二野瓶徳夫　一九八一『明治漁業開拓史』平凡社
橋村修　二〇〇九『漁場利用の社会史―近世西南九州における水産資源の捕採とテリトリー』人文書院
藤田祐樹　二〇一九「世界最古の釣り針が語る旧石器人の暮らし」秋道智彌・角南篤編『日本人が魚を食べ続けるために』西日本出版社、二四―三四
モーガン・L・H　一九五八『古代社会』（上・下）（青山道夫訳）岩波書店

Feeny, D., F. Berkes, B. McCay, and J. Acheson 1990. The tragedy of the commons: twenty-two years later. *Human Ecology* 18(1): 1-19.
Fox J.J. 1992 A report on eastern Indonesian fishermen in Darwin, in: Fox, J.,J. and A., Reid eds., *Illegal Entry*, Centre for Southeast Asian Studies, Northern Territory University, Occasional Paper Series 1: 13-24.
Hardin, G. 1968. The tragedy of the commons. *Science* 162: 1243-1248.
Ostrom, E. 1990. *Governing the Commons*. Cambridge University Press.

用語集

CLCS (Commission on the Limits of the Continental Shelf)

国連大陸棚限界委員会。国連海洋法条約で、沿岸国が二〇〇海里を越える大陸棚を設定する場合は、その情報を大陸棚限界委員会に提出し、同委員会が採択した「科学的・技術的ガイドライン」に従って、提出情報を検討して勧告をおこなう。

ICJ (International Court of Justice)

国際司法裁判所（ＩＣＪ）は、国家間の法律的紛争の裁判をする国際連合の主要機関のひとつ。国連総会や国連安保理などの要請に応じ、勧告的意見も与える自治的な地位を持つ常設の国際司法機関である。

ISA (International Sea-bed Authority)

国際海底機構。一九九四年一一月一六日設立。人類の共有財産と規定した深海底（大陸棚の外側で、国の管轄権の及ばない海底及びその下）の鉱物資源の管理を目指す（マンガン団塊、海底熱水鉱床、コバルトリッチクラストなど）。申請は二〇〇五年にはロシア（二つ申請）、韓国、中国、フランス、日本であったが、二〇一八年現在では二九ヶ国（重複を含む）に急増している。

IWC (International Whaling Commission)

国際捕鯨委員会。一九四八年に国際捕鯨取締条約に基づき鯨類資源の保存及び捕鯨産業の秩序ある発展を図ることを目的として設立。二〇一九年七月現在、八八カ国が参加。一九八四年の捕鯨モラトリアム（一時的全面禁止）以降は日本の調査捕鯨とＩＷＣを脱退した国ぐにによる商業捕鯨、先住民生存捕鯨がおこなわれてきた。ＩＷＣの科学委員会の意見が無視される事態があり、二〇一八年、日本はＩＷＣを脱退して商業捕鯨を再開した。

TURF (Territorial Use Rights in Fisheries)

漁業における「なわばり」（territory）に関しては、一九七八年にＦＡＯで開催されたワークショップで議論され、ＴＵＲＦに関する報告書が出された（Christy 1982）。ＴＵＲＦは漁業権におけるアクセス権の制限に主眼をおいた漁業管理論であり、日本の例に適合した概念といえる。

UNEP (United Nations Environment Programme)

国連環境計画。国連の補助機関で、環境に関する諸活動の総合的な調整と問題解決に向けての国際協力の推進を図る。ワシントン条約、ボン条約、バーゼル条約、生物多様性条約などの条約の管理を担う。

アンチコモンズ論　Anti-commons Theory

コモンズ論ではオーバー・ユース（乱獲や使い過ぎ）の議論があり、いかに持続的に利用するかがもっぱら議論されてきた。一方、M・ヘラーは、利害関係者が多すぎる場合や、少数の反対意見でだれも資源に手を出さないアンダー・ユースの状況をアンチコモンズと位置づけた。

入会　Iriai, Joirt-use

海面や山林原野において海面・土地を保有して、採貝・採藻・捕魚や伐木・採草・キノコ狩りなどを共同でおこなうことがある。その権利は村落で自主的に決められた慣習的なものであり、ふつう入会権と称する。山野、河川、海における入会についての規約が了解されている慣行権の代表例で、共有の思想が背景にある。たとえば、近世期における浦のなわばりの状況は地域により異なっていた。瀬戸内海や大坂湾では沿岸漁業がさかんで、浦の漁場も狭い海域にあり、地先の磯にも入漁する申し合わせがあった。

海の勢力

日本の中世期（一五～一六世紀）に各地で活躍した海に生きる人びとで、一定の海域を「ナワバリ」として保有した。他地域からそのナワバリ内に入る船から通行料を徴収するのが常套であった。権力との関係で海の兵力として警護を担当する一方、海賊行為も辞さない面と漁民として漁業に従事する複合的な性格をもっていた。

オープン・アクセス　Open Access

海洋だけにかぎらないが、ある領域に入る制限がない場合、アクセス権は自由であり、オープン・アクセスと呼ぶ。公海はかつてその対象であったが、さまざまな条件により制限が加えられるようになっている。

オホーツク文化

九～一二世紀、北海道の道東部にさかえた文化で、海獣狩猟・漁撈などの生業とカラフト・アムール河方面との交易をおこなった。担い手のオホーツク人の由来はまだ不明点があるが、環オホーツク海を見据えた海の文化圏のなかでオホーツク文化の果たした歴史上の意義と役割が注目されている。

海賊　Pirates

海上で略奪行為をおこなう集団で、歴史上、多様な形で登場してきた。日本では、古代・中世に船の襲撃と強奪を繰り返したが、のち大名の官船や遣明船の警護、通行料の徴収など、海の水軍としての活動をおこない、「海賊衆」には悪いイメージだけがあったわけではない。現代では、マラッカ・シンガポール海峡、ソマリア沖、フィリピン南部のモロ解放同盟の例がよく知られ、船や物品・金品の略奪だけでなく、人質を取り身代金を要求することがあり、銃で武装している場合が多い。

海底ケーブル　Submarine Cable

国連海洋法条約では、EEZ、大陸棚、公海におけるケーブル敷設の自由が世界中の国で認められている。海底ケーブルが領海やEEZを越えて世界中でつながっているとしても、その管理についての国際的な法制はない。船舶による投錨や底曳網漁業、海底探査活動などで海底ケーブルが破損されたさいの賠償責任や、環境負荷への影響についても合意や統一見解もない。沿岸国の領海外における海底ケーブルの管理や損壊時の処罰規定、制限条項などの法的整備は国によりまちまちであり、今後早急に枠組みを提案する必要がある。

嘉靖（かせい）の大倭寇（だいわこう）

一六世紀、海禁政策下の明国沿岸域から東アジアで広く海賊活動に関わった集団が倭寇である。嘉靖期（一五二二～六六年）には、明に対抗して略奪・暴動を繰り返す一方、明軍による倭寇鎮圧が講じられた。倭寇は多国籍からなる構成で日本人も一～二割含まれていた。

カリスマ動物　Charisma Animal

クジラ、ゾウ、ライオン、トラなどの大型哺乳類で、多くの場合、絶滅危惧種が当てはまる。ヒトが資源として利用する考え方と真っ向から対立する。ただし、クジラの場合、種類ごとの資源状態は異なるのですべてを一括する議論にはなじまない。動物観としては、種の多様性や歴史・文化・地域を踏まえない教条主義的な発想。

共有　Commons

漁業では、世界各地で村落基盤型の海面共有の慣行や制度があり、そこに含まれる資源はcommon-pool resourcesと称される。資源を管理する主体が共同体にあり、種々の規定や罰則などを決めて健全な資源管理方策が実践されてきた。E・オストロムはコモンズとしての資源管理に適用される八つの原則を示し、外部や国家との関係、時代変化などについて柔軟なコモンズの運用について議論した。

漁業権　Fishing Rights

日本では、漁業権を「物権」として漁民の利用権を登録・免許制とする明治漁業法が一九一〇（明治四三）年に成立し、一九四九年の漁業法制定を経て現代に至っている。漁業権には共同利用漁業権、定置漁業権、区画漁業権（養殖）などが区別され、免許とされる権利の更新、譲渡などの条項が明記されている。二〇一八年の漁業法改正を受けて、免許の交付基準面での問題が指摘されている。

限定アクセス権　Limited Access Priviledge

米国でおこなわれている資源管理の施策。入漁する漁船の数や規模に制限がないと、乱獲や過度な競合に至る。その上、漁船の規模などの制限には不十分な面もあり、個別漁船の漁獲割当量に上限を設ける策が講じられた。リミテッド・エントリーの項参照。

権利準拠型漁業　Rights-based Management Fishery

水産資源管理を実効あるものとするため、漁業権に制限を設けるＴＵＲＦ型の制度と、資源へのアクセスを制限するため、個別漁獲割当量に上限を設けるＩＱ型の制度があり、前者は米国、アイスランド、ノルウェー、ニュージーランドで、後者は日本、フィリピン、メキシコ、チリ、バヌアツでの例がある。

降河性魚類　Catadromous Fish

ウナギは河川で生活するが、成熟後、河川を下り、海で産卵する。こうした魚類を降河性魚類と呼ぶ。ニホンウナギやオオウナギは日本列島と産卵場のあるマリアナ海溝との間で大回遊する。日本の沿岸域では、カジカ科のアユカケ（日本固有種）やヤマノカミの例がある。

更新（天然）資源　Renewable (Natural) Resources

海洋生物はヒトが適切に利用していれば、生物の再生産力によって新規の個体群が加入するため、半永久的に利用可能である。こうした資源の更新性を利用し、漁獲努力量に対する最大持続生産量（ＭＳＹ）が設定されている。

高度回遊性魚類　Highly Migratory Fish Stocks

広域を回遊する魚類で、マグロ、カツオ、サメ、マカジキ、メカジキなど大型表層魚類が相当する。その利用権益をめぐって、漁業をおこなう利害関係国間での資源配分や漁獲量の上限などの規制をめぐる協議がなされている。典型例がマグロ資源をめぐる資源管理委員会で、世界に五つの国際機関がある。

合有

民法上の財産権を所有する場合で、ある程度の人的なつながりを前提とする。持分の譲渡や分割請求は団体による規制を受ける。各自の持分はあるが、その処分は制限を受け、持分の分割請求は団体存続中は認められない。

港市国家（こうし）

港市と周辺海域の支配権をもち、交易ネットワークを発達させた国家で、前近代の東南アジアで隆盛した。琉球王国時代、琉球は明との間で朝貢交易をおこない、朝貢回数は明代を通じて一七一回と朝貢国のなかで最多であった。東南アジアには、パレンバン、マラッカ、チャンパなどの港市国家がやはり明との朝貢交易に参画している。琉球は薩摩藩の支配下にありながら、明の華夷秩序に組み込まれて中国・東南アジアともつながる海域ネットワークを形成した点で、海を介した日本の歴史を見直すキーワードとなっている。

コンセッション　Concession

資源の利用権が国家から受益者に譲渡される場

合、一定金額の納付によりその権利が譲渡される場合をコンセッションと称する。コンセッションにより、民間企業などが過剰な資源開発をおこない、環境破壊や利権をめぐる金銭面での腐敗行為が蔓延するデメリットも大きい。

サシ　Sasi

インドネシア東部のマルク州やイリアン・ジャヤにある村落基盤型の資源利用を規制する慣行。陸上のココヤシ、チョウジ、ナツメグ、ドリアンなどの収穫を規制する一方、サンゴ礁の浅瀬で高瀬貝(サラサバテイラ)、ナマコなどの底生資源や回遊性のニシン、グルクマ、マルアジなどの採捕を村落全体で規制し、違反者を罰する慣行。日本の口明け・口止めの慣行に類似している。

サンクチュアリ　Sanctuary

聖域を指す。海洋保護区(MPA)が現代における例で、ピトケアン諸島、パラオ共和国は大規模な聖域を主張している。南氷洋では豪州、ニュージーランド、アルゼンチン、チリなどにより南氷洋の聖域論が主張された。ハワイ諸島では推定で北太平洋全体の三分の二に相当する四~五千頭のザトウクジラが繁殖のため冬季に回遊してくるので、米国政府はハワイ諸島海域を大型クジラの聖域と定めている。

産卵群遊　Spawning Aggregation

魚類のなかには産卵期に群れをなすものがある。サケ・マス類、ニシン、イワシなどのほか、富山湾のホタルイカ、サンゴ礁海域ではハタやフエフキダイなどの例が当てはまる。産卵群遊時期は好漁期となる。ただし、漁民の競合や乱獲によるデメリットもあり、産卵期を禁漁とするとか、一時的な海洋保護区とする措置が講じられることがある。

社会資本　Social Capital

ソーシャル・キャピタルとは人々が持つ信頼関係や人間関係(社会的ネットワーク)を示す。漁業権についての議論を資源管理だけの問題に拘泥せず、広く社会的に共通の資本として捉える点で、海面、河川などの利用を考察するうえで有効な視点を提供する。社会的共通資本論は宇沢弘文により提唱された。

水軍

日本を含む東アジア海域で歴史的に登場した海の兵力。日本の中世期、海賊の名で呼ばれ、航行する船から通行料を徴収するのを常とし、有事にさいして豪族や大名の軍事兵力となった。普段は漁業に従事し、海産物を大名に献上、奉納した。室町・戦国期に勢力を拡大した海の武士団は水軍として知られ、九州の松浦党、瀬戸内海の村上水軍、熊野の熊野水軍、のちの九鬼水軍など著名な例が排出したが、秀吉の海賊禁止令以降、水軍は大名の警護、軍事力、漁民として変質していった。

自由海洋論　Mare Liberum

オランダの法学者であるH・グロティウスは「自由海洋論」（マレ・リベルム）を一六〇九年に公表した。この説では、海岸から三海里までは国の管轄権にあるがその外側の海洋は自由に航行、利用できるとし、広大な海洋の自由な利用権を謳った。

商業捕鯨　Commercial Whaling

営利を目的としておこなわれる捕鯨。鯨肉のほか、鯨油、ひげ（バリーン）などから商品生産する。西欧諸国は鯨油やひげのみを利用し、鯨体を海上で投棄し、資源の浪費面が問題視された。IWCでは先住民生存捕鯨に対置される概念であるが、地域内で鯨肉を販売する「小規模な商品」生産や、イヌイットが鯨肉を売って生活用品を購入する場合も商業捕鯨とする意見には異論がある。

所有権　Ownership/ Proprietary Rights

所有権は英語でオーナーシップあるいは、プロパティーを所有する財産権、プロプリエタリー・ライツと称する。

ストラドゥリング魚類　Straddling Fish Stocks

地球上で海域をまたがって回遊する魚類資源のことで、ヒラメ、タラ、イシビラメなどの底生魚類が含まれる。ストラドゥリングは「またいで動く」ほどの意味である。ただし、EEZ間だけを回遊する魚種や公海のみに生息し、EEZ内に回遊しない魚種は含まれない。

生業捕鯨　Subsistence Whaling

生業のための捕鯨でIWCによる先住民生存捕鯨に相当する。クジラの肉、脂肪、ひげ、骨、皮など、クジラを包括的に利用する形態。現代社会では生存のためだけで、いっさいの販売や商業的行為をともなわない捕鯨はまれである。

占有権　Rights of Possession

日本の民法では、（使用権）、収益を得て（収益権）、処分する（可処分権）権利」とある。処分権がなくても、対象物を現実に支配する権利が占有権（ライツ・オブ・ポゼッション）である。

専有権　Exclusive Rights

日本の民法にある「専有部分」は分割所有権に関するもの。分譲マンションなどの室内空間は専有部分であるが、外部の踊り場や廊下、屋上などは共用空間であり、個人が専有できない。

総有

総有制の場合、各々の共同所有者は、使用権・収益権をもつが、個人の持分権はなく、分割請求はできない。総有は共有者間に地縁や血縁などによる人的なつながりのある場合で、団体の拘束を受け、個人の持分の処分や分割請求はできない。民法第二六三条にある入会権が典型例である。

遡河性魚類　Anadromous Fish
河川でふ化し、稚魚が海に下り、四～五年間成熟するまで回遊し、ふたたび河川にもどり産卵するサケ・マス類が典型例。回帰する河川が決まっているので、沖合を回遊する段階でもその所有権・利用権を主張するのが母川国主義であり、ロシアがその例。

大陸棚延伸
大陸棚の領有論の嚆矢は、米国のトルーマン大統領によるトルーマン宣言である（一九四五年九月二八日）。この宣言により、沿岸国が周辺海域の管轄権を拡大する契機となり、大陸棚の海底を自国の延長と位置づけ、上部海域は公海と見なす判断が示された。
　大陸棚延伸論では、大陸斜面脚部（大陸斜面の基部にあって、傾斜がもっとも変化する地点）から六〇海里の範囲で、堆積岩の厚さが大陸斜面脚部からの距離に対して一%の範囲内で、領海の基線から三五〇海里、水深二五〇〇メートルの等深線から一〇〇海里沖合の線を越えない条件が設定されている。

なわばり　Territoriality
「なわばり」は生態学の用語で、同種の個体ないしは個体群が一定の領域を占有することを指すが、広義には人間の空間占有行動を意味する。村落、地域、国家、国際的な次元で多様な形態のなわばりがある。なわばりの外縁部が厳格に決められている場合とあいまいな場合があり、外部からの侵入者への対応もさまざまである。人間同士間だけでなく、カミのいる不可侵のなわばりが聖域とされることもある。

半閉鎖海　Semi-closed Sea
陸域によってなかば閉じられた海域で、地中海、ペルシャ湾、日本海、黒海など世界の地域海に典型例がある。半閉鎖海に面する国ぐにの間で、領海の主張を含めて、海域の権益や航行の自由、資源探索の権利などをめぐる議論が絶えない。北極海は世界で最大の半閉鎖海で、現在、国際的な争点となっている。

非更新（天然）資源　Unrenewable (Natural) Resources
天然ガス・石油などの非生物資源（元々は生物に由来するが）の場合、採取した分、埋蔵量は減少する。こうした資源を非更新資源と呼ぶ。海底のマンガン塊やメタンハイドレート、コバルトリッチクラスト、海砂などもこのなかに含まれる。

漂海民　Sea Nomads
生涯、船住まいをおこなう集団で、漁撈・海上輸送に従事した。マレーシア島嶼部、インドネシア東部、フィリピン南部、アンダマン海などに分布し、バジャウ、バジョ、サマ、モーケンなどが典型例。海上での移動生活をおこなうため、陸域から差別されてきたが、国境を自由に越えることもある。東南アジアの漂海民は、サンゴ礁の海産資源を中国向け、イスラーム王国への朝貢品、ないし商品とした。日本では瀬戸内海、九州で家船と呼ばれる集団がいた。

閉鎖海洋論　Mare Clausum
英国のJ・セルデンはH・グロティウスの理論に対抗して、一六三五年に「閉鎖海洋論」（マレ・クロウズム）を提起した。この説は、自国の漁業慣行を守り、他国船の周辺海域への進入を排除する主張である。ただし、英国は世界の海を制覇するような海洋政策をおこない、セルデンの説は影をひそめることとなった。

北極評議会　Arctic Council
一九九六年九月、オタワ宣言に基づき、アメリカ、アイスランド、カナダ、スウェーデン、デンマーク、ノルウェー、フィンランド、ロシアの環北極海八カ国による北極評議会が設立され、北極圏全域（北緯六〇度以北）の問題が討議されてきた。この評議会には、北極圏に居住する先住民団体（アリュート国際協会・北極圏アサバスカ評議会・グイッチン国際評議会・イヌイット極域評議会・ロシア北方民族協会・サーミ評議会）と、日本、中国、韓国、インド、EU諸国など北極圏以外の地域の一三カ国やNGO団体も参加している。

保有　Tenure
保有権はテニュアのことで、所有権の有無によらず用益権、占有権、専有権をふくむ包括的な概念である。海の保有（sea tenure）は、ある地域や国の海に関する種々の権益関係を包括的に指す。

村上武吉
瀬戸内海の芸予諸島・能島を本拠地とする村上水軍の頭目。因島村上氏や来島村上氏を傘下に、一五〜一六世紀、海上交通を掌握した。船の通行税を徴収する見返りに、安全通行を保証する「過所旗」を授けた。瀬戸内海域だけでなく、明国船や倭寇など東アジアの海域世界ともネットワークをもつ。秀吉による「海賊禁止令」（一五八八年）以降、村上氏は変質していく。

用益権　Usufruct
利用権ないし用益権のことで、対象への処分権はないが、利用し、収益をあげる権利を指す。用益権の行使にさいして、集団間でさまざまな合意形成がなされるのがふつうであり、入漁権がその典型例。

リミテッド・エントリー　Limited Entry
ある領域に入るさいに、さまざまな資格や条件が設定されている場合を指す。鑑札や通行手形の保持、禁漁期間中の漁業の禁止、船籍の所属国、違法操業の有無など、規定される条件は複合的である。

ロモノソフ海嶺　Lomonosov Ridge

北極海の中央部にある一八〇〇キロに達する海嶺。幅は六〇～二〇〇キロあり、海底からの高さは三三〇〇～三七〇〇メートル、もっとも高い地点でも水面下九五四メートルある。大陸棚の延伸部に相当するとのロシアの主張に対して、カナダ、デンマークが異論を提起し、北極海の権益問題の争点のひとつとなっている。

執筆者一覧（肩書は 2020 年 2 月現在）

第 1 章

八木信行：東京大学大学院農学生命科学研究科教授
岸上伸啓：人間文化研究機構理事、国立民族学博物館学術資源研究開発センター・教授
森下丈二：東京海洋大学海洋政策文化学部門教授
中谷和弘：東京大学大学院法学政治学研究科教授

第 2 章

黒嶋 敏：東京大学史料編纂所准教授
小澤 実：立教大学文学部史学科教授
熊木俊朗：東京大学大学院人文社会系研究科教授
門田 修：ドキュメンタリー映像作家
上里隆史：浦添市立図書館館長
齋藤宏一：音吉顕彰会会長、愛知県美浜町長

第 3 章

竹田純一：（公財）笹川平和財団海洋政策研究所客員研究員、元 NHK 北京支局長
西本健太郎：東北大学大学院法学研究科教授
土屋大洋：慶應義塾大学大学院政策・メディア研究科教授
戸所弘光：KDDI 株式会社グローバル技術・運用本部海底ケーブルグループ・シニアアドバイザー
坂元茂樹：同志社大学法学部教授、神戸大学名誉教授
谷 伸：東洋建設株式会社顧問、GEBCO（大洋水深総図）指導委員会委員長、元海上保安庁水路部大陸棚調査室長、元内閣参事官（内閣官房総合海洋政策本部事務局）
浦辺徹郎：（一財）国際資源開発研修センター顧問、東京大学名誉教授
髙井 晋：（公財）笹川平和財団海洋政策研究所島嶼資料センター特別研究員

秋道智彌

1946年生まれ。山梨県立富士山世界遺産センター所長。総合地球環境学研究所名誉教授、国立民族学博物館名誉教授。生態人類学。理学博士。京都大学理学部動物学科、東京大学大学院理学系研究科人類学博士課程単位修得。国立民族学博物館民族文化研究部長、総合地球環境学研究所研究部教授、同研究推進戦略センター長・副所長を経て現職。著書に『魚と人の文明論』、『サンゴ礁に生きる海人』『越境するコモンズ』『漁撈の民族誌』『海に生きる』『コモンズの地球史』『クジラは誰のものか』『クジラとヒトの民族誌』『海洋民族学』『アユと日本人』等多数。

角南 篤

1965年生まれ。1988年、ジョージタウン大学School of Foreign Service卒業、1989年株式会社野村総合研究所政策研究部研究員、2001年コロンビア大学政治学博士号（Ph.D.）。2001年から2003年まで独立行政法人経済産業研究所フェロー。2014年政策研究大学院大学教授、学長補佐、2016年から2019年まで副学長、2017年6月より笹川平和財団常務理事、海洋政策研究所所長。

編集協力：公益財団法人笹川平和財団海洋政策研究所
（丸山直子・角田智彦）

海洋政策研究所は、造船業等の振興、海洋の技術開発などからスタートし、2000年から「人類と海洋の共生」を目指して海洋政策の研究、政策提言、情報発信などを行うシンクタンク活動を開始。2007年の海洋基本法の制定に貢献した。2015年には笹川平和財団と合併し、「新たな海洋ガバナンスの確立」のミッションのもと、様々な課題に総合的、分野横断的に対応するため、海洋の総合的管理と持続可能な開発を目指して、国内外で政策・科学技術の両面から海洋に関する研究・交流・情報発信の活動を展開している。https://www.spf.org/opri/

シリーズ 海とヒトの関係学③

海はだれのものか

2020年3月4日　初版第1刷発行

編著者　秋道智彌（あきみちともや）・角南 篤（すなみあつし）

発行者　内山正之

発行所　株式会社 西日本出版社
〒564-0044　大阪府吹田市南金田1－8－25－402
［営業・受注センター］
〒564-0044　大阪府吹田市南金田1－11－11－202
TEL 06－6338－3078　fax 06－6310－7057
郵便振替口座番号　00980－4－181121
http://www.jimotonohon.com/

編　集　岩永泰造

ブックデザイン　尾形忍（Sparrow Design）

印刷・製本　株式会社 光邦

ISBN 978-4-908443-50-3

本書は、ボートレースの交付金による日本財団の助成を受けています。

西日本出版社の本

シリーズ 海とヒトの関係学

いま人類は、海洋の生態系や環境に過去をはるかに凌駕するインパクトを与えている。そして、それは同時に国家間・地域間・国内の紛争をも呼び起こす現場ともなっている。このシリーズでは、それらの海洋をめぐって起こっているさまざまな問題に対し、現場に精通した研究者・行政・NPO関係者などが、その本質とこれからの海洋政策の課題に迫ってゆく。

第１巻

日本人が魚を食べ続けるために

編著 秋道智彌・角南 篤

本体価格 1600円 判型A5版並製264頁
ISBN978-4-908443-37-4

いま日本の魚食があぶない

漁獲量の大幅な落ち込み、食生活の激変、失われる海とのつながり……

本書では国際的に合意された持続可能な発展がもつ問題点を指摘しながら、海の未来に向けての提言を魚食に関する諸問題から解き明かすことを最大のねらいとしている。（中略）そして、魚食の未来を自然から経済、文化、漁業権・ＩＵＵ漁業・地域振興などを含む複雑系の現象としてとらえる視点を共有したい。（本文より）

第２巻

海の生物多様性を守るために

編著 秋道智彌・角南 篤

本体価格 1600円 判型A5版並製224頁
ISBN978-4-908443-38-1

いま世界の海があぶない

海にあふれるプラスチックゴミ、拡大する外来生物、失われる海の多様性……

注視すべき問題は、深刻化する海洋の浮遊プラスチックである。浮遊プラスチックは元々、人類文明が産み出した人工物であり、世界中に商品として拡散し、廃棄されて海に漂うことになった。（中略）海の生態系の未来はわれわれの未来ともかかわっている。プラスチックゴミの悪循環を断ち切る英断がいまこそ必要だ。（本文より）